大学科普丛书

第一辑 潘复生主编

*The Story of Chinese Test Pilots*

# 鹤舞凌霄

## 中国试飞员笔记

徐勇凌◎著

科学出版社

北京

# 内 容 简 介

有人说试飞员是“刀尖上的舞者”，也有人说试飞员是“和平时期离死神最近的人”。毫无疑问，试飞员是勇敢者的职业。然而更重要的是，60多年来中国空军试飞部队累计完成了数万架国产飞机和数万台发动机的试飞任务，一代代试飞员接力拼搏，用青春和热血为我国的国防事业和航空事业书写了壮丽篇章。

徐勇凌正是他们当中的杰出代表，从著名的功勋试飞员到资深的军事理论家，他的人生极富传奇色彩，本书以散文体记录了他精彩的试飞生涯和人生思考。全书以亲历者的口吻揭秘了中国几代新型战斗机试飞的内幕，无论是壮志凌云的训练试飞，还是惊心动魄的意外事件，无不反映了试飞员这一铁血精英群体的独特风采，足以让每个读者真实感受“忠诚、无畏、精飞”的试飞精神，理解强国强军梦的深厚内涵。

本书适合大众读者阅读，更是值得广大军迷和散文爱好者品读收藏的佳作。

**图书在版编目（CIP）数据**

鹤舞凌霄：中国试飞员笔记/徐勇凌著.—北京：科学出版社，2018.1

（大学科普丛书）

ISBN 978-7-03-055246-4

Ⅰ.①鹤… Ⅱ.①徐… Ⅲ.①散文集－中国－当代 Ⅳ.①I267

中国版本图书馆CIP数据核字（2017）第272912号

丛书策划：侯俊琳

责任编辑：朱萍萍 吴春花/责任校对：何艳萍

责任印制：吴兆东/封面设计：有道文化

科学出版社出版

北京东黄城根北街16号

邮政编码：100717

http://www.sciencep.com

天津市新科印刷有限公司印刷

科学出版社发行 各地新华书店经销

*

2018年1月第 一 版 开本：720×1000 1/16

2026年1月第七次印刷 印张：21

字数：300 600

**定价：68.00元**

（如有印装质量问题，我社负责调换）

# 总 序

人类历史是一部探索自然和社会发展规律的编年史。无论是混沌朦胧的原始社会，还是文明开化的现代社会，人类对自身的所处所在都充满了与生俱来的天然好奇心。在历史发展的长河中，通过不断地传承、质疑、探索、扬弃，人类在认知自我、认知自然、认知社会的过程中集聚了强大的思想动能，为凸显人类理性光辉、丰富人类精神生活、推动人类社会持续进步提供了有力的精神武器。科学，作为运用范畴、定理、定律等形式反映现实世界各种现象的本质、特性、关系和规律的知识体系，既可以解释已知的事实，也可以预言未知的新的事实，在人类文明发展中始终扮演着重要的角色，随着人类对未知世界深入探索，在当今以至未来社会，科学知识的普及和传播必将发挥越来越重要的作用！

2016 年 5 月 30 日，习近平总书记在全国科技创新大会、两院院士大会、中国科学技术协会第九次全国代表大会上发表重要讲话，提出了“到新中国成立 100 年时使我国成为世界科技强国”的奋斗目标。总书记还强调，“科技创新、科学普及是实现创新发展的两翼，要把科学普及放在与科技创新同等重要的位置。没有全民科学素质普遍提高，就难以建立起宏大的高素质创新大军，难以实现科技成果快速转化。希望广大科技工作者以提高全民科学素质为己任，把普及科学知识、弘扬科学精神、传播科学思想、倡导科学方法作为义不容辞的责任，在全社会推动形成讲科学、爱科学、学科学、用科学的良好氛围。”从中可以看出：科学普及不仅是推动经济发展、提升公民科学素养的必要手段，而且也应该成为高等院校和科研机构服务社会的重要职责。

在当前国内科普图书市场上，原创科普佳作依然难得一见，广受关注和好评的还多数是引进版，这与我国科研水平快速提升的现状极不相称。近年来，科学普及受到全球各国政府、社会组织以及公众的高度重视，形成了快速发展态势，科学普及工作也有了很多新的变化。在现代科学传播理念的指引下，科学普及既要关注科学的产生、形成、发展及其演变规律，包括人类认识自然和改造自然的历史；也要关注自然界的一般规律、科学技术活动的基本方法和科学技术与社会的相互作用等问题。科学普及不仅要传播自然科学和人文社会科学知识，更要积极引导公众在德、智、体、美等方面的全面发展。因此，需要不断创新，务求实效。

由重庆市科学技术协会主管、重庆市大学科学传播研究会主办、面向全国的《大学科普》杂志，自2007年创刊以来，始终以“普及科学知识，创新科学方法，传播科学思想，弘扬科学精神，恪守科学道德”为己任，致力于推动大学与社会的结合，通过组织全国科学家解读科学发现和技术发明，创作高水平的科普文章和开展丰富多彩的科普活动，激发公众的科学热情，传播科学精神和创新精神，在全国科普界独树一帜，影响深远，为提升全民科学素养做出了积极的贡献。

十年磨一剑，砺得梅花香。《大学科普》杂志围绕广受公众关注的科技话题，通过严谨而细致的长期打磨，积累了丰富的高校科普资源，全国一大批科技工作者由此走上科普创作之路，在此基础上，组织一套原创科普佳作可谓水到渠成。科学出版社对科普工作高度重视，双方经过一年多的合作策划，形成了明确的丛书组织思路，汇集了全国众多来自高等院校和科教机构的优秀科普专家，以科学技术史、科技哲学、科学学、教育学和传播学等学科为支撑，将自然科学、工程技术科学和人文社会科学等融合传播，力求带给读者全新的科学阅读体验，真正起到激发科学热情、传播科学思想、弘扬科学精神的作用。在此，我们也热忱期待有更多科学家和科普工作者加入这一行列，为全民科学素养的提升、为国家创新发展贡献出智慧和力量！

中国工程院 院 士
中国材料研究学会 理事长
吉林大学 校 长

2017年3月20日

# 找回遗失的笔记
# （代序）

1993 年 10 月，我和李中华踏上了飞往莫斯科的航班。在那架满是旅客的飞机上，我们坐在最后一排。拥挤的机舱狭小的座间距，似乎用一种“场”的力量，把我牢牢地固定在那个座椅上。舷窗外夕阳下的流霞美得惊人，然而，当飞机如此迅速地向着流霞的方向飞去，却瞬间堕入了黑暗之中。在那个兴奋而又劳顿的夜晚，我坐在机舱里想了很多：我童年的梦，我的缓慢攀升的飞翔之路，还有即将到来的充满挑战的异国他乡的求学之路。尽管已过而立之年，尽管我已实现了儿时的飞天梦想，然而我知道，我的人生还没有眉目，就像这次漫长的空中之旅，朝霞似乎终将到来，但依然离我非常遥远……

其实，如果按照今天我“过来人”的眼光看，当时的我无论是人生还是事业都很没有模样，尽管我知道自己很努力，但却没有明确的人生目标和规划合理的成功路径，我只是走一步看一步，说白了我对人生充满激情但又患得患失。

说一个课堂可以改变人生一点不为过。在莫斯科郊外茹科夫斯基的格罗莫夫试飞员学校，在那个产生过无数苏联试飞英雄的课堂里，我领略了什么是“飞行大师”的风范。曾经参加过苏联航天计划的功勋试飞员乌拉尔，手里握着一根粗大的粉笔吹着口哨摇晃着走进了教室，然而，第一堂课乌拉尔就让我们震惊了。4 个小时的课里，乌拉尔侃侃而谈，时而在黑板上书写着复杂的座舱布局和设备功能，时而用整版的篇幅写下逻辑缜密的开车程序。玩过飞行的人都知道，地面程序其实是飞行中最为复杂的，检查单和操作程序哪怕任何一条差错，都是不能允许的。如此复杂的程序乌拉尔竟然轻描淡写地一笔写就，没有超凡的功力是难以想象的——你猜得没错，乌拉尔的程序与飞机手册中的程序一字不差。

然而，我要说的课堂里改变我的事情，并不是乌拉尔的讲课。乌拉尔的表现其实是为我设立了一个“标杆”，我懂得要成为一名超一流的试飞员有多难，但乌拉尔并没有告诉我他成功的路径，对我而言，那时的乌拉尔是一个高高在上的偶像，但我知道我学不来，至少在 10 年之内我达不到他的状态。

就在我到俄罗斯之后的第 3 个月，雷强来了。其实雷强和我们很熟，1991 年我们就成为歼 -10 试飞员团队的队友，我过去对他的了解只是这个人比较牛、敢说话，在设计师面前的话语权很重，技术讨论时，雷强一发言会场上就会突然安静下来……

像以往多次合作一样，那天早晨从空勤灶吃完早饭，我和雷强一起提着公文包来到了课堂，这次我们要共同学习的是苏 -27 飞机的理论知识。这架 1977 年首飞的飞机，完成定型刚过去六七年的时间，1989 年的巴黎航展上，苏 -27 出尽风头，惊世骇俗的“布加乔夫机动”为俄罗斯赢得了巨大的荣誉。

在学习苏 -27 理论之前，不能说是一无所知，但我们对三代机的技术理念和飞行特点并不了解。课堂上有太多的内容听不懂和不理解，就在我们通过翻译不停地提出问题时，雷强一个人却在埋头记着什么。下课了，我好奇地拿过他的笔记本，我很难描述当时我看到笔记时的感受，我只记得我的脑子里“轰”的一下，就在那一刻我的人生发生了改变，因为雷强用他娟秀的墨迹，找回了我丢失多年的笔记。

记得大学时代我是一个充满激情的青年，我有一个笔记本，用来记录那些稍纵即逝的灵感，这份灵感可能出现在餐桌上，也可能来自梦境。多年以后，当我从满是灰尘的纸箱里翻出那个笔记本时，那些灵感的文字深深地打动了我自己。然而，不知什么时候那个笔记本丢了，再也没能够找回。这其实从一个侧面反映了我而立之年的状态，不仅是那个笔记本，我甚至把以往所有的笔记都扔了，因为，除了些许充满灵感的文字，大多数笔记都因为记得过于潦草而难以辨认。也就是说，在 1993 年底，我已经从文字上把自己格式化了，直到今天我也无法找回 1993 年之前的哪怕任何一点只言片语的记录。

还是来说说雷强的笔记吧，为什么我要说它找回了我遗失的笔记？

那是一个 16 开的大笔记本，皮质封面包裹下的厚厚的本子，纸质精良印刷精美。但更加精美的是雷强的笔记，娟秀的墨迹自不必说，关键是笔记的条理性。雷强用不同色彩的四种荧光笔标注了一级、二级、三级和四级标题，这是一份过多少年都可以清晰阅读的笔记。与我那些已经永远遗失的笔记相比，我找到了雷强之所以牛的一个重要原因。

人的本性并不是不可改变，有时本性之中的怠惰之所以难以改变，或许还是外界的冲击不够吧。而雷强的笔记对我而言足够震撼，我因此彻底改变了自己，而这种改变决定了我的人生。

改变从每天晚上开始，在那漫长的 365 天异国清苦的日子里，每个晚上我都会熬到深夜。我买回了质地优良的笔记本，将白天所抄写的模糊不清的笔记重新誊写；另外，其他笔记本上，我将不同型号的 6 种飞机的所有飞行日记分类记录。这份坚持带给我的回报是丰厚的，1994 年 10 月，我不仅带回了三级国际试飞员证书，还带回了 200 多万字厚厚的十几本笔记，这些笔记今天还完好地保存在我的书柜里，翻到任何一页我都能告诉你记录中发生的一切。

就是这份坚持，让我这个歼 -10 飞机试飞第三梯队的队员，记录下了 2000 年以后 2000 多个试飞架次的飞行日记，还有我统计的 2000 多次的空中故障记录。2004 年 4 月，当歼 -10 定型时，我毫无争议地成为代表 18 名试飞员做试飞报告的那个人，也毫无悬念地因此荣立一等功，并在 2006 年获得国家科技进步特等奖。其实这些有形的奖赏并不能使我感到更多的荣耀，我经常向人炫耀的是，我保留了 1993 年以来的所有笔记，这些笔记足以示人并为我赢得人格的尊严，它告诉别人我的成功不是平白无故的，我为此付出的那份执着令我对人生和事业毫无遗憾。

正是这份执着，使我在记录事件的过程中，懂得了数据和变量的重要性，从而养成了分析数据、推导结论的科学研究方法，这个方法我给它取了一个奇怪的名字，叫作“多重变量分析法”，我用它成功解读了 2009 年李峰的歼 -10 空滑迫降案例。在那次歼 -10 发动机空中停车的突发事件中，由于系统断电记录数据全部丢失，我仅用飞机上的设备所记录的少量参数，成功推导并验证了歼 -10 飞机停车迫降的数据，这是国内唯一的一份三代机停车与迫降成功的数据。

就是因为这份成功的数据解读，使我有机会来到人民网的“强国论坛”，我第一次面对网络和媒体解答网民和军事爱好者提出的各种问题。而这次成功的触网和触媒，竟然无意中打开了我人生的另一扇窗口，媒体的关注使我从地方电视广播媒体，逐渐走进了中央电视台、国际广播电台这样的国家媒体平台。这种转型似乎是在不经意中发生的，而为了这个难得的机会我也付出了自己的努力，我把科研工作中所总结出来的数据分析与变量分析的方法，运用到军事案例的分析中，如对于利比亚战争和其他国际重大军事事件的准确分析，确立了我在媒体平台和军事爱好者中的知名度，不知哪一天突然有人称我为“军事专家”，我突然发现自己肩上的责任加重了，而我能做的只有更加努力。

回忆起我的人生和飞行事业中发生的一切，我总会对身边的人充满感激之情，而 1993 年底发生的关于雷强笔记的那些回忆，或许会令我记忆终生，因为它不仅找回了我曾经遗失的笔记，还让我找到了人生的方向……

徐勇凌

2017 年 8 月

# 前　言

亲历者文本、观察者文本、阅读者文本，是文化流存的基本载体，在太多的阅读者文本大行其道的今天，亲历者文本显得弥足珍贵。

亲历者记录自己历史的方法有很多。大约从 1995 年开始我养成了每天记录飞行事件的习惯，这份笔记比较“工程化”，按照我们试飞行业的标准，笔记还需要有一些相应的格式；随着试飞的不断深入，阶段性成果已经不能用简单的流水账的形式来记录了，我开始了论文模式的写作过程，有时这种写作是高频次的，一个月 7 篇论文不仅锻炼了我在工程领域的基本学术素养，也令我的信息库不断膨胀；以文学的手法记录生活是试飞诗人杜心元老师给我的建议，我的第一篇文章《男孩之梦》就这样创作出来了，稚嫩的笔触没有掩盖作品打动人的真实情感，这篇散文发表在 1995 年 5 月的《杭州日报》上。起初，我的写作还是模仿性的，那时，我是《读者》杂志的“粉丝”，一篇名为《爱的葡萄架》的散文描写一个年轻母亲的温柔情感，打动人的文字成了我的学习对象，《男孩之梦》整体上都是模仿这篇散文的。模仿是创作的起点，我因此一发而不可收，虽然并不是每一篇文章都能得到报刊的青睐，但这并不妨碍我独自写下每天一篇的心得文字，每天 30 万字的阅读和 3000 字的创作文字成了我作为试飞员的日课。就像散文《知识供养人生》中所描写的那样：我发现知识不仅能够丰富自己的头脑，更能供养自己的人生，使自己变得更加豁达、理性而敏感，也使自己更多地体会到了生命的快乐。

所谓厚积薄发，当我的个人笔记文档累积到几百万字的时候，我发现创作就不是一件太困难的事情了。从开始的试探式地用文字做敲门砖，到后来的定期约稿，再到后来的专栏写作，在繁忙的试飞之余，我的文学写作甚至有点令我应接不暇。

“记录真实，聚焦试飞”成为我创作的基本原则，不能把时间荒废在追逐名利的热点追踪和自己不擅长的领域，每一篇文章的主题必须是在自己的专业领域范围之内，文字必须有感而发，资料翔实。为此在写每一篇文章前阅读相关 20 万字的资料，做 5 ～ 10 倍的笔记功课是我创作总结出来的笨办法。我要感谢《中国空军》杂志，他们为我在期刊上开设了 2 年的个人专栏，每月一篇的散文不仅积累了 24 篇自己的精心之作，更为我赢得了读者和媒体的关注，我也要感谢《环球新闻时讯》杂志，连载 28 期的《徐勇凌战略开讲》为我构建了一套完整的“战略哲学”体系，从而丰富了我的思想也丰富了我的创作。

《鹤舞凌霄——中国试飞员笔记》是我的第一本结集出版的散文集，从 1995 年的《天琪》《男孩之梦》到 2003 年以后的科普创作，期间不间断的是记录试飞的纪实性散文，还有一些有感而发的思想心得。其中的故事无论是我个人经历的还是对身边战友的描写都来自我亲眼所见，亲历者文本是本散文集最大的特点。散文中穿插的一些古体诗和自由诗，也是在当时有感而发的，诗词创作虽不是我的专长，但我喜欢写诗，更愿意在一些场合激情吟诵。

非专业的写作因为亲历者的纪实性，因此具有了与众不同的韵味。在我 20 多年的创作过程中，与读者的互动带给我太多的感动，那些飞行爱好者和航空迷会通过各种渠道由衷地表达对我所创作文字的兴趣和喜爱，而描写飞行的文字中透射出的共同价值观也引起了军迷以外人群的共鸣，这或许是我向亲爱的读者奉献这份不成熟的文学果实的冲动所在。在此，我向那些热爱航空、热爱军事和所有关注试飞事业的人们表达我的谢意，谢谢你们一直以来的支持！

徐勇凌

2017 年 9 月 4 日

于北京香云居

# 翱翔者之歌

天空是永恒的主宰
而我们只是匆匆过客
翱翔抑或坠落
命运由时光去勾勒

做一只孤独的飞鹤
无论大地峥嵘与萧瑟
张开生命的翅膀
融入岁月的长河

引吭高歌
哪怕歌声鲁莽而羞涩
因为即使征程荆棘坎坷
终点都将如出一辙

谨以此书献给 66 年来所有在国防科研试飞中牺牲的英雄！

# 目　录

# 一、眺望蓝天

人说：生活不是梦，生活是一个过程。

我说：没有梦的生活是一个苍白的过程。

# 男孩之梦[①]

五岁是开始梦想的年龄。那是一个阳光灿烂的早晨，妈妈给我一张白纸、一支铅笔和一张飞机画片。我在白纸上涂抹着我梦想中的飞机。

"翅膀怎么跑到飞机头上去了？"妈妈笑着问我。

我像一个小小男子汉，陷入了沉思，一个梦想在我脑海中生成：长大以后，我要画出最最好看的飞机。

我喜欢一个人仰望蓝天，举起小手遮在眉头，像一个帽檐，也像一个小小的望远镜。有一天，一架飞机从我家后院上空掠过，我甚至看见了飞机上的飞行员。爸爸说那是飞机飞得低的缘故，飞得越高飞机看起来就越小。

"飞得高好还是飞得低好？"

"当然是飞得高好，飞得高就能看见很远很远的地方，飞机可以飞得比喜马拉雅山都高呢！"在我幼小的心灵中，喜马拉雅山是最高的。我梦想着有一天能驾驶飞机拉着白烟，飞得比喜马拉雅山还高。

第一次看见停在地面的飞机，已是好几年以后的事情了。那是在有一年的小学生夏令营活动中，老师组织我们去笕桥机场参观飞机。第一次这么近距离地注视曾经无数次仰望过的飞机，我激动得心跳都加快了，它实在是太威风了！我们被允许进入座舱，握一握驾驶杆。可是轮到我上飞机时，参观结束的时间到了，我很不情愿地被老师从登机的梯子上叫了下来。回到家里，我一个人躲进小屋里伤心地

① 《男孩之梦》是我公开发表的第一篇散文，1995年发表在《杭州日报》上。

哭了。

后来我认识了一位空军飞行员，他是我家的邻居，他送给我一架漂亮的小飞机，还给我讲了许多飞行员的故事。我记得他说：“飞行员平时训练每天都要跑一万米。”

对于童年的我来说，一万米是一个天文数字，可是我发誓：总有一天我要一口气跑完一万米。我天真地认为：只要我能跑完一万米，我就有希望当飞行员。

在我十三岁那年，我真的一口气跑完了一万米，我在 300 米一圈的跑道上，整整跑了三十四圈。

我并没有像自己希望的那样长得又高又大。实际上，我比许多同龄人都瘦小。初中毕业招飞体检，我由于两厘米之差，第一关就卡壳了。我恨自己更羡慕别人。我开始练单杠，练跳高，梦想着每拉一下单杠就能长高一厘米。高中毕业那年，我终于长到了一米七零。

招飞的季节又来了，这也是我多梦的季节。这一次我闯过了所有体检关口，可是由于名额有限我又一次成了“弃儿”。我的梦想破灭了。

然而，十八岁的我有泪已不轻弹，招飞结束，迎来了高考，在填志愿书时，我在十个空格里填上了同一个选择——北京航空学院（现北京航空航天大学，简称北航），我成了一名航空专业的大学生。

在大学生中招飞行员，这是我做梦也没有想到的。我清楚，我决不能失去这最后一次机会。冥冥之中，有一个声音在告诉我：你注定要翱翔蓝天。我终于如愿以偿了。

儿时的梦想变成了现实，我知道我是幸运儿。

我欣喜若狂，我暗暗发奋……

以后的几年中，痛苦和欢乐时常伴随着我。从大学生到飞行员，我仿佛脱胎换骨变了一个人。数不清跑了多少个一万米，也不知流了多少汗水，但我终于挺过来了，我飞过两倍于喜马拉雅山的高度，也飞过比声音还快的速度，那种感觉真是美妙！

已过而立之年的我，不但实现了我儿时的梦想，而且成了一名空军试飞员。军旅生涯使我变得沉稳，可我仍然喜欢梦想，我梦想着飞最先进的飞机，甚至梦想遨游太空。当我独自一人静坐灯下或散步林中，梦想就会叩响我意识的大门，我又像当年的那个小男孩一样陷入了沉思。

哦，男孩之梦！

痛苦的梦，

幸福的梦……

那时我还不知道，此生自己会与飞行结缘，人生的轨迹几经摇摆，最终还是宿命般地回归到飞翔的行列。那时我还不知道，飞行要经历那么多的琐碎与无奈，我因此痛恨训练场上举着风挡模型枯燥的演练，却爱上了夜幕灯光下的阅读和沉思冥想。那时我还不知道，我会经历弹射跳伞瞬间惨烈的轰鸣和随风飘落时的寂寞与恐惧，面对伤痛我唯一能做的是无言的坚持，然后等待命运的恩赐。当我终于经历了人生的风雨与彩虹，我才知道如果不是因为自己的坚持，我将永远也无法体会飞行的炫目之美。

## 我是怎么爱上飞行的

“为喜欢的事业而执着追求的人是浪漫的，你身边如果有这样的人，一定会给你一种激励；如果你就是这个执着的人，那么事业中的艰辛与幸福只有你自己能够体会。”这是试飞英雄李中华对为什么执着于飞行这个问题的回答。

我觉得李中华说出了一个飞行员的心声。飞行员没有不爱蓝天、不爱飞机的。然而，飞行员对于蓝天执着一生的爱，起因却往往是一件不经意的小事。

1998 年的夏天，试飞团来了一位叫周维的试飞员，他第一次见到我就显得格外热情。尽管飞行员大都外向，愿意表露自己的情感，但一个陌生战友异乎寻常的热情还是令我觉得奇怪。他说：“我当飞行员就是因为你。”这话更让我摸不着头脑了。

他告诉我他的家乡在四川，中学时代喜欢订阅《航空知识》杂志。他在 1995 年的一期杂志中读到了我的文章《我在米格 -29 上飞尾旋》。他说：“文章中描写的飞行的浪漫与惊险完全把我迷住了，就此定下了当飞行员的决心。”听了他娓娓道来的故事我并没有露出一丝得意，我为自己和他曾有的相同经历而感慨不已。

说来你也许不相信，我爱上航空完全是因为我的大哥。我出生在一个军人家庭，有两个哥哥。父亲南下当兵，解放战争时期，他从山东一直打到杭州。母亲是南方人，是中华人民共和国成立后当的兵。我们兄弟三个虽然出生在军人之家，但各自的爱好却大不相同，大哥聪慧而文静，喜欢航空，我好动调皮，喜欢的却是绘画。1974 年，“文化大革命”时期停刊的《航空知识》杂志复刊。大哥因为爱好，《航空杂志》每期必买。他阅读完杂志后，我就把杂志上的飞机作为描摹的对象。记得杂志上一架四发螺旋桨客机的图片十分精美，我一遍遍地摹画，但是机翼透视的效果总是画不好，画出来的机翼拧着劲别提有多别扭了。当我终于画成一张飞机图画时，最开心的还是我的母亲。

一天，并不擅长绘画的大哥画了一张飞机设计草图，令我大吃一惊。大哥画的是喷气式战斗机，但飞机的外形那是我从未见过的，飞机的进气道不是在机头或是机身两侧，而是在机身的腹部。那时，国内还没有关于美国 F-16 战机的消息，更不要说飞机图片了，大哥在那个时候就能设想出机腹进气的飞机布局，完全是一种灵感。渐渐的，我被大哥的爱好所感染，在绘画之余也偶尔读杂志上的文章。初中那年，我读到《航空知识》杂志上的一篇文章《我的第一次跳伞》，文章的作者是一名空军飞行员。他把跳伞地面训练的艰苦枯燥、第一次上天的忐忑心情、跳伞前的恐惧，以及从天而降的惊险描写得非常刺激。

1977 年，《航空知识》上的两篇文章彻底改变了我的人生。一篇讲的是试飞英雄王冠杨的事迹。他在驾驶歼 -7 飞机试飞时遭遇发动机停车，为了挽救战鹰他毅然决定冒险迫降，在紧急迫降的过程中为避开村庄，王冠杨两次拉起飞机改变迫降轨迹，失去了最佳的迫降机会，最终因迫降位置不佳而身负重伤。另一篇报道的是美国新型攻击机 A-10 的一起事故。在巴黎航展上 A-10 在做低空筋斗时，因高度太低直接撞地。两起事故的起因和结果完全不同，但飞行所具有的那份挑战深深地吸引了我。就这样，大哥的爱好感染了我，使我也变成了一个小小的航空迷。

1977年，还有一件事情不能不提，随着“文化大革命”的结束，国家迎来了全面发展的新时期，高中应届毕业生参加全国统一高考的决定改变了许多人一生的命运。我也暗暗立下了将来报考北京航空学院的志愿。1978年，我以全班倒数第七的名次考上了杭州第四中学。留给我的还有两年时间，为了考上综合全国排名前五的北京航空学院，我必须加倍努力。

就在我考上重点高中的那年，我的同学葛庆荣被招飞录取了，当上了万人瞩目的飞行员。在我眼中，他的那份幸运远比我考上重点中学荣耀得多。然而，当飞行员对我而言只是一个遥远的梦，因为我听说飞行员对身体要求很高，由于少年时期调皮闯祸落下的斑斑伤痕，我以为我此生注定与飞行无缘了。

说到招飞，作为一个飞行的“过来人”，我需要向飞行爱好者介绍一些我国招飞的相关知识。尽管中国空军的招飞模式已经从以往的特招改为全国高考的统招，但对身体的严格要求始终没有改变。其实，以我对飞行职业的了解，我认为对于身体的某些指标过于严格的卡关是没有必要的，有些年轻人各项指标都合格，但从外表看无论体质还是性格气质都不适合飞行；而有些人身体非常强壮，但一卡指标就不合格了，这种遗憾直到今天依然难以避免。我想，飞行是一项对身体和心智要求都很高的职业，对身体数据的严格把关是有其必要性的，尽管这种严格对于那些热爱飞行的人有时显得过于残忍，我就曾经两次被所谓的标准卡在了飞行的大门之外。初中时，我和葛庆荣一起参加体检，就因为身高差两厘米第一关就被淘汰了；高中时，我再次参加了体检，身上的伤疤并没有令我淘汰，我通过了所有指标，但最终因为名额限制惨遭出局，此时离高考只有一个月的时间了。

由于招飞体检需要散瞳，体检后的一个多星期里我成了远视眼，老师课堂的板书在我眼中一片模糊，好在高考前我恢复了视力，而我已经为我的理想做足了功课。高中两年的努力没有白费，我的成绩从倒数第七名，变为全班第七名。尽管我的成绩与北京大学、清华大学的录取分数还有差距，但比北航的录取及格分刚好高了两分。

2010年10月，我们北航的同学迎来了入学30周年的大庆，离别多年的同学再次相聚。看着那些熟悉又有点儿陌生的面庞，30 年前的情景历历在目。

在报志愿的时候，学校为了防止家长干预学生的志愿，填写志愿时把学生召集到学校，而把那些殷殷期盼的家长关在了校门外，这在今天是不可想象的。高考获得好成绩的我踌躇满志、心比天高，我在第一、第二两档志愿的十个空格中，填上了同一个名字——北京航空学院。

体检那天天空下着滂沱大雨，我打着伞骑车来到浙二医院①，体检结束狂喜的心情冲昏了头脑，我忘了拿伞冒着雨骑车冲回了家，在军队大院门口的邮件箱里，我看见了大红烫金的录取通知书，我知道那一定是我的，我用湿漉漉的手指从邮箱里小心地夹起通知书。这时我才看见一直在大院门口等着我的父亲，他用殷殷的目光看着我，问了一句至今令我难忘的话："孩子，你的伞呢？"我举起手里的通知书说："爸爸，通知书在这里呢！"

1980 年 8 月的最后一天，全家人都到杭州火车站来送我，我将独自一人踏上北去的火车，那是我第一次坐火车。那时我最急切的想法是火车快点起动，我对等待着我的四年大学生活充满着渴望，我根本没有想到上苍冥冥之中已经安排好了一切，我将从此踏上飞天的征程，而大学四年的学习只是我未来飞翔的铺垫。

30 年后的今天，我的那些大学同学大多离开了航空领域，有些在国外，有些在商界发展，我是少数依然在搞航空的人；30 年后的今天，那些曾经和我一起大学毕业参加飞行的人，都已经离开了飞行的岗位，我是那个唯一还在飞的人。我记得在飞行学院期间我并不是飞行学得最快的人，可我总是第一个放单飞的人，大队的刘副政委曾经当着全体学员说过这样一句话：将来如果你们中间只能有一个人在飞，那个人一定是徐勇凌。

我想，他会这样说，也许是因为从我眼中他看到了与众不同的执着。就像我在《飞行美学》中所写的那样：

---

① 此为老名字，现为浙江大学医学院附属第二医院。

那时我还不知道，此生自己会与飞行结缘，人生的轨迹几经摇摆，最终还是宿命般地回归到飞翔的行列。那时我还不知道，飞行要经历那么多的琐碎与无奈，我因此痛恨训练场上举着风挡模型枯燥的演练，却爱上了夜幕灯光下的阅读和沉思冥想。那时我还不知道，我会经历弹射跳伞瞬间惨烈的轰鸣和随风飘落时的寂寞与恐惧，面对伤痛我唯一能做的就是无言的坚持，然后等待命运的恩赐。当我终于经历了人生的风雨与彩虹，我才知道如果不是因为自己的坚持，我将永远也无法体会飞行的炫目之美。

这就是我童年的航空梦，而那时，飞翔之梦恰在一个陌生的地方等待着我。

# 飞行的摇篮

说到飞行的摇篮，当然不是指民航学院，而是特指培养空军战斗机飞行员的飞行学院。

在我投身飞行30年过后，当我再次来到飞行学院，我发现这里的生活已经与我当年有很大的改变。训练设施不再是简陋的单双杠，偌大的训练场上各种体育训练器材应有尽有，甚至包括拓展训练所用的高空悬吊器材。我看见那些年轻的学员，似山猿般灵巧而轻盈，瞬间就攀上了高处。我看见几个学员配合着攀登悬空的跨度很大的绳梯，一个人的失误很可能造成战友的受伤，但他们彼此信任团队的力量，互相配合十分默契。教员告诉我这样的训练对学员的锤炼是综合的，既可以提高学员的体能，也可以锻炼他们的心理品质，更可以培养彼此信任、互相配合的团队精神。教员说尽管现在训练条件大大改善了，但对学员刻苦、勇敢的要求依然没变。

想起30年前的飞行学院生活，那时体育器材非常简陋，除了简单的单双杠器材训练外，长距离公路跑几乎是家常便饭。那时，保定街头清一色光头、短裤的学员长跑队伍几乎成为一景。这样的奔跑场景看起来很给力，但身处其中你才能体会到那份艰苦，对于那些刚刚参军体质稍弱的学员，他们的感受真可以用生不如死来形容。8月的骄阳下每天一万米的长距离公路跑，不是每个小伙都能扛得住的，一个月内仍然不能适应，等待你的就只能是停飞了。与我同期的28名学员中就有两人因为长跑不过关，还没摸到飞机就被淘汰了。

“被淘汰”几乎是悬在每个飞行学员头顶的一柄利剑，即使各方面条件都不错，也不能保证不被淘汰，每个经历严酷考验最终走出飞行学院来到作战部队的飞行员，几乎都经历过快要坚持不住了的体验。

繁重的学习任务、即将面临的体能考核、飞行后难以忍受的想要吐的感觉，就像重重的包袱压在我们年轻的肩头，有时夜晚躺下合眼之前，我都会默默地为自己祈祷，不是祈祷命运的眷顾，而是祈祷明天早上身体的元气能够恢复，再一次承担运动场上、座舱里高强度的体能和飞行训练。记得在一次初教 -6 飞行中我实在抑制不住，吐在事先准备好的塑料袋里，拉开飞机的风挡扔到了机舱外，晚饭后尽管身体已经极端疲劳，但为了锻炼平衡机能，我必须在旋梯上打上 100 圈，结果把晚饭又吐出来了，第二天早上起来身体已经几近虚脱。但幸运的是，我们遇到了连续 3 天的恶劣天气，我得以恢复过来，否则如果第二天不能参加飞行，科目落下了补不上，等待我的将只有停飞一条路。

对于初上蓝天的新飞行员，飞行技术上的第一个难关不是适应空中飞行的感觉，而是对飞行程序的默背。一个最简单的起飞着陆程序，空中时间只有 5 分钟，可是所有动作用语言来背诵，如果不熟练在地面 5 分钟都背不下来。动作的顺序、操作的要领、注意力分配的要点，还有特殊情况处置的方法，每一个场景所做的工作都头绪繁多，而飞行程序是最忌讳差错的，一个小小的失误都是绝对不能发生的，地面关通不过就没有上天的资格。那些没有通过地面考核的学员只好眼睁睁地看着战友上天飞行，自己只能在家补课。

飞行的压力有时不仅来自飞行本身，也来自同期战友之间的竞争。飞行学院的训练周期紧凑，不会因为一个人进度慢了就停下来等你，一个科目 8 次带飞，如果同组的放了单飞，而你加两个起落还没有掌握，你只好停飞。尽管在飞行学院期间大多数科目我都是同期第一个放单飞的，但每个科目中我依然体会到巨大的竞争压力。当我为自己起落航线科目和特技科目第一个放单飞而沾沾自喜时，我就在编队飞行中拖了中队的后腿。同组的其他学员 8 个架次都放了单飞，我飞到第 9 个起落还是不摸门。副团长只好亲自带飞并发现了我问题的症结，经过他的点拨我终于开窍了，我也终于度过了飞行技术最大的坎。

由于各国的国情和军事体制、文化的不同，在飞行员培训教育体制上差异较大，但在飞行技能培训方面都大同小异，这是由飞行本身的特殊性决定的。飞行员要熟练地驾驶飞机需要有很好的空间定向能力，敏锐的注意力和感知能力，精确细微的操纵技术，这些技能只有通过大量的空中飞行才能掌握，而飞行员的心智能力，也只能通过复杂的飞行训练才能得以提高。为此，在飞行训练大纲的编排中，既要讲究科学合理的安排，也要求有足够的飞行架次，因此，飞行时间就成为飞行员训练水平的一个重要标志。

初学飞行是一名飞行员飞行生涯中技术风险最高的阶段，由于空中经验少，发生错误的机会就多，处置突发事件的能力也相对较低。在航行训练中同中队的一名飞行员每次航行都找不到地标，原因其实是出在心理问题上，由于害怕迷航看见地标总是怀疑，到处乱找，找着找着就把地标丢了，最终指挥员只好派飞机将其领回来。尽管学员在飞行中经常犯错误，但飞行学院飞行阶段往往是事故发生率较低的阶段，我国空军的某些飞行学院曾经保持了 30 年无事故的良好安全记录。飞行学院安全记录高主要有两方面的原因，一是飞机一般为低速飞机，发生特殊情况处置起来较容易；二是针对学员特点飞行学院有一套行之有效的训练方法，除了及时淘汰不合格学员，对于飞行员的技术把关也非常严格，地面准备不合格就不能上天，带飞不合格就不能单飞，重点学员重点帮带。

在飞行学院飞行教学中采取师徒带教制度，教学员相对固定小组，在飞行学院期间我的两位教员的敬业精神和职业素质至今仍令我钦佩。初教机教员布天河是金牌教员，他所带的学员几乎都是同期的佼佼者，尽管在带教我们这期学员时他已经快到停飞年龄了，但在教学中依然兢兢业业。我和同组学员陶国军并不是我们这期学员中飞行天赋最高的，布教员针对我们两个人不同的性格和技术特点因材施教，对于相对比较泼辣的我，注意修正我飞行中细节上的差错，而对比较心细的陶国军则鼓励他大胆泼辣。在初教 -6 的第一次放单飞中，我是同期 28 名学员中第一个放单飞的，而陶国军也是前 5 名。初教 -6 毕业时我们俩都是全优学员，这与布教员的教学有方是分不开的。

像全世界所有的航空学院一样，中国空军飞行学院的成材率远远低于其他专业院校，飞行学院严苛的淘汰制度留下来的大都是意志坚定、技能高超、心智健全的强者，而飞行员的意志力对于其成功与否是最关键的。我们发现那些初学飞行天赋最高的学员，有些并没有成为最终的幸运儿。飞行教员经常用“爬坡阶段”来形容飞行学院的学飞行过程，这个爬坡的过程不是短时间的坚持就能登顶的，最终的成功者往往是那些最为坚韧的硬汉。作为一个每天都面临着淘汰考验的学员，时常面临的是自我否定与肯定的反复过程。巨大的压力考验着学员的神经与心理底线，有时失败不是因为能力的不济，而恰恰是心理防线的垮塌，因为每天都有一个声音在说：放弃吧！而另一个声音让你：坚持住。而一旦你决定放弃，你就不可能重新振作起来。从这个意义上讲学飞行阶段的这种精神煎熬，对于一个男人成熟的过程是非常重要的，因为即使你成为幸运的毕业者，等待你的也将是一个个更为严峻的考验。

在我看来，每一个飞行者都是充满激情的，即使是那些看似性格内向的战斗机飞行员，如果你深入了解他就会从他的内心深处感受到他狂热的激情。人类从第一次翱翔天空已经经历了100多年，一代代的飞行勇士用他们的激情、勇敢与智慧，谱写了一首首蓝天狂想曲，没有激情与智慧飞行是一件不可想象的事情。而充满严酷与艰辛的飞行摇篮，正是打造每一个飞行者钢筋铁骨的熔炉，只有具备了不畏艰险的勇气，才能有笑傲苍穹的豪迈。

我要告诉那些渴望蓝天的年轻人，如果你想加入飞行员的行列，那你一定要记住两个字——坚持；我想告诉那些已经成为飞行员的雏鹰，如果你想成为未来的强者，你就要把激情贯穿于整个飞行生涯。

既然选择了鹰的角色，就必须拥有鹰的品格！

# 飞行学院生活

很难说清楚飞行学院生活对于自己的飞行人生意味着什么，但是每当9月脑海中总会回忆起飞行学院生活的一些细节。

第一次穿上军装几乎不敢相信这是现实，作为军人的后代总想不让父亲失望，当我真的穿上军装的那一刻，我才敢在内心说一句：爸爸，我也是军人了。第一次盖上三角邮戳，给家里寄去报平安的信，信里不忘告诉爸爸第一次登上飞机的那份惊喜。第一次给家里寄钱，56元津贴费留下了6元，在汇款单的折页写下这样的文字：爸爸妈妈，这是儿子的第一份工资，寄给你们以报答你们的养育之恩！

紧张的节奏很快就填充了每天的生活，容不得你有太多的感慨。自认是大学中运动健将的我，在运动场上算是领教了教员的厉害。刘志伟教员的100米，曲昌州教员的800米，别说超你一大截，就是跑步的那份潇洒劲儿就够你学的。飞行中教员的动作也充满着帅气，每次别人飞行时，没任务的学员就会成排地坐在条凳上看教员的表演，而每次曲昌州的表演总是令我们啧啧称奇，那个一米拉平，那个平飘，那个接地，愣是把外表平淡的初教-6飞出了韵律和美感。

初教团的土跑道边，飞行后的布天河教员没有讲评当天的飞行情况，而是讲了他的一段飞行经历：也是在飞行学院初教机阶段，发动机螺旋桨脱落，飞机不但没有动力，而且重心也发生了巨大的变化，后舱的教员由于飞机巨大的震动而晕厥，只有几十小时飞行经历的布教员，顶着杆硬是将飞机迫降回跑道。他说飞行遇到风险是不可避免的，飞行就是与死神搏斗，而勇敢是唯一的取胜之道。

布教员几乎从来不表扬人，不批评就代表表扬。不瞒大家，布教员也很少批评我。但飞编队那会儿布教员可没少批评我，在空中他一个劲地提醒我“速度差、速度差！”而我眼里看到的只有距离！距离！9个带飞架次用完了，再不通过等待我的只有停飞，各个科目都第一个单飞、曾让布教员感到骄傲的我，这回真的让他着急了。他让副团长来考核我，而他自己亲自担任长机。那次考核中布教员的长机动作一改往日的泼辣果敢，变得如此柔和，副团长对我的考试表现非常满意，给了5分，但我知道布教员为了让我通过考试可谓用心良苦。好在以后的编队单飞中，我顺利地克服了速度差的毛病，也令我度过了飞行学院阶段最艰难的时刻。

高教机阶段最后一个科目是歼教 -5 的螺旋，带飞我的就是那个在运动场上让我佩服的刘志伟教员。在地面练了无数次的平中顺动作，一到螺旋中就走了样，飞机呼啸滚摆着就是改不出来，刘志伟教员出手了，“平舵！”随着教员的口令，哐的一声响，紧接着是有力地推杆、压杆，迅猛有力，飞机服服帖帖地停止了转动。10年后，我在俄罗斯试飞员学校[①]的苏 -27 螺旋试飞中，从科沃切尔的改尾出动作中见到了似曾相识的一幕。

飞行学院就是如此，它会在你的飞行生涯中刻下深深的印记，而你的人生轨迹又很难再次与它重合，多少次我坐车经过我的母校的门口却只能远远地眺望，而有一次我驾车来到那个叫作鸭鸽营的初教团，它已经因搬迁而废弃了。好在那些令我难忘的教员还继续着他们的工作，刘志伟和曲昌州近日不停地来电话，令我再次回忆起飞行学院的生活。

① 指位于俄罗斯莫斯科郊外茹科夫斯基的格罗莫夫试飞员学校。

# 歼-6时代

2010年的珠海航展由中国空军主办。从1996年第一届航展开办到现在，珠海航展已经成功举办了8届，这届航展上的一大亮点是几架已经退役飞机的精彩亮相。尽管我没有亲临航展现场，可当我从电视屏幕上看到歼-6飞机久违的身影，感动的泪水模糊了我的视线。航展作为航空航天和空中力量的舞台，除了展示国防科技领域的高精尖技术，更重要的是弘扬航空和国防文化。我想，当歼-6飞机矫健的身影从珠海的天空划过，一定有无数双眼睛注视着它，向这款有着卓越战功的飞机表达崇高的敬意。

作为一名战斗机飞行员，没能有机会驾驶战机与敌人在空中搏杀是一种遗憾，但与那些在飞行学院的歼-5阶段就被淘汰的同期学员相比我又是幸运的。飞行学院毕业到部队报到的第一天，我放下行李和同期战友黄鉴一起来到机场，在云南元谋那片荒僻的沙土高原上，成排的歼-6战机在炙热的阳光下熠熠生辉。就在来元谋的火车上，我和战友看着车窗外一个接一个的隧道，以及落后贫瘠的山野，心中充满着沮丧，而此刻，当我看到这些令我憧憬的战鹰，似乎突然明白了我到这里来的原因。

那时，歼-6才刚装备这个部队不到两年，我的教员也是刚刚改装完歼-6。尽管歼-6飞机装备空军已经过去了20多年，但那时许多部队依然在飞歼-5飞机，歼-6在那时还是我国空军的“先进装备”。

其实这一点并不奇怪，人类真正进入喷气时代还是20世纪50年代。第二次世界大战已经结束了，但战火的硝烟始终没有停歇，在东亚和南亚，在中东和非洲，喷气时代的空中战争如火如荼。在没有硝烟的战场上，军事大国在空军装备上比拼的激烈程度一点也不亚于真正的战场。回顾那段历史我对喷气时代初期的空中明星如数家珍，可是直到今天依然有人对“为什么是歼 -6”提出疑问。

歼 -6 是歼 -5 的放大型吗？显然不是，喷气时代的第一场竞争就是速度的比拼。当 1953 年 5 月 YF-100A 第一次突破音障，苏联人必须用速度对美国人的挑战做出回答，第二年 1 月，米格 -19 就呼啸着亮相了。这是一款怎样的飞机呢，它的外形既不是典型的超音速布局，也没有拘泥于苏联人轻小型战机的设计理念，酷似米格 -17 的后掠翼设计，采用的却是与众不同的双发布局，尽管它的飞行速度无法与同时代的 F-101/104 相比，但它同样可以跃升到 17000 米的高度，21 世纪的三代机也不过如此。总之，苏联人在他们的第一款超音速战机设计中，在追求快的同时把“稳”作为基本原则，也就是说只能成功不能失败，否则他们追赶的脚步就会被远远地落下。“稳”从某种意义上讲就是保守，这也是苏联人没有采用美国人小展弦比 / 薄机翼外形的原因。因为，所谓经典的超音速布局设计，在气动力、操纵性和稳定性上与传统的后掠翼布局有很多的差异，在结构强度设计方面也有许多新的特点，米格 -19 的设计充分体现了苏联人敢于创新又务实的理念。

在研制米格 -19 的同时，苏联人同时在加紧高超音速飞机技术的试验和研发，当他们确信有成功的把握时，米格 -21 飞机很快就首飞成功了。米格 -21 卓越的性能是不言而喻的，苏联人很快就做出了决定，大量装备米格 -21，而米格 -19 顺理成章地成为一种过渡机。

对于刚刚掌握米格 -17 仿制技术的国家，中国对米格 -19 可谓求贤若渴。经过艰苦的谈判，苏联人终于向我们转让了米格 -19 的生产技术，然而，对于一个刚刚有能力生产汽车的国家，生产超音速飞机的技术困难超乎想象，当我们终于在 1964 年真正具备歼 -6 生产能力之后，大规模的装备已成骑虎之势，尽管 20 世纪 60 年代初我们已经拿到了米格 -21 的生产图纸。

我们应该感谢歼 -6，它让我们提前进入了超音速时代，也使我们的工业生产能力实现了跨越式的发展。在当时，歼 -6 飞机并不是一款太过落后的战机，从空中作战的角度分析，歼 -6 飞机是有其独特优势的。与F-104和米格-21相比，歼-6的最大短板在于高空高速性能，但在亚音速中低空机动性方面它的弱势并不明显。尽管在推重比方面，歼-6在二代机[①]中是处于低档的，但由于其后掠翼设计，翼载荷相对较小，诱导阻力也明显小于三角翼，因此，在不使用加力推力的情况下，歼-6的水平机动性能非常优越，可在速度450～750千米/小时的较大范围内进行过载2.5g以上的持续机动，在能量制胜的中低空作战中，歼-6的这种性能特点无疑是具有一定优势的。歼-7飞机在速度小于600千米/小时时，水平机动性能就明显下降，因此，在中小速度范围的水平格斗中，歼-7与歼-6相比占不到什么便宜。同样，在亚音速爬升性能方面，歼-6也不输歼-7。

歼-6飞机比较明显的缺陷在于大迎角的操纵性和安定性，在大迎角和大过载失速时，歼-6的方向发散的特点令飞行员头疼不已，突然的机头掉转和随之而来极不稳定的失速螺旋动态，使许多飞行员付出了生命的代价。但是，歼-6在操作品质方面并非一无是处，在小于抖动迎角的大部分迎角范围内，歼-6飞机具有操纵精度高、机动迅速和安定性好的特点。凡飞过苏式飞机的飞行员，都对歼-6飞机的起飞着陆操纵品质有良好的评价。

1986年底，经过一个多月的精心准备，我终于踏入了歼-6飞机座舱。记得第一个带飞我歼-6的飞行教员是朱永昌，对已经习惯了歼教-5飞机的我而言，歼-6飞机的确很有个性。首先双发操作就很不习惯，尽管教员在地面教学中反复强调双发剪刀差很难把握，要飞好歼-6首先要使用好油门，可是一到空中我才体会到使用双发油门的手忙脚乱。整个飞行架次中我都在摆弄油门，等到飞机返回机场即将下滑着陆时，已经疲惫不堪的我根本无法控制飞机的着陆速度，我唯一记得教员飞行前的协同要点：一定要控制好飞机的下滑方向。当朱教员发现我的着陆速度大时已经晚了，他一把收光了油门，飞机还是以比正常着陆速度大20千米/小时的速度接地了。当我按照操作程序在接地的同时放出减速伞时，伞绳显然难以承受如此大的着陆速度，伞一张开绳子就断了，我只听见朱教员一个劲地喊：“我来！我

① 二代机为第二代战斗机的简称，三代机、四代机、五代机依此类推。

来！”手足无措的我眼睁睁地看着飞机在即将冲出跑道的一刻停在了跑道的端头。

尽管歼 -6 飞机给我的“见面礼”显得不太友好，但我还是很快爱上了这款飞机。我的同屋教员朱明告诉我，我们比他们幸运得多，因为在他们到部队时第一个接触的依然是飞行学院已经飞过的歼 -5 飞机。我到部队那会儿，歼 -5 正逐步从部队淘汰，就在我来到部队的半年前，我的飞行学院教员就刚刚从部队接回了歼 -5 飞机。对于每一名刚到部队的新飞行员，怕的不是飞行难度大，而是飞不上好飞机。而新飞行员心目中的好飞机就是能飞得更快、更高的飞机。歼 -6 显然比歼 -5 飞得快得多。记得在飞机特技科目时最大的感受就是垂直向下机动的压迫感。对于刚刚掌握特技驾驶技能的飞行员来说，垂直机动是最刺激的飞行动作，向上机动时飞机高昂着头一下就翻过了筋斗，向下机动时大地扑面而来但很快就转入上升。然而，说实在的当朱明教员第一次带飞我垂直特技时，我真有一丝丝的害怕。歼 -6 的速度实在太快了，当垂直向下机动大地扑面而来的时候，我感受到的不是刺激而是恐惧。当我慢慢适应了歼 -6 的大速度特性时，我才真正进入了高速歼击机的门槛。

我还记得第一次云中飞行遭遇的一次历险。在云南难得遇到有云的天气，因此，尽管那天气象预报可能有雷雨，我还是和战友驾驶歼 -6 一个挨一个起飞了，我沿着穿云航线上升，可是到了预定的 5000 米高度依然没有出云，我只好硬着头皮继续往上飞，歼 -6 飞机的亚音速爬升性能很好，不知不觉我爬到了 13000 米，可是我看见座舱外高耸的积雨云黑黑地隆起，云中的冰晶沙沙地打着座舱，突然我发现所有的气动仪表中的数据急剧下降，速度一下子就掉到了 200 千米/小时以下，我以为飞机失速了，重重地向前推了一杆，飞机就像一个沉重的铅块坠落着，但指示速度并没有上升，初飞歼 -6 不久的我完全茫然了，就在飞机降到 10000 米时速度突然恢复了，我激烈跳动的心也渐渐平缓了，事后我才知道是云中结冰给我开了一个小小的玩笑。这次历险是我飞行生涯中一次难得的经历，增长了我战胜恐惧的信心，也让我对歼 -6 良好的操纵性留下了深刻的印象。

当然，真正令我刻骨铭心的还是我在歼 -6 飞机上经历的生死考验。1987 年 2 月 19 日，在我的战机无法操作的关键时刻，歼 -6 飞机当时最新型的弹射救生系统挽救了我的生命，由于弹射系统设计合理、性能良好，我跳伞落地后甚至没有丝毫的受伤。跳伞成功后我来到伞勤室，向每一位伞勤官兵表达我的感谢之情。

对于曾经飞过歼 -6 的飞行员而言，歼 -6 飞机就是我们飞行人生的一个坐标。尽管我已经飞过不少于 20 个机型的各类战机，但飞歼 -6 飞机的每一个细节我依然记忆清晰。歼 -6 飞机曾经是我的试飞伴侣，在气动力研究试飞中勇闯禁区，获得了极为宝贵的试飞数据。我记得我的战友张旭在新型弹射救生系统的试飞中，冒着生命危险驾驶歼 -6 弹射试验机弹射假人。我记得我的试飞恩师周自全在歼 -6 平台上设计制造了我国第一架变稳飞机，获得了国家科技进步特等奖。

对我们国家而言，歼 -6 是国防工业初创期艰辛与辉煌的一个证明。作为后来者没能够生在那个光辉的岁月是我们的遗憾，因为中国航空工业和空军装备从无到有的光辉历史是我们伟大的前人创造的。中国的航空人在第一个十年完成了从维修到仿制的第一次飞跃，又在第二个十年完成了从研制到创新的飞跃。从今天某些人的眼光看来，我们在中国航空的工业化发展初期可以规划得更加科学些，我们在二代机的研制中似乎应该做得更加完美，我们似乎应该紧跟航空科技发展的脚步，早一点开展三代机的研究，等等。然而，评价历史我们不能脱离那个时代，不能漠视中国当时的条件。我认为，对一个一穷二白、百废待兴的国度，在资源极端匮乏的条件下，在敌对国家包围和封锁的大环境下，如果没有断腕重生的气概，没有排除一切困难去争取胜利的伟大精神，中国的工业化进程就不会这样快，空军武器装备的发展也不会如此迅速，那是一段无法复制的辉煌历史。

对于航空武器装备的发展来说，歼 -6 是一个伟大的台阶。正是通过米格 -19 的仿制，中国的航空工业才初步具备了设计和制造能力，才有了后来的强 -5、歼 -8、歼轰 -7 的研制成功。有人认为空军装备建设中没有选择米格 -21，而是选择米格 -19 是一个重大失误。其实从米格 -21 引进的周期我们就可以知道，如果我们把仿制的基础建立在米格-21上，中国航空工业实现全面仿制能力最少要推迟4年，国产战机的自主研发也会相应推迟。在中国航空工业从无到有的发展过程中，速度比什么都重要。

对于空军的作战训练体系而言，歼-6作为当时的主战飞机，为空军的战斗力发展起到了关键性的作用。在20世纪60年代，中国空军的很大一部分战斗机飞行员有幸能够驾驶超音速战机，这对中国空军整体作战能力的提升是意义非凡的。歼-6飞机尽管没有像米格-21和F-104那样具备高空高速的优越性能，但在中空近战格斗中，歼-6不愧为二代机中的佼佼者。中国空军航空兵在国土防空作战中的大部分战功都是由歼-6创造的就是最好的证明。

# 二、绝处逢生

# 随风飘落

那是我第一次飞超音速编队，飞行学院的飞行成绩使我对自己的飞行技术充满了自信。

‘30 队形好的，准备超音。”长机的口令包含着赞许。

编队飞行中，双机的距离是最难控制的，每架飞机都以每小时几百千米的速度在飞行着，微小的速度差别，都会造成双机距离的变化从而带来危险，超音速编队每架飞机的速度更是达到每小时 1000 多千米，飞行的难度和危险性是可想而知的。

当我听到长机准备超音的口令迅速地回答道“30 明白”，此时我的精力已是高度集中。

此时耳机内传来了一个口令“36 开加力”。

当天同时飞超音速编队的还有其他机组，口令是其他长机发出的。

“30 明白。”精力过于集中的我听错了口令。

我打开发动机的加力后迅速地向长机接近，我只看见长机在我的视线中迅速地变大，一声巨响过后我知道我的飞机完了。

在我与长机接近的时候我做了最后的努力，我极力地推杆想从长机的下面冲过去，可是为时已晚，我感到撞击后，飞机一下子就失去了操纵，我整个人在座舱中悬空了，座舱里尘雾弥漫，飞机在快速地旋转下坠，我看见舱外的景物在飞速地旋转，当我试图操纵飞机时，飞机没有任何反应，一种巨大的恐惧向我袭来。

要知道那时我驾驶部队真正的战斗机还不到两个月，空中的经验微乎其微，突如其来的事故几乎将我击倒，我唯一知道的是飞机已经没救了，我必须跳伞。当我的伞在 8000 米高空打开后，我经历了自己飞行生涯中最刻骨铭心的 10 分钟。死神的威胁，巨大的恐惧，沉重的思想包袱使我的心与身体一起坠落。8000 米高空大气温度在零下几十摄氏度，脚下的大地苍茫一片，看不分明，隐隐约约显现山的轮廓。我看见在我远处的下方，一个小小的白点在飘着，我感到一丝欣慰，长机飞行员也安全跳伞了。可是空中的风是非常复杂的，我只能眼睁睁地看着那个小白点越飘越远，最后看不见了。我的伞在慢慢地下降，随着高度的降低，我可以看清楚我脚下的地形，我发现我的降落点是一片陡峭的山坡，这会给我的着陆带来非常大的危险，我努力回忆着跳伞训练时教员教我的要领，做好了充分的接地准备，而当我的双脚再次踩在坚实的大地，我发现我连一点伤都没有受，可是我的精神仿佛经历了一场炼狱。我看了一下我的手表，指针永远地停在了 12 点 10 分。

云南元谋——这个远古人类的发祥地，此时却是如此的荒凉，当我登上山顶环顾四周才发现，在我的视线之内居然没有任何人类活动的痕迹，甚至连一个草房都没有，我已经没有食物和水，我必须走出大山。

骄阳下的艰难跋涉正是考验我的时候，此时我才明白为什么飞行员每天要跑一万米了。我在大山中走了整整 6 个小时，遇到了第一个人——一位 9 岁的放牛娃小雷。

当我回到部队迎接我的不是责备和嘘声，而是欣喜的目光和温暖的话语，长机飞行员已经安全跳伞，而我却 6 个小时没有音讯，政委见到我的第一句话就是："你安全回来我们就高兴，别的什么都不用说。"而身负重伤的战机飞行员对我说的第一句话却是："我没事，请放心。"在这一刻我仿佛突然明白了军人的真正含义。

我知道等待我的将是处罚，对此我并不担心，我明白军队的纪律，我感到沮丧的是我的飞行梦想可能要就此夭折了。我还能提出什么更高的要求呢？

我在医院的病床上激烈地斗争着，其实我什么病都没有，可是我知道如果我不能勇敢地站立起来，我一辈子都将是一个精神残废者。我问自己三个问题：

我是男人吗？

我是军人吗？

我是飞行员吗？

回答只有一个："是！"

经过一个月的思考，我郑重地向领导递交了我的复飞请求。当我回到部队，我见到了令我永远尊敬的司令员，他看过了我的信，拍着肩膀只对我说了一句话："你好好干吧！"我知道我真的重返蓝天了。

# 寻找“雷稿村小孩”

团中央《青年网络公开课》的制作团队能够找到我录制演讲视频，或许是因为我作为空军媒体发言人的网络影响力。团中央微信公众号播发了我题为《飞行时代的中国梦》的演讲视频后，我第一时间在微信、微博上转发。在42分钟的演讲中，我大约用10分钟的时间讲述了1987年2月19日我遭遇的飞行事故，我讲到了跳伞的惊险经历，讲到了我落入大山独自跋涉6小时、行进30多千米山路的艰辛历程，还有我与一个放牛娃的奇遇。我不知道他的名字，只知道他是云南省元谋县雷稿村的彝族村民，因此我称他为“小雷”。如果不是他的营救，我将在初春寒冷的山中过夜，这对于一名跳伞后的飞行员而言可谓处境艰难。

一天，一位微博网友给我留言：你为什么不去寻找当年的“小雷”呢？他的这番话勾起了一桩我积压近30年的心事。30年来，每当2月19日来临，我都会想起“小雷”，而关于那段事故的恐怖经历反倒被我淡忘了。试飞的艰苦历练让我练就了置身其外的淡定，我很少去想事故中的画面。让我无法释怀的其实并不是恩情未报的愧疚，而是我根本无法知道我当时跳伞和遇见“小雷”的确切位置。1987年6月离开元谋后我再也没有回去过，那个埋藏在大山深处的彝族小村就成了我难以解开的谜。

网友的留言让我产生了一种无法抑制的冲动——我要找到“小雷”！完全是抱着试试看的心理，我在百度上搜了一下雷稿村，发现有大、小两个雷稿村，村子距离机场30多千米，处于山区的缓坡处，这与我当年记忆中的当地地形地貌，还有我坐车从村子回到部队1个小时左右的路程高度吻合。2016年5月29日下午2点左右，我在微博发出了第一条“寻人启事”，我 @ 了中央电视台新闻频道寻人节目《等着我》栏目的官方微博，并发出了：“寻找 1987 年 2 月 19 日营救我的雷稿村村民，当时 9 岁现在应该 29 岁①。”微博发出后并没有引发多少人围观，我觉得或许是我微博叙述有问题，所以当天晚上 10 点多，我充分发挥微博 140 字的威力，写下了这样一段具有故事性的文字：“跳伞后我在大山里独自穿行 6 个小时饥渴疲惫。一个姓雷的 9 岁放羊娃出现了，他听不懂汉语但带着作业本和笔，我写道：‘请带我到村公所’，小雷点点头，先带我回他家，炒蛋炒饭给我吃还给我水喝，我悄悄在枕头底下留下 20 元钱。然后他带我到元谋县雷稿村的村公所，给部队打电话，我得救了。小雷你在哪里？”没想到这篇微博引起了元谋县当地微博、微信圈的关注，很快自称与“小雷”相关的各种人在我的微博里留言，他们都自称了解当年事情的经过，并且说认识“小雷”，其中有教过“小雷”的物理老师，有“小雷”的亲戚，有村支部副书记，连元谋公安和宣传部门的公众号也开始关注我了，很快我就建立了一个人数多达 26 人的微信朋友圈，一时间新的消息不断在圈中传出。5 月 30 日夜里 11 点，元谋公安的公众号“@ 元谋警方”就发出了寻人启事；5 月 31 日，《春城晚报》和元谋所在的楚雄州媒体也及时报道了寻人事件；5 月 31 日 14 点 12 分，“@ 央视新闻”公众号发出了一条“云南元谋雷稿村小雷你在哪里？29 年前你救过的人在找你！”的微博，央视新闻的微博信息一下子就点燃了网络和媒体，第二天几千个网站转发了相关消息，各地的报刊媒体也大量报道此事，一时间 # 寻找雷稿村小孩 # 成为网络和媒体的热门话题。更加令人惊奇的是，当地县乡村公安系统和媒体在 5 月 31 日下午找到了传说中的“小雷”。小雷并不姓雷，他的名字叫尹正海。但这个好消息并没有令我感到惊喜，反倒令我隐隐担忧，尹正海不是 38 岁左右，而是 45 岁，如果他就是当年的“小雷”，那么“小雷”就不是 9 岁而是 16 岁，如此大的年龄差距会不会是找错人了。

“小雷”找到了的消息令整个元谋县都震动起来，各路媒体奔赴元谋雷稿村。6 月 2 日开始，中央电视台新闻频道连续 4 天报道“寻

---

① 笔误，应为39岁——编者注。

找小雷”事件，6月3日的新闻中，当年的村支部书记回忆起小尹带我来到村公所的情景，并且讲到了他鼓动村民送慰问品的细节，他进一步确认小尹当年确实是16岁，只是个子比较矮小，当时村里对小尹勇敢的举动还给予了奖励。

“寻找小雷”事件让我成了一个大忙人，每天几十通媒体打来的电话令我应接不暇，云南昆明的、广东的、湖南的、家乡杭州的，还有各大网站的，而中央电视台新闻频道《等着我》《面对面》《社会与法》《向幸福出发》等栏目也向我发出了邀请，和我多次合作过的《面对面》栏目更加积极，他们提议和我一起去元谋寻找当年的“小雷”。处理完空军举办的“梦想起航——全国航空科普文化月”活动的演讲工作，回到家已经是6月4日凌晨1点，我匆匆准备了一些给尹正海的礼物，其中一幅是我精心创作的书法作品，我书写的“正气如山，情深似海”的首尾两字恰好是尹正海的名字——正海。早晨5点多，带着一身的疲惫，我与中央电视台新闻频道《面对面》栏目组的朋友就奔向机场，飞机9点多按时起飞，降落昆明机场已经快下午1点，我们简单吃了点东西就直奔元谋，赶到元谋已是下午4点多，高速公路出口处当地政府宣传部门的领导接上我们就直奔雷稿村，当地和外地的多家媒体紧随其后，1个多小时后车队穿过泥泞的山路终于来到雷稿村，接近尹正海家车队已经无法行进。村民热情地为我们引路，穿过几条小溪，爬上高坡，终于可以看见一座独立的院子，远远望去一个个子不高但身体结实的中年汉子站在路口，村民告诉我们他就是尹正海。

29年来，我无数次地想象过我见到“小雷”的情景，就在下车前我都想到自己或许会平静地面对，而当我看到当年的“小雷”——尹正海的那一刻，就不由自主地奔跑起来，我一把握住他伸过来的手，然后紧紧地与他拥抱，我的眼中满含泪水。短暂的激情过后我随着小尹来到他们家的大院，他的父亲、他的小女儿，还有很多亲戚在院子里等着我们，他读高三的大女儿在县城里唯一的高中迎接高考，我们没能见到。他们家的院子好大，厨房足有两间客厅那么大，桌子上摆满了鸡蛋、水果和准备下锅的各种食材，就像当年我来到村公所里见到的老乡准备的那些东西，而厨房的柴火灶与大铁锅和当年“小雷”给我炒蛋炒饭的炊具完全一样。谈话中我依然用“小雷”来称呼他，他微黑、朴实憨厚的脸上始终绽放着笑容。小尹话不多，简短回答着我的问题，乡亲们静静地坐在那里远远地看着我们。后续的媒体采访持续到了黄昏时分，而小尹的家人也开始慢慢在院子里摆开桌子，摆上饭菜，热情的晚餐看来是无法拒绝了。20多人围坐在院子里，乡村的土酒和自制腊肉真的很香，而那些绿色蔬菜的纯净味道也令我们赞不绝口。入夜，轻轻的谈笑声回荡在山谷，情不自禁的我唱起了《我爱祖国的蓝天》，一天的奔波令我嗓音沙哑，但歌声在璀璨的星空下依稀嘹亮……

回到北京，6月4日晚间在雷稿村的那一幕依旧令我回味无穷、恍如梦中。我躺在床上翻看这段时间朋友圈里大家的问候与鼓励，一个关注我的陌生人的信息引起了我的注意。她自称“伟大的尹汉子”，头像却是一个女孩，她6月1日留下的一张相片和一段话当时并未引起我的关注，她说：“你看相片里的人你还认识吗？”我甚至都没有回复她。此刻看着这个女孩的头像，我突然头皮一阵发麻，她的容貌有尹正海的影子，我再看那张她发给我的相片居然就是尹正海小时候的全家福——她一定是我未能见到的尹正海的大女儿。强烈的好奇心令我打开她的朋友圈。5月31日的微信是“怎么办，有点激动。”而最后一篇是6月1日的：“提前失望总好过突然失望。”联想到她6月1日发给我的相片和留言，我突然明白了一切，我真后悔呀！

细细地、一篇篇地读着这个孩子的微信，我抑制不住自己的眼泪，这是一个多么善良、正直、聪慧的孩子啊。她的爱美之心，她对盲目追星一族的异议，她对理想的追求，她对学习的专注，临近高考的亢奋与一丝丝的担忧，还有她对自己成为一名军人的向往。“请不要宋仲基。”“我不努力，没有人替我争取。”“你连追求自己喜欢事物的勇气都没有，你就注定是个失败者。”“三分天注定，七分靠打拼。”“想当兵，想当兵，想当兵。”……

我拨通了孩子的电话，她告诉我她叫尹馨。她说，谢谢你来找我爸爸，她还告诉我今年自己高考考得很好，她想当兵，想考军校……

我只说了三个字：好孩子！就再也说不出话来了。挂掉电话，我哭出了声，躺着床上泪水止不住地流淌，为尹正海，也为这个可爱、坚强的孩子……

后记：尹正海的女儿尹馨于 2016 年 9 月考上云南大理的某师范院校，实现了她的另一个梦想：投身乡村教育事业。

空中加油的成功，彻底打破西方的技术封锁，结束了国产飞机不能进行加油的历史，为我军航空兵远程作战提供了技术保证，对增强空、海军作战能力具有重要的战略意义。

——摘自常庆贤在“加油工程”庆功会上的发言

## 老常①的空中往事

有些声音注定要在天空留下回音，就像有些日子会永远铭刻在历史。1991 年 12 月 23 日就是这样一个日子，这一天中国人首次实现了空中加油，完成这一壮举的是特等功臣、特级试飞员常庆贤，我们这些试飞晚辈亲切地称呼他“老常”。

科研试飞是一项特殊的事业，当人民空军的一次重大行动成为网络和各种媒体上人们热议的焦点的时候，与之相关的航空技术的科研试飞已经过去十几年甚至一二十年，那些尘封的往事甚至被人们渐渐淡忘了。

20 世纪 90 年代初期，我来到了阎良，那正是中国空中加油工程奋力拼搏的时候。我经常能看见老常飞行后提着飞行帽匆匆回宿舍的身影，那时我们交谈得最多的总是关于空中加油的话题，从老常不多的话语中，我知道试飞充满着艰辛。尽管作为一个旁观者，当时的我还无法了解更多的试飞细节，但我知道老常他们所做的工作必将载入史册。2009 年的夏天，当我听说老常夫妇刚从新疆旅行回到阎良，便敲开了他家的门，想听他和妻子共同回忆当年加油试飞的故事。而 2009 年又恰逢中国空军建军 60 周年，我觉得有必要将那段历史记录下来，告诉今天的人们，因为那段艰辛而又辉煌的历史值得我们回味与感悟。

---

① 常庆贤，中国空中加油第一人，1991年12月23日驾驶歼-8受油机完成第一次对接，1996年获得国家科技进步特等奖。

### 长机试飞员脸上的胡子

老常是我的飞行前辈，也是我的老朋友。听说我的来意他露出了笑容，拿出了当年的军功章和各种试飞资料，一张夹在活页中的纸片我似曾相识。20 年前我曾在老常的办公室见过这张图，图上画的是空中加油时加受油机之间的关系位置数据，当我看见受油机与加油机机翼之间的距离只有 0.6 米时，我说这几乎是不可能完成的任务呀。2003 年我在歼 -10 飞机空中加油试飞中遇到困难的时候，老常亲临西北进行技术指导，我再次见到了这张纸片，没想到老常把这些当年的资料保存得这么好，话题就从这张纸片开始了。老常说 0.6 米的距离就是当年压在所有试飞人心中最大的石头，这么小的距离不要说是在空中，就是在地面汽车行驶中也是不可想象的。说到这里老常依然非常感谢当年空军飞行试验训练基地（简称飞行试训基地）的飞行员，1990 年 5 月，王铁翼和飞行试训基地的几名飞行员来到阎良，他率领的团队在领先试飞中首先摸索了加受油机近距离编队的可行性，这无疑是一种巨大的突破。在此之前部队训练中最小的编队距离是 5 米，而加受油机加油编队时彼此之间是互相“咬合”的，从严格意义上讲距离是负值。国外的加油编队队形虽然也较小，但由于国外加油机的加油软管较长，加受油机之间的队形相对比较宽松，也就是说在加油试飞中，中国试飞员要遇到比外国飞行员更大的困难。

说到这里有必要介绍一下软式加油技术的背景。早期的空中加油由于没有先进的对接装置，空中对接难度很大，1945 年英国人发明了锥套、探头对接装置，解决了空中加油对接的难题。后来美国、苏联等的软式空中加油系统都采用这种对接装置。软式加油相比硬式加油最大的优点在于可以实现同时多机加油，但空中对接完全靠受油机飞行员操纵飞机完成，对接的技术难度大、风险高。国外的加油机大都由大型运输机改装而来，载油量大，加油软管较长，对接时加受油机的编队距离相对较远。而我国的加油机由于受平台的限制，加油吊舱较小、软管长度较短，对接时加受油机的距离非常近，给空中加油带来了更大的难度。要攻克这一难关只有进行充满风险的探索。

在没有任何经验可以借鉴的情况下，必须迅速开展加油编队的训练，为此试飞团团长黄炳新亲自挂帅，成立由常庆贤、汤连刚等试飞员组成的空中加油试飞员团队，常庆贤的加油工程首席试飞员是由总装备部、空军和中航集团直接任命的。1990 年 9 月试飞员小组成立后，迅速开展了超密集编队训练。当时，加油机还在生产线上，没有加油机就用歼击机，没有教员就采用同乘编队飞行的方法，常庆贤与汤连刚一起在歼 -6、歼 -7 飞机上进行了几十架次的超密集编队训练，队形从 10 米 ×10 米到 5 米 ×5 米最后飞到两架飞机几乎黏在了一起。说到超密集编队老常对当时的飞行感受记忆犹新，飞机的每一个铆钉，甚至长机飞行员有没有刮胡子都能看出来，那是一种从未有过的体验，给飞行员带来了巨大的心理压力，甚至有一丝丝恐惧。通过不断的训练，飞行员总结出了超密集编队的技术特点：小、难、严、配合，摸索出超密集编队的操纵要领。随着训练的深入恐惧慢慢变为兴奋，直到最后飞行员得心应手地掌握了超密集编队的驾驶技术。同型机训练使飞行员突破了心理障碍，为空中加油打下了坚实的技术基础，更重要的是在加油机到试飞现场前，所有参试试飞员具备了空中加油的技术水平，争取了宝贵的时间。

**看新闻联播老常睡着了**

空中加油试飞不仅是向高技术、高风险的挑战，也是与时间的赛跑。早在 1989 年加油工程立项之初，就确立了“争三保四”的目标，也就是说必须在四年内拿下加油工程，但在当时连加油机的图纸还没有。加油工程从立项那一天起，就没有打算过所谓的“小步快跑”，必须是“全程冲刺”。飞机的设计制造时间紧、任务重，试飞员的技术培训和飞行训练更是只争朝夕。老常是飞行试训基地的高级教员，1983 年因试飞需要，老常到试飞团参与歼 -8 飞机的试飞工作。作为参加过歼 -8Ⅱ、歼 -8B、教练 -8 等国产战机试飞的老试飞员，接受加油工程任务时老常已经年满 42 岁，空军领导选择老常看中的就是他高超的试飞技术和丰富的飞行经验。按当时的规定飞行员 43 ～ 45 岁就该停飞了，留给老常的时间最多只有三年。老常接到任务后给领导拍了胸脯：一定在停飞前拿下加油工程试飞任务。

1991 年 7 月，距离 1991 年底实现首次加油的进度压力日益紧迫，试飞工作出现了有利的转机，7 月初上级调来了轰 -6 飞机，试飞员终于可以进入轰 -6 飞机的实际编队飞行了。与轰 -6 飞机编队和歼击机同型机编队最大的不同就是长机的个头变大了，轰 -6 飞机巨大的机体给编队飞行员很大的压力，尤其是进入模拟对接位置（轰 -6 飞机没有加油管）飞行时，试飞员真正体验了夹在大飞机“腋窝”底下飞行的感受。为了加快训练进度赶在加油机到来之前掌握加油机编队的驾驶技术，每天的飞行计划量很大，飞行后试飞员还要和科研人员一起研究技术问题。每天飞完后回到家里，中央电视台的《新闻联播》已经播了一半了，回到温馨的家和妻子打一声招呼，老常才能有片刻休息的时间，可是头一靠到沙发上，还没看上一眼电视就已经睡着了。

1991 年 8 月受油机经过加改装来到了阎良，试飞员一边对受油机进行调整性试飞，一边继续用歼 -8 与轰 -6 飞机进行加油编队的训练。经过一个多月几十架次的编队训练，9 月 4 日，终于首次进入加油位置，9 月底试飞员完成了受油机与轰 -6 飞机的模拟加油编队飞行，万事俱备就等着加油机的到来了。

进入 1991 年 11 月，离 1991 年底越来越近了，加油机终于飞到了阎良。有了前期的高强度训练打下的基础，试飞员已经胸有成竹，仅仅 3 个飞行日 5 个架次的加受油机编队训练，老常就对对接充满信心，上级下达了加受油机对接试飞的命令。加受油机对接试飞行内俗称“干对接”，也就是对接不加油，试飞的目的是熟悉对接加油技术，考核加油对接系统的工作可靠性和效能。“干对接”的成败对加油工程意义重大，尽管有了近一年的编队和模拟加油训练，真正的对接还是给试飞团队以巨大的压力。航空兵指战员翘首以盼几十年，航空工业战线奋战两年多的加油工程已经看到了曙光，此刻从总装备部、空军领导到试飞现场，所有的人感受到的不是兴奋而是谨慎和一丝丝的焦虑。对接只能成功不能失败，尽管我们已经考虑到各种风险，然而，真正的对接才是最大的风险，一丝一毫的闪失后果都不堪设想，而成败的所有压力都压在了老常一个人身上。作为有着几十年飞行经验、2000 多小时飞行经历的老试飞员，老常在这关键的时刻反而异常冷静，他想得最多的还是对接的要领，以及防范风险的各项技术措施。

1991 年 11 月 24 的清晨，为了赶在气流平稳的时段起飞，试飞员早早来到了机场，老常和加油机长申长生再次进行协同，然后沉着地爬上了飞机的悬梯。起飞、会合、编队一切顺利，老常很快进入了预对接位置，请求加油机长进入对接，申长生下令可以对接，老常轻轻推点油门，受油机缓缓地向前靠近了，5 米、4 米……1 米，直到现在所有的动作老常都成竹于胸，这个动作老常已经无数次地练习过，接下来会发生什么只有勇敢地迎上去才能知道。老常心里默念着要领：看好吊舱，控制速度差，但眼睛还是不由自主地扫视着加油伞套，随着距离缩小平日里稳定的伞套此刻却不听话地跳起了舞，尽管在地面的研究中老常已经了解气流扰动的原理，但要在高速飞行的空中用加油探管对上飘忽的伞套却异常困难。第一次对接不成功，老常没有焦急，第二次、第三次……连续五次对接不成功，老常知道必须稳定情绪退出加油编队，老常果断地向加油机长报告，停止对接，返场着陆。

走下飞机的老常提着飞行帽低着头，目光没有和任何人交错，老常知道此刻最需要的是冷静，他平静地走向飞行员休息室，脑海中飞速回放着空中的飞行动态，他对张克荣总工程师说了句：让我想一想，便来到休息室的一角独自坐下，战友和技术人员离开了休息室，他们知道老常此刻最需要的是安静。30 分钟后老常走出了休息室，眼中露出的是平静和自信的目光，中国飞行试验研究院（简称试飞院）戈平院长、中航集团的祈玉祥主任和张克荣总工程师热情地迎上来，老常轻轻地说了一句：请领导相信我，下一个起落一定能对接成功。领导、专家、指挥员及战友一起和老常分析技术，热情地鼓励老常，在人们热切殷殷的目光注视下，老常毅然再次登上了飞机的悬梯。

再次来到距离伞套 1 米的位置上，老常的心情异常冷静，控制速度差，看好吊舱，稳住驾驶杆，受油探头缓缓地、稳稳地插进了加油伞套上的加油口，加油机上的加油员激动地喊了起来：对接成功了！老常告诫自己不能激动，因为还有两个架次。当天老常共成功对接了三个架次，最长的一次对接后稳定保持达 6 分钟之久。

**老总夜行秦岭**

对接成功对试飞现场所有的人是一种巨大的鼓舞，人们看到了年内拿下首次空中加油的希望，紧接着就是安排加油计划。经过又一个飞行日的成功对接，空中加油指挥部决定 1991 年 12 月初开始空中加油试飞。

然而意想不到的情况发生了，在 12 月初的三次加油试飞中，连续出现加油探头折断的故障，尽管没有危及飞机的安全，但加油试飞遇到了严重的挫折。

为什么干对接试飞成功后，加油试飞会导致探头连续折断呢？每次飞行后老常和试飞总师、中航集团领导一起来到机务大队，与研制厂所的同志共同分析探头折断的原因，现场会一开就到了深夜。侯玉燕作为加油试飞副总师，是试飞院唯一的一位女副总师，她对加油系统技术的研究尤为深入，她分析我们国产加受油系统与国外同类系统的差别时，敏锐地发现了软管刚度、弹性和探头强度的差别，提出探头折断的主要原因是探头强度的问题，另外加油时软管内有油使软管刚度发生变化也是探头折断的重要原因。因此侯玉燕提出必须改进探头设计，而此时离 1991 年底还有不到 20 天的时间。研制厂所的领导王复华立下军令状，一定要在 12 月 20 日前将改进后的新探头送达阎良。

研制厂所在 48 小时内就完成了探头的改制工作，最快的方法就是连夜用汽车将新探头送到阎良。王复华亲自押车翻越秦岭，12 月 18 日夜里汽车开至秦岭山间不争气地抛锚了，一行人在寒冷的秦岭冻了 7 个小时。经过连夜抢修汽车终于又上路了，第二天也就是 12 月 19 日的早晨 7 点 15 分，盼望已久的探头终于如期送达阎良试飞现场。

**贤内助秦医生**

连续的试飞挫折，在老常的试飞生涯中是第一次，由首次对接成功的喜悦，到连续三次探头折断，对老常而言是一个不小的打击。老常的性格是执着与倔强的，他不相信自己攻克不了技术难关，可又一时找不到解决问题的方法，故而陷入了深深的苦恼。中航集团空中加油工程现场办公室的李辉是试飞团转业的干部，他对老常最为了解，每次飞行后总是陪着老常一起分析技术、交流思想，看见老常遇到了技术困难李辉的心中异常焦急，怎么办呢？他想到了一个人——老常的妻子秦医生。

秦医生是试飞团的航医，是试飞员心目中的好大姐。军人家庭出身的她因为军旅的奇缘与老常相识、相爱。老常英俊倜傥，秦医生美丽大方，在战友的心目中老常和秦医生是天生的一对。为了试飞事业老常每天都坚持锻炼身体，即使是最紧张的空中加油试飞期间，每天清晨在阎良的街道上都能看到老常奔跑的身影，而陪伴他的总是英姿飒爽的秦医生。

李辉找到秦医生说，老常遇到了技术问题，可能思想也有压力，你是不是和老常好好谈谈，解开他思想的疙瘩。秦医生说，我太了解老常了，他犯倔了！要解开老常思想的疙瘩，秦医生自有她的妙招。她每天傍晚陪着老常，不谈工作，就只是默默地陪着他散步，一天，两天……直到老常的心情渐渐开朗了，紧锁的眉头舒展了，才对老常说：技术上的问题有时需要大家一起好好分析。老常的心情豁然开朗了，他告诉秦医生，我明天就去找“小汤”和李辉去。

当年的“小汤”后来成为歼-10飞机的首席试飞员，当年，身为大队长的他甘当绿叶，让大队的老常担当加油工程首席。针对探头折断他有自己的想法，他对老常说国外资料上的对接速度差适合他们的长软管，我们的软管较短、刚度较大，对接速度差应该减小。老常其实已经想到了速度差的问题，只是因为没有找到国外资料数据的问题所在才有些犹豫，经“小汤”一提醒老常一拍大腿，问题就出在速度差上。一旁的李辉看着老常，心里却暗暗地感谢秦医生，后来他笑着对秦医生说：大姐可真有你的，把倔强的老常的工作做通了。

### 4个飞行日拿下加油

经过12月初的三次探头折断的挫折，对接成功带来的乐观情绪渐渐消散，许多人开始怀疑能不能拿下1991年底这个时间节点，毕竟离年底的时间已经不到半个月了，而12月的可飞天气通常只有3～5天。

就在大家都对年底前实现首次加油心存疑虑的时候，老常却对加油成功充满了信心。探头折断的技术原因找到了，只要改进后的探头装上飞机，老常就有信心直接进入加油试飞。试飞团队给予老常最大的支持，中航集团领导、试飞英雄王昂与试飞员一起研究加油试飞方案，老英雄黄炳新主动提出担任空中伴飞摄影，副团长谭守才担任指挥员，为了年底拿下加油首飞，试飞团派出了最强阵容。

12月19日，改进后的探头装上了飞机，万事俱备就等好天气的光临了。气象预报12月下旬有一股冷空气，搞飞行的人都知道冷空气降临就意味着好天气的到来，根据气象预报试飞团队提前做好了周密的计划，将冬季通常下午进场的飞行计划改在上午进场。

12月23日，阴霾笼罩了近半个月的阎良，天空豁然晴朗，试飞队伍按计划上午进场，中航集团负责加油的祈玉祥主任、西安飞机制造厂的老总王秦平、加油系统总师王复华、试飞院院长戈平都来到了现场。随着一发绿色信号弹打响，加、受油机分别开车滑出，承载着航空人的期盼，两架战鹰轰鸣着腾空而起，紧接着伴飞飞机起飞，加油工程最惊心动魄的乐章奏响了。

4000米高空的气流异常稳定，加油机长申长生知道加油机飞行得越平稳，受油机的对接条件就越充分。根据规定加油飞行是不能使用自动驾驶仪的，整个加油航线足有12分钟，申长生稳稳地操纵飞机保持了整个航线的稳定飞行。

老常驾驶着受油机按部就班地操作着，编队、加入加油队形、预对接编队、对接，受油机来到了距离伞套1米的关键位置。老常稳定一下情绪，默念着操纵要领：看好吊舱，控制速度差，稳住驾驶杆。11点24分随着咔嚓一声响，加受油机对接成功，加油软管轻轻晃动一下后稳稳地将加受油机连接在一起，老常慢慢将油门向前缓慢推进，进入加油区域，加油灯燃亮了，加油成功了。

说到加油成功的那一刻，老常依然抑制不住激动，他说，当他走下飞机时，试飞现场欢腾了，他看见欢呼的人群，看到老专家、老领导热泪盈眶的表情，那一刻，他为自己是一名试飞员而感到骄傲和荣耀。很快总装备部、中航集团的贺电就传到试飞现场，把现场欢乐的气氛推向了高潮。

戈平院长在后来的首飞成功庆功会上说得好，空中加油工程是中国航空工业的“争气机”，它的首飞成功是我国航空技术发展史上的一个里程碑，是中国航空科技的重大突破。在没有外国技术支持的情况下，中国人完全靠着自己的力量，在加油机投入试飞的 14 个飞行日实现对接，紧接着用 4 个飞行日实现首次空中加油，创造了试飞史上的奇迹。这体现了中国人的力量，这是航空人的骄傲，也是中国人的骄傲。

# 飞行狂人王光耀[①]

在空军飞行界不乏狂人，不是疯狂的“狂”，而是狂热的“狂”！

飞行表演大师严峰说：“飞行员最需要的就是激情！”而功勋飞行员杨永飞说：“所谓激情，就是无怨无悔的爱，说白了，就是喜欢……”

说到对飞行的狂热痴迷，我很少见到比我的恩师王光耀更高级别的了。

1992年的夏天，我为飞歼教-7P型机来到贵州安顺。早就听说贵阳飞机制造厂的试飞大队长有脾气，第一次见面就领教了。在试飞大队狭小的院子里，篮球场上一群人正在大声争吵，我就猜到嗓门最大的那个人一定是大队长王光耀，就为飞机没准备好计划取消了，大队长指着鼻子质问试飞站站长：“刹车片的问题什么时候能解决？”

试飞站连夜加班，第二天终于把飞机准备好了。带着第一次看歼教-7P型机试飞的兴奋，我们在塔台看着王大队长面带喜色上了飞机。开车，转弯滑出，听声音就知道大队长把转速推到了额定以上，那动静，那拐弯的彪悍敏捷一看就是大队长的风格。突然一股黑烟从轮子底下“哧溜”一声冒出来，飞机刹住了车，舱盖升起来了，大队长跳出座舱，没等机务人员把梯子架好，他就从机翼上跳了下来。也不顾刹车设备厂厂长的解释，大队长一脸怒气冲进了飞行员休息室。

“有没有好轮子？赶紧换，不修好谁也别想撤场！”大队长大声地嚷嚷。

有什么招呢？大队长再急也只有等。两个小时过去轮子换好了。只见大队长上飞机，开车滑进跑道，一阵轰鸣飞机以45°的爬升角拔

---

① 王光耀，歼教-7P型机首飞试飞员，他以58岁高龄驾驶歼击机试飞，是中国最年长的歼击机试飞员。

地而起。

十几分钟过后传来王大队长镇定的声音："飞机一切正常，请求通场！"

我知道贵阳飞机制造厂著名的"王光耀时间"到了，只见歼教-7P型机矫健的身影从两个馒头形山包中间穿过，以极低的高度、巨大的轰鸣向跑道横穿过来，就在即将临空的瞬间，飞机突然一个翻转倒扣过来，一转眼就飞驰而过。几秒钟后，飞机又从跑道延长线那头飞过来，一个横滚跃升后迅速飞抵三转弯下降着陆。

走下飞机的王光耀满脸笑意，刹车片的不愉快哪儿还有踪影啊！

"飞机很好，明天带飞新学员没问题！"大队长说的新学员就是我们。

关于第二天第一次与王光耀大队长飞行的经历，我写到散文《鹰的角色》（见后文）里了，在这里不想再重复，我只是想告诉大家，那次飞行是我飞行生涯记忆最深的几次飞行经历之一。在这里我想说的是王大队长这个人，他狂热外表下的深沉，他对飞行的执着忘我，当然还有他精湛的飞行技艺。

王光耀的家在北京，妻子是国家干部，可就为了试飞事业，王大队长与妻子分居整整30年，一直到最高飞行年限才回到北京。离开试飞大队他却没有告别飞行，为了能继续飞战斗机他没有选择去收入更高的民航，而是去了中航集团的飞行公司。在57岁那年，王光耀驾驶外贸军用战斗机从西南飞到西北，成为我国驾驶战斗机年龄最高的飞行员。

几年前，我在贵阳飞机制造厂试飞大队再次见到了王光耀大队长，这次他不是来飞战斗机的，他指着站在身边英姿飒爽的女飞行员骄傲地说："小徐，你来认识一下，这是我的女弟子！"大队长不仅飞上了通航飞机，而且成为行内的飞行大师，桃李满天下。

我说："王大队长，我们立个约定，我一定要到北京去你家采访你，我一定要写写你的故事，让更多的人认识和了解你，尤其是那些飞行晚辈。"

"好的，小徐，一言为定！"从不接受采访的王大队长这次爽快地答应了。

为了这个约定去年我可没少联系他，可每次通话，电话那头的他不是在东南沿海就是在大西北。年届 60 岁的他依然飞翔在祖国的蓝天上，延续着他儿时的飞行梦。

这就是令我感动的恩师王光耀，我祝愿他的飞行事业快乐、平安，我也希望我们的约定能在今年实现……

# 清明节怀战友卢军[①]

20年前，经过飞行诗人杜心元的精心点拨，我的第一篇文学作品《燃油即将耗尽》在《中国空军》“翼上年华”栏目上发表了。文章描写的是歼轰-7飞机试飞中的一个惊险片断。

“12报告，飞机漏油，请求返场着陆。”

试飞员果断地收光油门，减小油耗，以最省油的方式飞向机场。

“对向机场请求直接着陆！”试飞员做出了果断的决定。

“可以直接着陆！”指挥员的声音充满了信任和鼓励。

经过4分钟的飞行，飞机终于进入了人们的视线，开始对正跑道下滑……

此时地面的人们可以清楚地看见飞机喷出的燃油在机身后拖着长长的尾迹，各类保障人员已经做好了一切应急措施。多少双眼睛在盯着下滑的飞机，随着飞机的下降，人们的心在往上提。

试飞员沉着镇定，柔和地操作着飞机，接地、放伞、减速关车，成功了！

人们的心似乎还悬着。飞机落地仅剩油800千克，也就是说，如果晚发现一分半钟，飞机的燃油就要耗尽。

一分半钟，多么宝贵啊！我们的试飞员用智慧从死神手中抢回了宝贝的一分半钟，他又一次征服了野马。当浑身汗湿的试飞员走下飞机时，他的神情是那样的坚毅沉着……

记得杜心元老师[②]对我文章中采用的“场景闪回”的写作手法给予了肯定，这则故事的主人翁就是我试飞人生的引路人——卢军。

---

① 卢军是我试飞人生的第一位老师。1994年4月4日，他在表演试飞中牺牲。

② 杜心元老师是我军事文学写作的第一位老师。

我至今清晰地记得第一次见到卢军的场景。1989 年 9 月，接到空军的一纸调令我来到了阎良，走进翻修一新的试飞员宿舍，一位年轻的试飞教员正在和一名试飞学员热烈地聊着，这位教员就是我们的学员队长卢军。卢军给我的第一印象就是帅气，每天上学的路上他总是走在我们学员队伍的头里，在他昂首挺胸步伐的带领下，试飞学员队的年轻队列，成了阎良的一道风景线。每天放学后，在我们换装准备运动时，学员宿舍大楼的门前就传来了摩托车的轰鸣声，那一定是卢军在摆弄他的红色亨达，日本进口的本田 125 最新牌子，卢军骑车时的那份帅气一点都不亚于他的飞行。

第一次和卢军一起飞行，飞的是“阶跃”科目，阶跃是飞行品质试飞中最简单的动作，就是拉杆—推杆一气呵成。看似简单的动作做起来却是最难的，动作时间只有短短的 3 ～ 5 秒，可是看看我们学员做的动作曲线，不是高度升了几十米，就是速度减小了几十千米，而我们阶跃动作的台阶也是五花八门，要不像一个倾斜的大坝，要不就像一把破锯子。而卢军的阶跃动作曲线看起来就像一个端端正正的板凳，上沿平平的，两头绝对对称。这手绝活不光是练出来的也是悟出来的，诀窍都在手腕上，卢军的腕上功夫着实了得，就像一个书法大师，而书法就是卢军的一大爱好。说到卢军的爱好可不光是书法，只要是好玩的帅气的他都喜欢，骑摩托、钓鱼、卡拉 OK……

那会跳舞正热，卢军是舞场上的白马王子，而队长嫂子总是把卢军的裤缝熨得板板整整。那会团里管得严，不提倡飞行员骑摩托，可是卢军飞得好，骑摩托的事谁也不好提意见。

当然，真正令我佩服的不光是卢队长的帅。试飞学员的课程中，就数英语最难，几年的试飞学院高强度飞行训练，大学的那点英语早还给老师了。卢队长连大学英语都没有学过，却主动提出要和我们一起学英语，枯燥的听力课上，几天下来卢军就成了抢答最积极的学员了。

学试飞的那几年最让人抓狂的不是艰深的试飞理论，而是课堂外不时传来的试飞轰鸣声。有时下午我们正在教室里上着课，拎着书包的卢军就推门而入，脑门上试飞流下的汗水还没有擦净呢。卢军是年轻试飞员中的佼佼者，一个人身兼三个机型的试飞任务，刚刚投入试飞不久的歼轰-7飞机，卢军是首席试飞员小组最年轻的成员。

那时歼轰-7试飞正处于攻坚战阶段，垂尾断裂的重大险情刚发生不久，卢军就遇到了最危险的油管断裂。燃油油管断裂故障，座舱里没有任何灯光告警显示，卢军从油量表异乎寻常的下降中，判断出了油管断裂的故障，要不是他发现及时，每分钟600千克的流量，再晚一分半钟飞机就要摔在外边了。歼轰-7定型试飞无重大安全事故，这份成绩中有卢军非凡的贡献。

作为试飞员的卢军，机敏与灵活只是外在的表现，他每一个细胞中所包含的飞行天赋，才是他超乎常人之处。20世纪90年代初，歼-10飞机刚刚进入详细设计阶段，卢军就被确定为首飞试飞员的第一人选，他也因此和雷强一起第一批被送出国外，成为中国首批具备三角翼飞机尾旋和三代战机试飞能力的超一流试飞员。

在成都与卢队长一起培训和做试验，每天他都是第一个来到教室和实验室的人；在俄罗斯试飞员学校，他是校长康德拉琴科最欣赏的中国试飞员。在他的影响下勤奋也成了我的职业习惯，他对我的一番评价："响鼓不用重槌敲！"成了我试飞人生的座右铭。

1993年10月，我们紧随着卢军的脚步来到了俄罗斯试飞员学校。1994年4月5日，我们正上着课，康德拉琴科眼眶红润地推门而入，"徐！……"他看着我语言哽咽，"卢……"康德拉琴科摆摆手摇着头，潸然泪下。"嗡"的一声，我的脑海中一片空白。我们最可亲可爱的卢队长就这样悄然地走了吗？身处异乡的我居然无法最后送他一程。

2003年的寒食节，大西北依然寒风刺骨，我一个人静坐在宿舍内写下了这样一段文字：

> 作为一名职业的试飞员，我想对于战友的怀念是一种无法挥去的思绪，我想到了亲爱的队长卢军。此刻我身在他乡，寒食节是追思故人的季节，我却不能到烈士的墓前献上一束鲜花。但是让我等待来年吧，带上鲜花也带上一片心香，为烈士献上一份怀念。
>
> 辛卯寒食，我谢绝了朋友用车送我的好意，独自一人背上行囊坐

地铁、转公交，来到了位于北京小汤山的中国航空博物馆，此行我只为一个人而来，我知道在飞行英雄纪念碑上有英雄卢军的名字。4月4日寒食节，是17年前卢军牺牲的日子，在成百上千的英雄的名字中，卢军的名字我不用找，从背囊中拿出亲手采摘的鲜花，我仰望着卢军的名字潸然泪下——英雄的卢队长，你永远活在我们的心中。请接下这束鲜花，也收下我的一片心香……

# 紫桐花

大连有个槐花节。五月，如果你来到大连，一定会为满山的槐花而陶醉，也一定会为大连人对槐花的热情而感动。不知是槐花簇拥着人群还是人群簇拥着槐花，甜丝丝的花香弥漫在山野间，如织的壮丽花景迷住了游人，也吸引了来自樱花岛国的恋花人。

然而如果你已厌倦了小巧的花园景致，而向往壮丽的花景，你大可不必为去不了大连而遗憾，因为飞机城的春天已经来了。

当寂寥的冬天发出最后一声叹息，春天便悄然无声地来了。一望无际的麦田是报春的使者，浅浅的新绿慢慢地浸染低矮的麦苗，而此时柳树的嫩芽还在等待春风的吹袭，只有等到枯黄了一冬的野草返青时，柳树才肯吐出嫩绿的新芽，而细软的柳枝也在春风中款款摇曳。在上班的路上你会惊喜地发现在樱花树梢，粉红的小花像学童的笑声，在枝头清脆地绽放，树上的鸟雀也不再像冬天里那样惊恐而无力地在小树丛中飞蹿，而是伫立在枝头发出自信的鸣叫。

在火热的试飞一线你同样可以感受到春天的气息，战鹰起飞时的轰鸣，惊起了麦田中觅食的鸟群，发出一阵惊叫，在关中大地上划出一道惊美的弧线，如同春天的精灵。

其实，所有的这一切都只是春的序曲，进入四月，坦荡无垠的关中大地，才会展现她一年中最迷人的景致，榆树、杨树、槐树先后吐露嫩芽，那星星点点的绿色转眼间伸展开，如婴儿手掌般大小的绿叶、沁人的绿色，为飞机城披上一件迷人的外衣。你会惊叹这春天的神来之笔，而惊叹之余便是叹息——叹息春的短暂和随之而来的平淡无奇。春天的冲动只是轻轻地在你胸中涌动一下，随之便一挥而去无影无踪了。

然而在一个四月的早晨我却发现了春的另一面。由于喜欢丁香花和蝴蝶兰的颜色，我总愿意在四月的阳光下奔跑，来到机场时，我被一片弥漫的紫色陶醉了，那便是紫桐花。放眼望去，如织的紫色的梧桐花与原野中盛开的丁香花、牵牛花、蝴蝶兰一起，奏响了一曲紫色的春的华彩乐章。

有人把梧桐花比作花之国里的美男子，但无论如何梧桐花只能算是一种普普通通的花。梧桐树的形体略显粗俗，枝叶也显得粗头乱服。记得在家乡的西子湖畔，梧桐树总是扮演过客的角色，那儿有太多的桃、柳、松、梅，梧桐树总是与娇媚俊美无缘，桐子成了孩童互相攻击的武器，桐木因不成材而被弃之不用。在江南梧桐树的确是被人遗忘的角色，它因怀才不遇，而变得狂躁不安地疯长着，紫桐花在早春里狂放地开着，涨紫着脸，然而它依然为江南的雅士所视而不见。

然而梧桐树决非不修边幅之辈，如果你在北方平原大地的村头，看见成片的梧桐树，你一定会惊异地发现，梧桐树才是真正的唯美主义者。粗壮的躯体，大气的枝干，肥美的树叶，集冷艳与热烈于一身的花。只要你细读梧桐，就会被它桀骜不驯的性格，随遇而安的性情和顽强的生命力所感动，它把春天的关中大地装点得神奇而热烈。它如一片紫色的云，它是一首生命的歌。

四月的飞机城因春天的到来而显得生机盎然，人们踏青放风筝，尽情地享受春天的美艳，但是如果你对遍野的紫桐花视而不见，那你还不算真正的识春者。我希望来年的春天你能去机场看一下如织的紫桐花，你也会与我有同感的。

# 变翼的天空
## ——回忆米格-23的一段飞行经历

我或许是第一个飞米格-23的中国人，对于一架1967年首飞的飞机来说，中国人直到20世纪90年代才有第一次飞行经历，这是历史的原因造成的。

即使经过了1个多月的地面理论培训，当时我进入米格-23飞机的座舱时，对它的了解或许还不及今天一个12岁的坐在网吧里的航空迷。关于米格-23有太多的传奇故事，它或许是苏联生产得最多的二代机之一，共生产了4000多架，出口到世界近20个国家；它曾经有过击落以色列的F-4鬼怪战机，在海湾战争中又有8分钟被击落的耻辱历史；它有弹射跳伞后飞跃900多千米，穿越4个国家的传奇。即便到了21世纪，在印美军演中，它依然有“战胜”F-15的傲人战绩。然而所有这一切毕竟是转载的文章而已，而我曾有幸与被西方称作“鞭挞者”的米格-23飞机浑然一体，翱翔在碧蓝的天空，并以一个试飞员的亲生体会，对它做一个客观的评价。

记忆回到1993年的3月1日，当我打开当年的学习笔记，那些俄罗斯墨水留下的印记已经因为时间的磨砺变得模糊，而那些飞行的经历却历历在目。3月的茹科夫斯基[①]寒风沥沥，教官乌拉尔口中哼着小曲，驾驶他心爱的伏尔加带着我驶向我曾经仰慕的米格-23飞机。笔记本里清楚地记着飞机型号、实施条件、飞行时间和科目，按照惯例第一个架次是体验飞行，飞行时间25分钟。俄制飞机的座舱一般都比较复杂，加之米格-23是变后掠翼飞机，因此操作程序也比

① 俄罗斯试飞员学校所在的城镇。

较烦琐。当我按照飞行检查单检查完飞机准备开车时，已经是满头大汗，毕竟有 4 个多月没有飞行了，而且是第一次飞变后掠翼飞机。飞机开始滑跑了，速度 250 千米/小时前轮稳稳地抬起，300 千米/小时飞机平稳地离陆了，飞机的推重比明显优于米格 -21 飞机，上升角很大，高度 100 米收起襟翼，飞机突然上仰，高度迅速攀升到了 300 米以上。在这个架次的飞行中，我体验了不同后掠翼状态下的飞机飞行品质，发现除了变翼的瞬间飞机姿态明显变化外，各种状态下的性能和品质优良，尤其是最大后掠翼时飞机的加速性非常优越。返航着陆时后掠角变回 16°，飞机的升阻特性良好，速度 300 千米/小时下滑时，飞机操纵性良好，着陆速度只有 260 千米/小时，作为一个重量 15 吨的庞然大物，这一性能确实值得称道。

就飞机的性能和操纵品质来讲，米格 -23 无疑是二代机里的佼佼者，尽管可变掠翼系统使飞机设计复杂，结构重量增加了 10% 左右，但由此带来的性能上的贡献是固定翼飞机无法比拟的，米格 -23 飞机在设计上为了降低成本和设计难度，采用了三级可调的变后掠翼设计，尽管在后掠翼变换的过程中飞机状态不太稳定，但较好地满足了起降阶段、机动飞行和高空高速飞行的操控特点，高空大马赫数性能更是比米格 -21 有较大的提高。另外，由于在战斗机上首次采用控制增稳和自动驾驶技术，明显改善了飞机的飞行品质，飞机的安定性良好。较为明显的缺陷是后掠角 45° 时飞机的横侧安定性不理想，飞机坡度不稳定。

第二次世界大战以后，随着“冷战”时代的到来，西方国家和苏联开展了一场无声的航空科技大比拼，从米格 -21 和 F-104，到米格 -23、F-111 和 F-4。进入 20 世纪 60 年代，航空大国在速度上的竞赛基本结束，对于飞机的综合性能的要求却日益提高，高机动性、雷达火控技术、多功能航空武器的研发，造就了一代名机，为三代机的出现起到了承前启后的作用。尽管在以后的战争中，米格 -23 在与西方国家飞机的作战中始终处于下风，但这或许不是飞机本身的问题，随着米格 -23 大量地被中东国家购买，空战主要在以色列和中东阿拉伯国家之间进行，综合国力的差距或许是空战成败的根本原因。

从一个试飞员的角度看，我认为米格 -23 不愧为那个时代的名机。

首先在飞机结构设计上，米格 -23 飞机较好地解决了变后掠翼飞机的结构和操控设计，保证了高性能、低成本和安全性的良性结合。在设计的细部，也无不体现出俄罗斯人的灵感与精巧。据说在米格 -23 设计的后期，米高扬已经积劳成疾，为了减小阻力降低重量，俄罗斯人在结构设计上可谓斤斤计较，但在起落架设计上遇到了难题，结构复杂的起落架居然找不到安家的地方，因为可变掠翼的设计无法将起落架舱设置在机翼里，机身的空间十分有限。苏联航空大学的一个女大学生设计了一种全新的可转动蟹爪结构，成功地解决了起落架收放的问题，她因此得到了苏联航空界的最高奖。分析米格 -23 飞机，它在设计上有许多突破，是苏联第一次采用变后掠翼设计，第一次采用机身起落架设计，第一次在战斗机上采用前轮转弯机构，改善了地面滑行性能，改变了苏联战斗机小快灵的设计思想，15 吨级的战机，加大了机载油量，使米格 -23 成为基本构形留空时间超过一小时的飞机，第一次在战斗机上采用控制增稳和自动控制技术并采用迎角限制机构，为大迎角飞行提供了安全保证；第一次采用两侧进气设计，从而使战斗机真正进入了雷达和中距武器的时代，米格 -23 飞机上配备的雷达制导的武器，在 1974 年的中东战争中曾经成功地击落以色列的 F-4 战机。

由于培训任务的限制，训练中我并没有检验米格 -23 的雷达武器系统，对于飞机的评价，我在当时的试飞评述中是这样写的：

（1）座舱内增设迎角指示和中央告警显示，极大地改善了飞机的人机功效，机动飞行能力大大提高，飞行员对故障的判断也比较容易；

（2）前轮转弯机构改善了地面滑行性能，变后掠翼机构使飞机在各个状态下均有较好的性能和较为满意的飞行品质；

（3）飞机的起飞着陆性能良好，高空高速性能优越，机动飞行中的品质优良，特别是控制增稳技术极大地改善了飞机的操稳特性，但横侧稳定性有待改进；

（4）进场近导指示系统明显优于全罗盘系统，提高了低气象条件下的着落精度和安全性，自动驾驶仪进场功能为飞行员提供了方便。

在培训中我遇到的惊险一幕至今令我难忘。米格 -23 飞机的螺旋性能表现出不稳定性，螺旋中旋速较大，改出困难。在 1994 年 10 月 6 日的螺旋试飞中我从高度 10000 米进入左螺旋，高度 9000 米开始改出，高度 7000 米完成第一次改出，可是飞机停止旋转后又迅速进入右螺旋，好在第二次改出成功了，可是飞机的高度已经降到了 4000 多米，连后舱的教官热尼亚都惊出了一身冷汗。

米格 -23 虽然不是一架十全十美的飞机，但它在航空科技发展的历史上是一个重要的台阶，设计思想从单一功能的追求，转变为对于飞机使用功能提高、飞行品质和自动驾驶技术的运用、作战半径的提高、人机功效的改善、武器火控的精确和杀伤力等多方面的追求，使现代战机的设计向追求完美的方向发展。而在同时代，我国的航空界还停留在中型高速飞机研究阶段，当我们真正开始吸收外国经验研制自己的高性能二代机时，我们已经落后世界航空发展至少 20 年。中国航空人在三代机和未来战机的研制中，正在以科学和拼搏的精神，努力赶超世界航空发展的先进水平。

# 风暴来袭

像每一个从事飞行事业的人一样，我清楚地知道风险对于飞行员意味着什么。如果哪个飞行员说他在空中从来没有恐惧过，我表示怀疑。尽管今天我已经过了那个恐惧的年龄，但当年对于飞行的那份复杂心情我至今记忆犹新。

1993年的秋天，我来到了俄罗斯，那时我的飞行总时间只有550小时，4年前的那次坠机跳伞经历，在我心中的阴影依然难以抹去。第一次与俄罗斯试飞员学校校长康德拉琴科见面，他笑着告诉我们，在未来的一年中我们将要飞6个机种。说实在的，听到这个消息我当时的感觉不是兴奋，而是怀疑和恐惧，我能完成任务圆满毕业吗？在这一年里我会遇到风险吗？那时，毕业对我似乎遥遥无期，我对未来一点自信都没有。

很快5个月过去了，飞行非常顺利，我已经飞了3个机种，就在我暗自庆幸时，飞行的恐惧就像风暴般突如其来了。

记得那天是飞米格-21的风险科目——停车迫降，尽管这些科目在国内从来没有飞过，但经过十几次高风险科目的飞行后，我对自己充满了信心。我按照试飞卡片的要求上升到高度10000米，后面的动作是减速和关车，我收小油门减速到450千米/小时，并准备关闭发动机。

突然，巨大的声响和强烈的气流扑面而来，让我不知所措，当我从懵懂中清醒过来，我才知道是座舱爆破了。要知道在3月的俄罗斯，高度10000米的气温只有零下四五十摄氏度。我被气流紧紧地压在座椅上动弹不得，但我的思维已经恢复了正常，按照应急处置程序我拉下了头盔上的风镜，并打开了纯氧，透过模糊的风镜我看见破碎但还没有落下的舱盖玻璃就挂在我的眼前，一旦被气流吹落就会打在我的脸上，而此刻，我的手根本就无法抬起将玻璃取下，我只好歪着头、侧着身子操纵飞机。耳机里嘈杂的声音是俄罗斯教官乌拉尔的呼喊，但我什么也听不清。我只好迅速推下机头，我知道迅速下降高度着陆是此刻唯一正确的选择。乌拉尔摇了摇驾驶杆，我知道是在示意我回头，我看见他用手比画了一个着陆的动作，然后竖起了大拇指。看来我的选择是正确的，此刻飞机和我们两个人的生命就在我的手里握着。

转瞬间飞机下降到了 5000 米，而此刻飞机的位置在起落航线的三边上，要是平时我肯定会通过跑道一圈再着陆，但此刻我清楚必须迅速着陆。放下减速板减速，速度 500 千米/小时放下起落架，四转弯改出对准跑道，飞机的高度足有 800 米，这恰恰是模拟停车迫降的高度。我按照迫降的要领采用两次拉平的方法，控制飞机飘进了跑道，此时高度足有 5 米以上，但这已经足够完美了，当飞机在 T 字布前 200 米轻盈地着陆时，我长长地舒了一口气。一切归于平静，我可以清晰地听到耳机里乌拉尔的喊声："徐，哈拉索[①]！"

当我打开座舱走下舷梯与乌拉尔握手时，我才感觉到刺骨的寒意，我以为今天的飞行到此结束了，没想到乌拉尔拉开了车门示意我上车，另一个停机坪上的米格 -23 正在等着我们呢！

结束了一天的飞行，尽管我对自己今天处置突发情况的表现相当满意，但如暴风般突然袭来的恐惧还是让我感觉疲惫异常，第二天我就病倒了。

这次奇特的经历像一粒种子在我的躯体里长大，变成了一种飞行员才会有的特殊基因，那就是对于飞行恐惧的免疫力。如今，经过无数次险情历练的我，自认为是一个能够沉稳面对风险的人，就像今天，当我聊起在俄罗斯的那次难忘的经历时，心情就像在回忆茹科夫斯基郊外的垂钓一样，平静和轻松……

---

① 俄语"很好"的译音。

我把机头对准跑道的中心线，飞机优雅地下滑着，随着飞机接近地面，我柔和地向后拉杆，飞机的两个主轮骑在跑道的中心线上，轻轻地接地，这是飞行员最引以为豪的着陆。我拉着杆，让米格-29的机头高高仰起，向茹科夫斯基机场，向试飞员学校告别。

# 我在米格-29上飞尾旋

1994年10月的茹科夫斯基城，下着毛毛细雨，我们在教室里等待着俄罗斯教官的到来。今天与我们同飞的是来自米高扬设计局的首席试飞员巴威尔。这位到中国进行过飞行表演的著名试飞员，我们早就听说过。而我们也不是第一次与巴威尔这样的高水平试飞员一同飞行，我和考切尔飞过苏-27的尾旋，与莎萨飞过米格-29的特技。

8点整，高大英俊的巴威尔准时来到了教室，开始了例行的飞行前讲解。

“这是你们来俄罗斯的最后一次飞行。”巴威尔的开场白与往日不同。

一年前，也是在10月，我们三名中国试飞员踏上了俄罗斯国土，开始了在俄罗斯试飞员学校为期一年的系统培训，这是我国首次派试飞员出国进行试飞员培训。作为航空大国，俄罗斯拥有世界上最先进的航空科学技术和第一流的试飞员。俄罗斯试飞员学校成立于1947年，是国际著名的试飞员学校，为俄罗斯和苏联培养了大批的试飞员。为别国培养试飞员，对他们来说是第一次，结果会怎样他们心里没底，对我们来说也是首次，没有先例，摆在我们面前的路是未知的。俄罗斯试飞员学校有严格的入学条件，如飞行总时间和飞过的机种数这些条件我们都没有达到，可以说是“先天不足”。因此，我们深知压在身上的担子有多重。讲台下的我们聚精会神地听着教员的讲解，并记下要点，我们知道：到俄罗斯不光要学习试飞的理论和技术，还要尽可能多地积累资料。

“今天我们要飞的是米格 -29 的尾旋。”说着巴威尔递给我们飞行任务书，我们要根据俄文的任务书翻译整理成中文的任务书。俄罗斯试飞员学校要求飞行学员每次飞行都要编写任务书，任务书是根据学校统一编写的飞行大纲结合当天的情况编写的。由于每次飞行的任务都很重，难度也比较大，合理地编写任务书是非常重要的。

在此之前，我已经研究过米格 -29 的飞行大纲，对尾旋特性进行了细致的分析。米格 -29 在飞控系统完全正常的情况下是不会进入尾旋的，真正做到了“无忧虑飞行”。为了试飞其尾旋特性，必须断开飞机上的自动驾驶系统。这不是给飞机找茬吗？是的，试飞从某种意义上讲就是跟飞机过不去，找飞机的茬，以便了解飞机的特性。断开自动驾驶系统后，米格 -29 的尾旋是极其复杂的。与我们飞过的米格 -21、米格 -23、苏 -27 相比，米格 -29 的尾旋最强烈，表现在尾旋的半径小，尾旋角速度快，改出尾旋的难度大，延迟时间长。俄罗斯试飞员学校校长康德拉琴科本已考虑取消米格 -29 的尾旋飞行，但是我们在其他机种上的尾旋试飞表现，使俄罗斯人有了信心，在我们即将结束试飞培训之前，校长决定在最后一个飞行日补上尾旋科目。不过校长一再叮嘱教官：一定要留有余地。

巴威尔的讲解异常认真，他把尾旋试飞的每一个细节列成条目，写在黑板上，然后口述两遍，最后关于尾旋，他讲了一番令我受益匪浅的话。

“对于尾旋谁也不能说我已经全部了解了。就一架飞机来说，没有两次完全相同的尾旋。尾旋中什么情况都有可能发生，因此对试飞员来说，每次尾旋都是新的。”

对我来说，在俄罗斯的每一次飞行何尝不是一次新的挑战呢？

试飞科目的难度极大，每个起落都有新的内容，表速 250 千米/小时的小速度机动，持续过载 7g 的高机动飞行，倒飞、侧飞、尾冲，空中开车、失速、尾旋等科目，大都是飞行员训练大纲中没有的。

每天的飞行量大得惊人，一个场次六个架次、三个机种是常有的事，有时从早上一直飞到太阳落山，甚至连午饭都吃不上。

歼击机要飞，运输机也要飞，能见度 1000 米要飞，刮风下雨还要飞。一个个困难被我们克服了，一个个难关被我们攻克了。我们以中华民族特有的吃苦耐劳、勤奋好学的精神，飞行中的灵感与悟性，赢得了俄罗斯同行的钦佩和赞扬。

窗外乌云密布阴雨绵绵，我们一边进行飞行准备，一边焦急地望着窗外的天气。制作飞行卡片是我们飞行准备的重要内容，这是俄罗斯教官教给我们的飞行习惯。一次，飞行教官考切尔检查我们的飞行卡片后说："这样可不行，你看你们三个人的卡片各不相同，内容也不全面，飞行卡片必须有标准的格式。"他在黑板上详细地写明飞行卡片的内容，包括本次飞行特殊要求的地面检查程序，空中动作的顺序，进入每个动作前的设备使用和检查内容，动作要领，动作后的设备使用，等等。考切尔说："试飞员必须养成这种良好的职业习惯。"

一次，我在着陆时偏离中心线半个轮距，下飞机后，教官热尼亚严厉地说："你能做到两个主轮骑在中心线上吗？"我说："能，但没有把握。"热尼亚说："如果能就应该有把握，你应该要求自己每个起落都骑在中心上。"教官的讲评给我上了生动的一课，认真对待每个起落、追求完美是试飞员的最高境界。从此我每次飞行都能严格要求自己。

我把今天这最后一次米格 -29 的飞行同我以往的每一次飞行一样对待，现在还不是松口气的时候。我一遍遍地重复着教官讲解的尾旋试飞动作要领：方向判断要准，动作要有力到位，杆舵操纵要保持在极限位置，否则无法改出尾旋。尾旋中的注意事项、设备使用、特情处置我都一一想到了。

天气似乎没有好转的趋势，雨还在下着，接近傍晚，巴威尔提着飞行帽走进教室，一挥手，示意我该上飞机了，看来在俄罗斯的告别飞行只有在雨中进行了。

巴威尔开着伏尔加轿车，驶上了机场的联络道，巨大的茹科夫斯基机场，近千架飞机停放在几十个停机坪上。我们的车驶过图波列夫设计局和雅可夫列夫设计局的停机坪，向米高扬设计局的停机坪驶去。车窗外的飞机无法吸引我的注意力，我在聆听教官飞行前的最后叮嘱。飞行总是紧张的，何况今天飞的是米格 -29 的尾旋。

米格 -29 在雨中等待着我们。作为近距格斗战斗机，米格 -29 是一种性能优越的飞机，加减速性、机动性、敏捷性都非常好，中低空性能尤其突出。它的独特设计是机翼上缘的辅助进气道，在起飞时为了防止异物吸进进气道，主进气道完全关闭，由辅助进气道进气，即使发动机在加力状态，工作依然非常稳定。20 小时的各种飞行，使我喜欢上了米格 -29 飞机，今天就要与它告别了心中真有些不舍。

上飞机前，巴威尔检查我的飞行卡片，他看完卡片后露出了满意的笑容。进入座舱后，我按习惯把飞行任务在脑子里过了一遍，然后起动发动机，飞机缓缓滑出停机坪，通过滑行道，进入了 4500 米的主跑道。开加力松刹车，飞机怒吼着急剧加速，我喜欢米格 -29 的冲击力，从飞机开始滑动到离陆，仅仅 11 秒。飞机昂着头，钻入云中，很快又重冲出云层，云顶高度 3000 米，这是尾旋飞行的最低气象条件。

我一边操纵飞机上升，一边锁紧安全带，我被牢牢地固定在座椅上，这样做的目的是防止飞行员被甩离座椅而失去操纵能力。

“Hot，Hot！”耳机里传来巴威尔的指令。

这是只有我和教官才能明白的口令，意思是打开热空气。在我们共同的飞行中，曾尝试过用俄语对话，可是俄语的发音独特，很难掌握，在飞行当中我们的“俄语”把俄罗斯人弄懵了。良好的英语基础帮了我们的忙，俄罗斯飞行教官的英语也不错，就这样，这种特殊的不拘泥于语法的“航空英语”就成了我们的空中对话语言。

座舱里的温度逐渐升高，我的额头沁出了汗珠，但是为了防止座舱起雾，必须这样做。接下来是锁紧油门，尾旋中油门必须固定在慢车状态，否则很容易造成发动机停车，我锁紧油门后，教官的指令从耳机中传来。

“Yes，OK！”我大声地回答。

高度表逐渐指向 10000 米，关键时刻到了。我按照飞行卡片，逐条检查尾旋前的准备工作，一切准备就绪，我打开了记录器。油门收到慢车，飞机开始减速，400 千米/小时，300 千米/小时，200 千米/小时，随着速度的减小，飞机像喝醉酒似的左右摇晃。

“Are you ready？”巴威尔问道。

“Yes！”我充满自信地回答。

“1，2，3，go……”

我有力地蹬满左舵，拉杆然后向右压杆到底，飞机呼啸着摇摆了几下，迅速向左偏转，米格 -29 的尾旋来得既快又猛。

记得飞苏 -27 尾旋时，飞机似乎很不情愿进入尾旋，摇摇晃晃就是旋转不起来，一个起落下来，好不容易进入了一次平尾旋，教官克沃丘尔告诉我：“你真幸运，因为这是我今年第一次进入苏 -27 的平尾旋。”

米格 -29 可没这么温柔，座舱里的仪表随着飞机的旋转不停地摆动。座舱外，云层在飞速地旋转，飞机边旋转，边急剧下降。耳机里传来教官的声音“1，2，3……”这是在数尾旋的时间，15 秒后我将改出尾旋，天旋地转中，各种数据飞快变化着，而时间仿佛凝固了。

我的眼睛盯着仪表板，我必须把尾旋中的全部数据记在心里，以便飞行后整理出资料。然而，在尾旋中要集中注意力是非常困难的，呼啸的声音，飞速地旋转，座舱外快速转动的景物，都在干扰着我的注意力，还有尾旋的恐惧感悄悄地袭击着我的神经，没有良好的心理素质，是难以承受尾旋中巨大的心理压力的。

后舱的巴威尔在悄悄地将驾驶杆向前移，但这没有逃过我的注意力。我知道，此刻巴威尔已经把校长“留有余地”的话，抛到九霄云外了。因为，在尾旋中向前顶杆，会迅速加快飞机的旋转角速度。飞机的旋转明显加快了，机头慢慢抬起，俯角逐渐减小，飞机进入了平尾。我整个人被飞机的离心力猛力地向前甩去，身体几乎贴在了仪表板上，肩上的安全带被扯得嘎嘎直响，肩背隐隐作痛，眼睛有充血的感觉，然而，飞机的动态变化，仪表的数据丝毫也没有逃过我的眼睛。

“……13，14，15，OK！”

我知道这是改尾旋的指令，现在该看我的了。

作为三代机，米格 -29 的尾旋特性和改尾旋的方法与二代机有很大的差别，由于采用了小翼载、高机动的气动布局，用传统的改尾旋方法，即我们称为标准法的反舵推杆的改尾旋方法，无法改出米格 -23、米格 -29、苏 -27 的尾旋。苏联在米格 -23 的尾旋试飞中付出了血的代价，摸索出了一套全新的，最有效的改尾旋方法，即反舵、抱杆、压顺杆的“第五种”改尾旋方法。这是人类在与“飞行禁区”——尾旋做斗争的过程中用血的代价换来的宝贵经验。

“反舵，抱杆，压顺杆，操纵到极限位置。”我一边在心中默念着，一边迅速有力地做着改尾旋动作。我感到气流的强烈冲击，却感觉不到飞机减慢旋转速度。飞机依然沉醉在尾旋中，呼啸着像在抗议我的操纵，一圈，两圈，三圈，飞机在旋转着并迅速下降高度。这是一次极强的尾旋，正如巴威尔所说，这次尾旋与众不同。

此时飞机的高度已降到 7000 米，我知道留给我的时间不多了，必须采取最强有力的措施，否则高度就不够了。我使出了最后一招，断开差动平尾限制器，利用差动平尾帮助改出尾旋。飞机终于做出了反应，旋转速度迅速减慢，转到第十圈，飞机终于停止了旋转。米格 -29 就像一被驯服的野马，低下了头。

“Very good！”巴威尔几乎喊了起来。

此时我的心目中只有飞机的高度和速度，速度 400 千米/小时，高度 6000 米，我柔和地拉杆，使飞机退出了俯冲。我成功了！

我的心中充满了喜悦，那是飞行员翱翔于蓝天中特有的喜悦，其中包含着对蓝天，对飞机无限的爱，也包含着飞行员的自豪感。

该返航了，我对着机场下降高度，在我翼下的大地上，建筑物上的灯光在依稀闪烁，茹科夫斯基机场的跑道就在我的前方。我把机头对准跑道的中心线，飞机优雅地下滑着，随着飞机接近地面，我柔和地向后拉杆，飞机的两个主轮骑在跑道的中心线上，轻轻地接地，这是飞行员最引以为豪的着陆。我拉着杆，让米格 -29 的机头高高仰起，向茹科夫斯基机场，向试飞员学校告别。

# 天有多高

那天，我离死神只有 20 秒的时间！

看着飞机缓如蜗牛地爬升，我依然沉浸在创造高度奇迹的执着之中，我期盼着歼 -8 飞机的升限记录在我的手中创造。忽然，我发现歼 -8 机内的燃油只剩下 900 千克了，而此时，我距离机场足有 240 千米。

我以最快的速度关断了加力，当速度减小到 1.5 马赫数时，我收光了油门。好在我知道歼 -8 飞机的最佳滑翔轨迹，当我经过近 10 分钟的飞行，终于回到机场的时候，机内的油量已经不足以建立航线了，我果断决策反着陆航向直接着陆，得到指挥员允许后，我终于驾机成功降落在跑道上。看着油量表的指示，我的额头不禁渗出了汗珠，飞机仅剩燃油 300 千克，如果我晚关加力 20 秒，等待我的后果不敢想象。对于刚参与新机试飞不到两年的我，这次教训不仅仅是一次“风险提示”，而是让我在升限飞行技术的研究上有了更高的境界。

敢于冒试飞的风险，是俄罗斯教官通过言传身教，赋予我们这些中国试飞员的职业性格。但他们教给我更重要的东西是智慧。记得是 1994 年初，在上升限飞行理论课时，俄罗斯教官彼得洛维奇告诉我，苏联试飞员把米格 -21 的动升限飞到了 30000 米。我开始以为俄罗斯人在讲“天方夜谭”。但随着教学的深入和试飞实践，我渐渐理解了俄罗斯教官关于动升限飞行的理论。

2008 年 10 月，我在歼 -10 模拟机上继续我关于升限飞行技术的研究。那年年初，当我在研究生论文答辩中提出“等轨迹角爬升”和“动升限能量控制”理论时，指导老师高教授的眼中流露出欣慰的眼神。关于“动升限能量控制”的理论，是我在 2003 年发现的，其核心理念是最高的动升限跃升底边高度并非“最佳高度”。因为，对于歼-10飞机的动力系统而言，高度对于其能量的发挥具有特殊的效应，因此，建立在传统空气动力理论之上的动升限经典飞行技术，在歼-10飞机上是错误的。我把这一理论运用于歼-10飞机静升限试飞中，获得了最短的爬升时间和最佳的静升限高度，而且比常规方法少消耗300～500千克的燃油。

但飞行与理论研究并非一回事，我并没有因为论文的通过，停止关于动升限飞行技术的研究。经过一次次的摸索，我已经在模拟机试飞中把歼-10飞机的动升限飞到了23000米，但我知道这并不是歼-10的飞行极限。在此之前，我通过研究发现，歼-10飞机的最佳能量高度不是16000米，而是在更低的高度上，这一发现完全否定了我过去对动升限理论的认识。

当我在14000米将飞行马赫数飞到了前所未有的数值时，我仿佛知道将要发生的一切，我的心跳因为充满期盼而加速，仿佛驾驶真实的飞机，我屏住了呼吸，把动升限跃升的轨迹控制在最佳40°～45°。奇迹出现了，我把歼-10飞机的动升限飞到了前所未有的25000米！要知道，歼-10飞机理论计算的动升限只有20600米。

如今，随着三代机、四代机的出现，以及现代空战理论的发展，人们对于高度竞争的热情已经渐渐冷却。但我知道，当年试飞中关于“天有多高”的追问，体现的是对于新型战机更高性能的追求。在未来空军装备研制、试飞和作战应用中，这种追求是打造大国空军永远不可或缺的品格和精神动力。

# 三、是金子总会发光

如果要问，在危险面前会恐惧吗？我回答当然会，但在我的执着和坚毅面前，最后的胜利者一定是我。

# 弹射跳伞手记

驾驶战斗机翱翔天空，对许多有志青年来说是一个充满诱惑而又遥远的梦。然而，这样的“梦”却并非总是美好的。对于一名空军飞行员而言，驾机升空已是例行公事，在翱翔蓝天的同时他们也要面对风险和死神的考验。弹射跳伞，是飞行员在紧急情况下最后的逃生手段，许多人并没有机会亲历；由于工作性质的特殊，我曾有两次弃机跳伞的惊险经历，在这里把部分经历写成文字，作为纪念。

1987 年 2 月 19 日，在一次高空编队飞行中，我驾驶的战机与长机突然意外相撞，当时两机正在 11000 米高度上做超声速飞行。剧烈的震动过后，飞机进入急剧旋转下坠的失控状态，我整个人离开座椅，座舱内烟雾弥漫，我努力用脚勾住脚蹬控制住身体，握住驾驶杆试图操纵飞机，可飞机根本无法操纵，我扫视了一下高度、速度指示，迅速拉动了弹射手柄紧急离机。

手柄拉下的一瞬间，飞机的座舱盖首先被抛掉。紧接着弹射座椅驱动火箭点火，推动座椅及坐在上面的我以极高的速度离开座舱，由于抛盖动作和弹射离机两个环节都是在极短的时间内完成的，因此飞行员通常感觉不到座舱盖抛掉后带来的影响。我们在影视作品中看到的弹射镜头，导演为了增强观赏性和娱乐性，有意放慢了节奏，让观众能够清楚地领会这一过程，但实际上，这些过程都是转瞬间完成的。飞行员在弹射瞬间能够体会到的感觉，只有巨大的过载和强烈的气流冲击。在弹射火箭的加速过程中，飞行员将承受 15g 左右的过载，加上离开座舱后迎面气流的猛烈冲击，会给飞行员的身体造成严重伤害。许多飞行员弹射跳伞后由于当时条件过于恶劣，或者是跳伞时防护措施不到位，从而造成脊柱损伤的严重后果，即使跳伞成功，恢复飞行的可能性也很小，有些甚至造成终身残疾。这次弹射前，我的准备时间相对充裕，来得及做出必要的防护动作——蜷曲手脚、保持脊柱直立并保持肌肉紧张，弹射过程中虽然巨大的过载令人难以忍受，但是我的身体基本没有受到损伤。

弹射跳伞是对飞行员生理和心理上的严峻挑战。在较短的时间内，飞行员要面对种种外界环境因素的影响和冲击。弹射出舱后，人和座椅是连成一体的，虽然座椅在设计时已考虑到质心的调节问题，但由于环境的变化和气流的影响，在弹射出舱时人与座椅还是会发生滚转运动，让人很不舒服。离开了座机，飞行座椅就成了飞行员的一个心理寄托——毕竟人还是坐在椅子上的，然而几秒钟内，人－椅分离机构启动，将座椅抛掉，这对飞行员又是一次心理冲击，因为从现在起，飞行员将完全以自由落体运动方式坠落，直到降落伞打开。我跳伞时的高度大约是8000米，而我背负的座椅带有自动开伞和手动开伞两套启动机构，按照设定程序，自动开伞机构的启动高度应在4000米左右，这就意味着我将如同石块般自由坠落约4000米才能等到头顶的伞花绽开。自由落体运动对于飞行员而言是巨大的心理挑战，此时飞行员难以调整自己的身体姿态，你可能是平着下落，也有可能是头下脚上地下落，此时，你能真切地看到无垠的大地快速向你扑来，而自己能做的却只有等待。

自由落体过程中，重力加速度使飞行员的下落速度急剧增加，最大可达每秒60多米，强烈的气流对飞行员的冲击可能造成肢体和面部损伤。这次撞机发生后，我和长机飞行员都成功弹射离机，长机飞行员使用自动开伞方式，在4000米高度开伞，此前强烈的气流造成他面部积水眼睛充血，两个月后才恢复；而我则使用手动开伞方式提前开伞，面部没有受到任何损伤。当然这种做法也有一定的风险——高空开伞导致下落速度提前降低，飞行员将长时间暴露在高空低温中（夏季7000米高空气温约为－30℃），可能造成冻伤，因此正确的方法应是在自由落体阶段适当收紧身体并设法保护面部。

开伞瞬间的冲击也不容小觑。巨大的降落伞能够使飞行员从60米/秒的下落速度迅速降低到 5 ～ 10 米/秒，伞带的巨大拉力可能造成飞行员身体损伤，因此要求飞行员能够适时做出防护动作，主要是收紧身体，抵抗冲击。此次跳伞由于我是采取手动开伞，能够进行正确防护，身体没有受到严重损伤。值得一提的是，在 1999 年 5 月 20 日，我在起飞中突遇发动机双发起火的重大险情，为挽救飞机我马上爬升到 400 米高度，准备急转对头迫降。可就在我即将对正跑道时飞机完全失去操纵，急速滚转并进入俯冲，在迫不得已的情况下我紧急离机。由于高度较低、速度较大，弹射时不允许我做出防护动作，出舱时受到冲击身体受损，开伞时已无力做出防护动作，造成腰部肌肉被严重拉伤。

开伞成功后，飞行员的下落速度迅速减小，进入飘降状态，此时飞行员的心态也从恐惧中慢慢平复。这时飞行员应冷静地分析形势，一是对自身受伤程度做出判断；二是选择平坦的着陆场，避免在山区和水域着陆；三是做好着陆的准备。随着高度的降低飞行员会感觉到大地的运动速度加快，带伞着陆的飞行员生命安全一般能够得到保障，但不正确的着陆动作还是会造成不必要的损伤，着陆瞬间飞行员应尽可能并拢双腿，做好缓冲动作。年轻飞行员的生理机能较好，可以主动抗拒着陆冲击，而年长的飞行员由于肌肉骨骼老化，过度的抗拒动作反而会造成伤害。在 1999 年的那次跳伞中，由于在弹射和开伞过程中两次受伤，着陆时已经无法进行自我保护，那次跳伞我身负重伤，4 个月后才痊愈归队。

成功着陆并不等于飞行员自救成功。由于紧急离机时无法选择地域，飞行员可能降落在各种复杂环境中，因此必须做好着陆后自救的心理和技术准备，这也是一项专业性很强的工作。在人烟稀少地区，飞行员将面临饥饿、缺水、寒冷、酷暑等恶劣环境的考验，此时应利用一切手段报警和呼救，在身体条件允许的情况下，应迅速向村落、城镇和公路靠拢，尽快获得救护。在暂时无法得到救护的情况下，也应稳定情绪、调节心理、节省体能，保证最大获救可能。1987 年 2 月的那次跳伞中，我就降落在无人区，着陆后我立即登上一座山丘顶端四处眺望，我的目视距离 20 千米的范围内没有看到一座房屋！我只能平复情绪，沿着山脊向一个方向行进，在艰苦跋涉足足 6 个小时后，我终于看到远方一个放牧的孩子。牧童放牧的情景在农村地区并不少见，而那一刻对我而言却是获救的希望。有的飞行员着陆后面临的情况更加复杂，我的战友就曾在跳伞后落在原始森林地区，降落伞挂在树顶，他既无法解开伞带，也没有体力沿伞绳爬上树自救（弹射跳伞后由于受到生理心理方面的巨大冲击，飞行员体力消耗极大），就这样，他在树上悬挂了一天多才被搜救人员发现并成功营救。

对于一个初上蓝天的飞行员，空中飞行带给他的除了惊喜，也许更多的是惊险的刺激，谁都不是天生的勇敢者；而对于一名成熟的飞行员，每一次成功战胜空中险情，都是一次勇气与技术的升华。在飞行员所能遇到的险情中，弃机跳伞是最危险的。飞行员选择弃机跳伞是不得已的最后的选择，有时飞机的故障逐渐扩展，局面不断恶化，最终到了无法挽回的地步，飞行员是怀着无奈的心情选择跳伞的。而更多的时候是险情突如其来，根本没有给你做出选择的时间。

空中险情发生时，首先要在最短的时间内判明自己和飞机所处的状态，在随时可能造成坠机的情况下，即使故障能够排除，也应果断选择弃机跳伞，因为最佳的跳伞时机稍纵即逝。在某型机装备部队初期，就曾发生过两次类似的起飞失败的重大险情：一名飞行员在考虑是中断起飞还是继续起飞的犹豫中，错过了跳伞最佳时机，飞机冲出机场翻扣在稻田，造成了机毁人亡的惨剧；而另一名飞行员在判断无法中断起飞而又可能撞上障碍物的情况下，果断跳伞成功救生。当然，这些情况是极特殊的，在大多数时候险情发生时，飞行员有足够的时间来判断情况，其中包括飞机的高度、速度、运动态势及飞机各系统故障情况和对安全的危害程度等。一旦情况判明，飞行员就必须迅速做出是挽救飞机还是弃机跳伞的决策。飞行是果敢者的游戏，犹疑者是无法胜任的。记得还在俄罗斯培训时，我就遇到了一起突发险情。当时我正在执行空中起动科目，我的任务是在 10000 米高空人为关闭发动机，在 8000 米高度上再次成功起动，然后安全着陆。正当我上升高度到 10000 米，准备将速度减至 450 千米/小时时，突然听到嘭的一声巨响，接着自己就暴露在了寒冷的强烈气流中。等我回过神来才发现，飞机的座舱盖竟然爆破了！

耳机里俄罗斯教官在大声呼喊，可在巨大的噪声下，什么都听不清楚。气流强烈地吹袭，我的面部严重变形，人像被无形的大手紧紧地压在座椅上无法动弹。虽然情况突然，但是根据我的判断，我相信能够克服困难并挽救飞机，因此我没有选择弹射跳伞。残留的座舱碎片在风中剧烈摆动，我低着头一边操纵飞机下降，一边放下风镜，接通纯氧，同时锁紧安全带，这一切都是为了避免身体在暴露的座舱内受到损伤。从 10000 米高空到飞机接地我仅用了 6 分钟的时间。飞机安全着陆后，俄罗斯教官微笑着拍拍我的肩，竖起大拇指，然后一甩头，示意我上另一架飞机继续训练。

飞行是一种特殊职业，充满风险和挑战，因此飞行员必须具备身体、智力、心理等多方面的良好素质。飞行安全是飞行永远的主题，然而一旦危险来临，飞行员必须用勇气、智慧和坚强的体魄去战胜困难。我曾经问过我的战友，你认为飞行员最应具备的素质是什么，那些高素质飞行员无一例外地回答：是血性。是的，大无畏的铁血精神，是军人之魂，是飞行员之魂。经历了两次生死考验的我，依然自豪地飞翔在蓝天。如果要问，在危险面前会恐惧吗？我回答当然会，但在我的执着和坚毅面前，最后的胜利者一定是我。

# 残骸与丰碑

那是我人生第二次弹射跳伞过后的第三个星期。经过 14 天的卧床不起，我用了 7 天的时间，将我独自行进的距离扩展到了 500 米，偶尔还需要妻子的搀扶，我对妻子说我想去看看坠机的残骸。听战友说，飞机的残骸几成碎片，最大的也不及 1 平方米。

跳伞负伤住院后我第一次离开了医院，坐着北京吉普来到了大门紧闭的机库，歼 -8 飞机的残骸就堆放在里面。

“吱呀”打开的机库黑而森严，残骸堆得很高，无法堆砌的碎片散落一地，我抚摸着起落架的支柱，仿佛抚摸一件陌生的机器，烧得发黑的发动机蒙皮，还有被扭曲得不成形的粗壮的操控连杆。说实在的见到残骸的那一刻，我并没有情感的触动，没有害怕，也没有触景生情，跳伞那一刻的惨烈似乎已经被我遗忘，我所关心的是造成操控系统瞬间失控的大火，给飞机留下了怎样的烧蚀痕迹，这是我的职业习惯，因为残骸分析总能给我们最有价值的信息。

就像我在一篇解读飞行事故的文章开头所说的那样，“冰与火”就是试飞员的职业性格，面对惨烈的事故我们很少有时间去悲伤，而最大的冲动就是从破碎的残骸和千头万绪的“黑匣子”数据中，找到事故的蛛丝马迹。

2005 年 7 月，当我看见兄弟部队歼 -10 飞机事故残骸的时候，第一个问号就是飞机为什么会摔得如此完整，那是一架停车后失去动力的飞机，飞行员为挽救飞机已经付出了所有的努力。我没有时间为失去一架战机而惋惜，倒是残骸的形状和“黑匣子”的数据令我陷入深思。如何破解三代机停车迫降之谜呢？如果我们能够寻找到迫降的最佳轨迹，以后飞行员遇到同样故障就能成功地挽救飞机了。

为了破解三代机停车迫降的世界性难题，试飞员在模拟试飞中承担了巨大的风险。我的战友张景亭和李中华为了获得歼 -10 飞机停车迫降的数据在空中将发动机拉停近百次，他们似乎忘记了停车起动失败和迫降不成功的风险，一次次地迎接死神的挑战。然而试飞毕竟是试飞，真实的训练和作战环境要比试飞具有更多的变数。

从 2008 年英国希斯罗机场波音飞机发动机故障所引发的迫降事故中，我得到了一个重要的启示，在发动机停车或动力不足的飞行中，其轨迹控制的方法与有动力飞行截然不同，通过对国外资料和大量战机停车坠机的案例分析中，我总结出了“弱动力飞行”的五个关键性技术，这是国内第一份“弱动力飞行”研究论文，根据“弱动力飞行”理论，我在歼 -10 模拟机上试验几百次停车迫降，并提出了停车迫降模拟训练的最佳方法。

2009 年 3 月，经过歼 -10 停车模拟训练的英雄飞行员李峰，在遭遇歼 -10 飞机“降转”故障的危急时刻，果断采用“弱动力飞行”返航方法，飞机的发动机在航线三转弯突然停车，在飞行高度低于标准迫降航线高度 1000 多米的情况下，以最佳轨迹成功挽救飞机，尽管由于无动力条件下起落架突然收起，但已经成功减速的歼 -10 战机只受微小的擦伤，更难能可贵的是李峰带回了国内第一份三代机真实条件下停车迫降的数据，从而弥补了歼 -10 停车试飞所留下的缺憾，为破解停车迫降之谜做出了巨大贡献，而我也将“弱动力飞行”理论编入了独立撰写的试飞专著，并获得了第一届空军“刘亚楼军事理论奖”！

试飞就是如此，风险与挑战无处不在，而执着追求所换来的成功却能给你带来无穷的快乐与荣耀。面对死神的无视与冷漠其实并不是我们与生俱来的性格，而是多年试飞风险历练后的一种状态。我们与常人一样同样对战友和战机充满着情感。

2011 年 4 月的清明节，我独自来到位于北京小汤山的中国航空博物馆，去看望我的恩师也是我心目中永远的英雄卢军，在那座高高的飞行英烈的丰碑上镌刻着他的名字。我默默献上从旷野采摘的鲜花，眼中却没有一丝的泪痕，因为在那座丰碑上我分明看见英雄无畏的笑脸……

在我国航空发动机研制连续几十年低迷的状况下；在发动机试飞屡遭挫折、极端困难的形势下；在中国航空界急切期盼自己的飞行心脏的重要关头；在发动机人卧薪尝胆、奋力拼搏而又无人喝彩的尴尬境地，FWS-10发动机即将如蛟龙腾起，给世人一个精彩的亮相。

## “太行”——21世纪中国航空的曙光①

今天我参加“太行”发动机的评审会，见到了这么多令我崇敬的航空界老前辈，心情难以平静，在此我愿意以一名歼-10试飞员的身份说几句题外的话。

首先是祝贺。我们的“昆仑”发动机即将完成定型试飞，而“太行”发动机即将首飞，这无疑是21世纪中国航空事业的一缕曙光。在我国航空发动机研制连续几十年低迷的状况下；在发动机试飞屡遭挫折、极端困难的形势下；在中国航空界急切期盼自己的飞行心脏的重要关头；在发动机人卧薪尝胆、奋力拼搏而又无人喝彩的尴尬境地，FWS-10发动机即将如蛟龙腾起，给世人一个精彩的亮相。在此我愿意加入少数人的行列——为航空发动机人喝彩加油的行列。因为中国的航空发动机事业太需要喝彩声了。

发动机研制的意义我不想多说。应该说在短短的十几年时间里，研制出自己的涡喷发动机，并在缺少经验的情况下迅速上一个台阶，完成涡扇发动机的研制是非常不容易的。因为发动机研制的困难程度、复杂程度、风险性要远远高于一种新型飞机的研制。

在这里我想说一说“昆仑”发动机，它所遇到的困难大家是有目共睹的，可以说是九死一生，含着眼泪往前走。而我作为一名从试飞

① 1999年8月，经历第二次跳伞受伤的我还没有痊愈，就参加了第一款国产涡扇发动机——“太行”的放飞评审会，这是我在会上的发言。

生死线上走过来的试飞员，我对“昆仑”发动机怀有最深切的情感，它是我们的心头肉啊！

我们最清楚什么是风险，我要告诉大家的是，我们过去所遇到的所有风险，是中国的航空事业必须承担而又无法回避的。我们不要为我们曾经付出的代价而哭泣，我们应该为我们的坚强，为我们曾经战胜所有难以逾越的困难而欢呼。写到这里我哭了，不是为我们的过去，而是为现在依然围绕着发动机人的尴尬的氛围。中国必须走自己的发动机研制道路，自古华山一条道，我们已经别无选择。

说到发动机研制的风险，我说，我们要正视风险。我们不会像一个变态狂那样去欢迎风险，反之，在研制过程中我们要努力规避风险，那就是规避安全的风险，规避技术的风险。安全的风险作为试飞员的体验是最深的，安全的压力不仅仅是飞机、发动机的大件损失，也是飞行员人员伤亡的问题，它将大大拖延研制的进度，甚至将一个型号扼杀。而技术风险往往不被人们所重视，实际上如果在技术上我们没有能力攻克难题，或者说在技术上我们自己给自己出难题，研制工作将停滞不前，“昆仑”发动机在研制中就遇到了这样的问题。

我说了这么多关于风险的问题，但是，归根结底我们要敢于正视风险，而决不能被风险所吓倒，这话不仅仅是对研制者说的，也是对决策者说的，因为中国的航空事业不允许失败，我们必须往前走，任何的半途而废都是不允许的，再大的风险也要承担。安全的风险我们试飞员都不怕，其他还有什么可怕的呢？！

说了这么多跑题的话，对于本次评审会我要谈一谈我的感觉，是一名试飞员的直觉，那就是临近首飞，发动机技术上的问题暴露得更频繁了，有些问题是至关重要的，如发动机的地面起动的问题，空中起动的问题，加力接通可靠性不高的问题，这些问题是必须解决的，即使进度的压力再大也要解决。

发动机进入首飞后将遇到三种困难，一是机件破损的故障，这在首飞阶段是最容易发生的，也是最危险的，因此，防破损的质量监控必须加强。二是失效的问题，如发动机停车、加力接不通、失火等，这些故障主要出现在调整试飞和定型试飞过程中，对于这些问题必须发现一个解决一个，决不能吃夹生饭。三是性能缺陷，这是使用方即军方最关心的问题，也将直接关系到发动机的声誉，解决这一问题的最好方法是技术攻关。

“太行”发动机即将首飞了，我想，我们航空发动机人是充满激情的，我盼望“太行”的成功首飞，能为充满激情的航空人献上一份甜蜜的回报。

# 四、歼-10时刻

# 沙砾在热烈地呼吸——西线日记

**人物简介**

宋总：宋文骢，某新机总设计师，中国工程院院士；

沙院长：沙长安，中国一航飞行试验研究院院长，某新机试飞总指挥；

周总：周自全，某新机试飞总师；

郭主任：郭新生，某新机首席试飞员，特级试飞员；

汤团长：汤连刚，某新机首席试飞员，空军试飞专家；

高教授：高峻教授；

张旭：某新机试飞员，我国弹射跳伞首席试飞员；

小贠：某新机试飞工程师；

作者：徐勇凌，空军飞行试验训练基地副参谋长，空军试飞专家，功勋试飞员。

**1月4日　新年短信**

今年的新年出奇的平静，或许是因为经历了太多的惊心动魄的缘故。我照例会在新年给朋友发短信，尤其是在沙漠一起战斗过的战友和朋友。每当节日，我总是喜欢自己编写短信，当收到朋友内容相同的短信时，我会因为自己小小的创作而沾沾自喜。

望月但闻思乡曲，临川犹唱大风歌；

千里相思隔不断，一阙离骚度银河。

中秋之夜我把这条短信发给了朋友，半夜三点我突然想起没有给尊敬的宋总发，也不管是否打扰他老人家，就把信息发了出去，就在我准备安然睡去的时候手机响了，是宋总的回信，内容是两个标点符号：)，那是老人幽默的笑脸。

今年新年我给朋友的短信依然充满激情：

一轮旭日蓬勃出，爆竹一声旧岁除；
羊年万事皆顺意，决战千里如坦途；
千难万险何所惧，航空报国苦亦足；
宏图再展期我辈，携手来年共征途。

朋友给予我热烈的回应，我收到最多的短信是："沙砾在热烈地呼吸！"看到这条短信，我的眼眶不禁湿润了，因为它带给我太多的回忆，我的思绪又回到了羊年沙漠火热的试飞一线……

**7月23日　飞行日记**

一、飞行指挥员：郭新生

二、气象条件：能见度大于10千米，风速小于4米/秒

三、飞行计划执行情况

（1）01＃飞机：与加油机编队飞行2架次，试飞员：徐勇凌；

（2）02＃飞机：重构型性能试飞2架次，试飞员：张旭。

四、试飞基本情况

今天是与4个单位合场次飞行，也是第一次与轰-6飞机进行放加油软管的编队飞行。编队试飞表明，加油管对我机编队稳定性影响较大，几乎无法完成编队。

五、试飞内容

（1）高度60，速度06，加油机不放加油软管，编队队形：加油位；

（2）高度60，速度06，加油机放出加油软管，编队队形：对接位。

六、试飞评述

（1）加油位密集队形编队技术其实并不难以掌握，即使我机如小鸡一样夹在加油机的腋窝底下，与加油机机翼之间的距离只有3米左右，飞机的编队队形依然非常稳定，尽管飞机有倾斜的趋势，但很好

克服；

（2）加油机的加油软管终于放出来了，从侧面看，长长的软管拖着洁白的小伞套，在气流平静的天空中，像一个风筝，看起来非常优美；

（3）第一次在放出加油软管的情况下进行编队飞行，由于有了伞套，接近加油机的速度明显减慢了。奇怪的是，每次我接近伞套时，原先还是平稳的伞套就突然开始摆动起来，退出来再次尝试，伞套依然摆动不止，进行了 5 次尝试都失败了，我知道必须终止试飞任务，飞行后需仔细研究试飞曲线和录像，才能找出伞套摆动的原因。

**7 月 28 日　令人烦恼的曲线**

今天的编队飞行情况与 23 日的完全一致，在预对接位编队，队形还非常平稳，可是一旦我尝试接近加油伞套时，伴随着呼啸声飞机就开始摆动了，而且是一种无法克服的摆动，试飞再次终止了。

小贠工程师真是一个负责任的技术员，晚上 8 点他来到我宿舍，把今天的试飞曲线和飞行录像都带来了。曲线和录像上的时间是完全对应的，我们发现当录像上加油伞套开始摆动时，对应的记录曲线上飞机姿态角开始剧烈地抖动，所有 6 次进入的结果完全相同。

在这次试飞之前我查阅了大量的加油试飞资料，资料中没有平稳气流中伞套摆动的记录。看来摆动的原因是新机的个性问题，那么新机与以往飞机最大的区别在哪里呢？今天飞行结束后，我围绕着飞机转了几圈，我发现新机的受油探头与前机翼的距离非常短，这是新机与其他飞机最大的区别之处。问题似乎找到了，可是确切的原因到底是什么？如果原因如我分析的这样，如何解决这个问题呢？看来试飞遇到难题了。

**8 月 2 日　汤团长来了**

肆虐的“非典”已经影响到了远在戈壁的试飞现场，所有出差人员必须自带交通工具。前天我在电话里难以掩饰急切的心情，我恳切地呼唤：“老团长快来吧。”为了攻克加油试飞的难题，正在病中休养的汤团长驱车近 2000 千米，第二天就赶到了沙漠试飞现场。

汤团长是我国第一代空中加油工程的首席试飞员，今天亲自到监控大厅指挥，我通过无线电把空中试飞的情况连续不断地向他报告，他指挥我尝试了 5 次进入，最后他用果断的口令指挥道：“028，脱离编队，返场。”

飞行后的例行会议上，汤团长带来了他当年歼 -8 加油试飞录像，我们把当天的试飞录像和歼 -8 试飞录像进行了对比回放，结果出乎大家的预料，歼 -8 的加油编队非常稳定，而新机在加油编队中就像是在跳舞。看完录像后会场一片沉默，只有汤团长发表了三点意见：

（1）加油试飞是高风险科目，鉴于现在的试飞状况，应当暂停加油编队试飞；

（2）采用地面风洞试验的手段，对新机加油编队特性进行模拟；

（3）尽快召开现场专家技术攻关会，提出下一步攻关的措施。

**8 月 15 日　飞行演示**

总装备部和空军首长今天要到试飞现场检查工作，检查的内容之一就是加油试飞的情况。昨天为了做好演示飞行，试飞现场指挥部召开了方案协调会，我为试飞演示所做的计划时间表精确到了秒，并考虑了天气、风对试飞演示的影响，制定了安全预案。今天的成功演示说明我们的准备是充分细致的。

我们规定的放飞最低气象条件是：侧风 10 米 / 秒，气流中等，能见度大于 10 千米，今天的天气似乎是有意在考验我们，除了能见度以外，其他条件都在边界状态。我们提前 50 分钟坐进了飞机的座舱，焦急等待了 10 分钟后，指挥员郭主任下达了口令：“028，开车。”

今天是我第一次在总装备部首长面前做演示飞行，而且飞的是高风险的低空加油编队，队形比当年通过天安门广场的加油编队队形要小得多，其难度和压力是可想而知的，可不知为什么我在座舱里一点都不紧张，我脑子里飞速转动的是演示的计划动作，各个时间节点和飞机的设备使用。

飞机一离陆我就感受到了气流的强劲冲击，中等强度气流在低空对飞行的影响是非常大的，更何况是需要精确操纵的加油编队飞行，我开始有所担心，按计划在三边上我与大飞机是基本队形编队，为了演示的成功我临时下达口令：“028，三边请求加入加油编队”，与我配合了 1 个多月的加油机飞行员立刻领会了我的意图，“028，可以加入编队。”

我操纵飞机慢慢向大飞机靠拢，来到了加油调舱的正后方，距离 15 米，“028 请求加入预对接位。”“028 可以加入。”我柔和地加油门，飞机缓慢地向前逼近加油吊舱，并迅速在预对接位稳定编队，“028，感觉气流如何？”加油机机长发出询问，“气流较强，但可以完成任务，请求加入加油位。”“可以加入，注意状态。”“明白。”

我再次缓慢地加油门，这时我必须以最精确的动作向加油吊舱靠拢，因为我最终的编队位置上，空速管与吊舱之间的距离只有 2.5 米。“编队正常，028 请求脱离加油位。”“028 可以脱离。”

指挥员下令“028 三转弯”，根据协调首长到位前 5 分钟进行三转弯。转弯过程中我看见大飞机的机翼在来回地摆动，我知道四边和五边的气流可能会更大，根据规定在加油机不稳定的情况下必须保持 15 米以上的间隔距离，我稍稍扩大队形，准备对正五边时再迅速缩小编队队形。

“编队对正跑道，准备通场。”“可以通场，注意队形不要小。”“明白。”最关键的时候到了，我知道此时留给我调整队形的时间只有 2 分钟，对正跑道后，我迅速加油门尽快缩小编队队形，可是加油机在明显地上下颠簸，而且坡度也在不断地变化，距离跑道头还有 5000 米，我与加油机的距离依然有 5 米，就在这时加油机停止了颠簸，我迅速向前靠拢，就在双机通过跑道头的一瞬间，我编到了加油位，我们以超密集队形高度 300 米通过了机场上空。

就在我们准备解散加入航线的时候，耳机里传来指挥员的指令：“双机右转准备再次通过，队形不能再小了。”“028 明白。”

事后我们才知道，看了第一次通场首长非常满意，没有按照原计划继续参观，而是在停机坪伫立，要求再看一次编队通场，首长是要了解加油编队的稳定性和成功率，当首长看完两次通场后，现场指示："飞行演示很好，一定要全力拿下加油试飞任务。"

**8 月 21 日　技术攻关会议**

根据汤团长的建议，有关部门在 8 月中旬进行了加油对接风洞试验，试验结果已经出来。今天的攻关会受到了各部门的高度重视，74 岁高龄的宋总亲临沙漠现场。会议的主要议题是观看风洞试验录像，提出下一步攻关试飞的方案。

会上首先播放了风洞试验录像，试验的结果与试飞结果完全一致，当受油机接近加油伞套时，伞套开始摆动，距离越近摆动越剧烈。别人或许都在注意伞套的摆动量，而我却在细致地观察伞套摆动量与相对位置的关系，我发现当受油机机头稍错开伞套时摆动量会明显减小。录像结束后，高教授首先讲解了伞套摆动的原理，他提出的"平板效应"我是第一次听说，他的讲解使我明白了，在空气动力流场中相对靠前的物体同样会受到后部物体的气流影响，这种影响的大小取决于两个物体间的距离。听完高教授的讲解我发表了四点看法：

（1）伞套的摆动是气流干扰造成的；

（2）在伞套摆动的情况下，不可盲目缩小距离进行加油；

（3）为了减小伞套的摆动，可以采取错开伞套的编队方法，斜向对接；

（4）为了减小空气动力的互相干扰，可以适当减小加油对接的飞行速度。

针对我的建议，周总对下一步的试飞进行了布置，第一航次按照错开伞套的方法进行对接尝试，第二航次采用减小速度的方法进行对接尝试，对接时安全第一，一旦出现对接异常，立即终止任务。

宋总认为加油试飞遇到的难题是暂时的，新机具有良好的性能，加油试飞一定会成功。

**8月22日 我看到的，我听到的**

明天就要进行加油攻关试飞了，试飞现场指挥部决定召开表决心大会，我代表试飞员发言，发言的题目是《我看到的，我听到的》。

这几天，我所看见的是来来往往的人们，有些是老朋友，而大多是未曾谋面的新朋友。他们来了，因为这里是基地，因为这里有国家的新装备，因为这里有一群默默拼搏的试飞尖兵，为了一个共同的目标他们来了，我们的试飞现场就像是一个大家庭。

这几天，我所见到的是充满期望与执着而又略带疲惫的眼神，是的，我们都很辛苦，可是没有人喊过一声累，依旧起早贪黑，依旧挑灯夜战，整个试验队以一种大于额定转速的状态运转着，像一台协调的机器。

这几天，我看见的是会议室进进出出的人群，谁都知道试飞遇到了困难，但我们依然乐观地、积极地在为攻克难关而思索着、讨论着、决策着，像一个永远不可战胜的斗士，可以被击倒，但永远不会被击垮。

其实我们看见的还有很多，基地清晨绚丽的朝霞，戈壁苍穹美丽的新月，战鹰划过天空呼啸的雄姿，傍晚湖畔散步的身影。在这片荒凉的沙漠里，在火热的试飞一线，我们同样感受到生活的美好、自然的美丽、情感的温馨，所有这一切都是对我们付出努力最好的回报，我们别无他求。

这几天，我听到了来自阎良的领导和同志亲切的问候，他们带来了家乡亲人的关怀和希望。我深深地感到我们虽然远隔千里，但心是连在一起的，我们并不孤独，我们身后有坚强的后盾，从而更坚定了我们战胜困难的决心。

这几天，我听到了军委首长的谆谆教诲并感受到了他殷切的期望，听到了中航集团领导最后决战的号令。我们别无选择，只有勇敢地向前冲，去攻克所有的困难，用我们胜利的成果向军委首长和中航集团领导汇报。

这几天，我们已经隐约听见试飞大会战即将胜利的号角，我们已经攻克了一个个难关，即将迎来胜利的曙光，我们应该为自己感到骄傲，我们也一定会取得最后的胜利。

其实我们听到的还有很多，我们听到了战鹰的轰鸣，听到了清晨的号角，听到了悠扬的歌声，我们更听到了来自我们心灵的声音：人生能有几回搏，你我都是真英雄。

今天，我在电视里听到了这样一段话，我愿意以此来与大家共勉：我们曾经仰望天空，为那些伟大的英雄而叹息，然而，当我们环顾四周才发现，在我们身边那些默默无闻、真心拼搏的人们才是真正的英雄。

让我们为自己加油吧！

**8 月 23 日　来之不易的成功**

又是一个难眠之夜，我发现每到面临重大任务时，我体内的能量就会爆发出来，精力旺盛，呼吸发热，头脑却异常地冷静，这几天我又进入了这样的状态。昨晚，为了今天的加油试飞，沙院长和我聊了很久，凌晨 3 点，心情亢奋的我忽然醒来，实在睡不着了，就拿出手机给沙院长发了一条信息“祝贺今天试飞成功。”沙院长立刻回了短信：“谢谢，同贺！”我们俩在提前庆祝胜利了。

今天真是一个难得的加油试飞的好日子，天空一碧如洗，沙漠宁静而坦荡，当太阳从荒漠的隆起处升起，我和加油机再次起飞了，我们迎着朝阳缓慢地上升，我似乎预感到今天一定会成功。

当我们双机盘旋回转背向阳光飞行时，我开始进入预对接位置，我沉着地向指挥员发出请示：“028 请求进入对接位。”“可以进入对接位。”

当我对准伞套缩小距离时伞套开始了摆动，我缓慢地向外扩间隔错开伞套，伞套的摆动奇迹般地减弱了，“队形稳定，028 请求对接。”“可以对接。”我缓慢地缩小距离，在注视伞套的同时用余光观察加油机尾部领航舱的相对位置，这是为了防止双机间隔过小而相撞，我看见了领航员鼓励的目光和表示胜利的 OK 手势。我会心地点点头，然后开始最艰难的对接，逼近了，逼近了，对接……

就在快要对接成功时，我突然发现受油探头与伞套没有完全对准，伞套从我座舱盖前滑过迅速飘走了，耳机里传来加油机长的命令"停止对接，退出编队。"

当我脱离加油编队后，观察座舱才发现由于伞套的碰挂，飞控系统发生了3级故障，我向指挥员报告了故障后，指挥员明确下令："双机疏开，解散返场。"

我看着加油机渐渐地远离我的视线，心里却不愿意如此就接受失败，我想到了首长的嘱托，想到了机务弟兄夜以继日的汗水。

"1号，028呼叫。"

"028请讲。"

"飞控故障可以排除，能否尝试再次对接？"

等待我的是短暂而漫长的静默，我知道指挥员在做最后的权衡。

"028，故障排除后可以尝试对接。"

"明白。"

我迅速排除了飞控系统故障，向远方的加油机飞去。按照第二方案，我下令加油机速度由06减小到05。

我再次向加油机靠拢，预对接位，对接位，我又一次占到了关键的对接位上，我有意保持速度，稳定队形同时稳定自己的情绪。大约过了10秒，我发出了请求："028请示再次对接。""可以对接。"

我开始慢慢地缩小与加油伞套的距离，4米，3米，2米，1米，速度减小到05，伞套的摆动明显减小了，看来减速非常有效，我知道此时我不能受伞套摆动的干扰。加油成功的关键是我机队形的稳定，我看见加油探头挂上了伞套的边缘，此时只要一个小小的晃动，伞套就会脱离探头，所有的努力就会白费，我暗示自己要稳住神，我看见加油探头一点点向伞套的中心滑动，仿佛听到了"咔嚓"一声，对接成功了！

今天的试飞中，我5次对接3次成功，圆满地完成了任务。当我走下飞机等待我的是战友的欢呼声，还有来自远方军委和空军首长的祝贺。8月的阳光照在我的脸上，我的脸庞温暖而潮湿……

### 9月11日　中秋夜

最困难的对接试飞成功后，加油试飞非常顺利，在以后的试飞中采用05的飞行速度，对接的成功率达到了100%，9月7日，加油试飞任务终于圆满完成。今天是中秋节，我们已经连续飞行10个飞行日，明天是难得的休息日，在8号山上一轮明月挂在夜空，宁静的沙漠里回荡着我们愉快的歌声，我和郭主任还有其他战友一边品尝着月饼，一边表演着节目。终于轮到我了，我给大家朗诵了一首诗，那是在加油成功的晚上做梦写下的诗，诗的题目叫“月光”。

月光

踏着月光轻盈的足迹
我的梦游离
来到洒满清霜的戈壁
沙砾在热烈地呼吸
胡杨和沙柳却屏气沉息
月光下的小湖
艳丽的波光泛起
如悠扬的情歌
照亮夜幕下的大地
没有夜莺飞翔的天空
远处的地平线
生命的红光依稀
突如其来的风声
像幽灵般远去了
巴丹吉林的夜
又恢复婴儿般平静的呼吸
天青色的苍穹下
万物都已沉寂
唯有月光像情歌般如诉如泣

**12 月 24 日　决战前夜**

明天是新机试飞最后一个飞行日，我将执行最后的导弹靶试任务，空军召集所有参试单位召开表决心大会，我代表试飞员做了“心系航空　势在必得”的发言。

各位领导，各位专家：

羊年岁末将至，型号试飞已经到了冲刺的关键时刻，今天在座的都是研究航空的，包括穿军装的，不穿军装的，也包括我们中电集团、航天集团的同仁，我们只有一个名字——航空人。我们都怀着对航空、对国防、对国家的拳拳之心。今天我代表试飞员讲三点。

首先，我要说歼-10飞机是个奇迹。不仅仅因为歼-10是三代机，我们用数字来说话：1998 年到现在 5 年多的时间，我们用 7 架飞机，飞了 2000 多个试飞架次，完成了包括大攻角、空中加油、炸弹航炮等常规武器，PL-8、PL-11 等现代武器的实弹靶试，过去这些科目都是在型号定型后的专项试飞中完成的，过去，我们为一枚弹的靶试定型所用的时间又何止 5 年；我们创造了大表速 1450 千米/小时、动升限 20300 米、大过载 +9g 和 -3g 的记录，这些数据说明了什么，这说明我们的航空水平和试飞水平已经与国际航空先进水平接近了，歼 -10 飞机不仅仅是型号研制的奇迹，它更创造了试飞的奇迹。

其次，我来说说 PL-11 靶试，为了靶试我们已经殚精竭虑，指挥员和飞行员齐心协力，提出了决不让靶试在我们这里晚点的口号，我们从 5 月开始的靶试准备到现在，在所有的演练和靶试试飞中做到了缺陷为零；为了争取试飞的结点，我们确保每个架次的质量与安全，以往需要一个月的靶试演练，我们只用了 4 个架次；我们在所有的靶试演练中实现了 100% 的瞄准概率；我们编写了 20 万字的靶试资料；为了研究靶试方案，我们废寝忘食，有时灵感就来自吃饭睡觉的片刻，我们提出了前侧靶试迎头机动的方案，解决了雷达盲区的重大技术难点，我们提出了雷达 30°4 线的参数选择方案，解决了雷达截获晚的难题；我们预想了所有的应急情况处置预案，在 11 月 20 日第一个靶试飞行日中，指挥员和飞行员密切协同，成功处置了外界电子干扰造成的带弹着陆的特殊情况；为了第三枚弹的靶试我们已经做了充分的准备，指挥员小组编写了详细的指挥预案，我们与总设计师系统、航电相关系统、导弹系统、靶试指挥系统、靶机系统进行了周密的协同，我们也请教了歼-8靶试试飞员和专家，我们的指挥员和飞行员思想稳定，技术成熟，身体良好，精力充沛，因此，我们对靶试成功充满着信心。

最后，我要说说神舟五号飞船，那是航天人创造的奇迹，其实杨利伟本来就是飞行员，神舟五号飞船的总设计师袁家军是我的同学，原来也是研究航空的，但他们毕竟是航天人，神舟五号飞船的成功带给国人的是扬国威、壮民心、鼓士气，然而对于航空人来说，除了这些，还有一丝丝的酸楚和深深的压力。10月15日，我是从宿舍的后窗看见神舟五号飞船腾空而起一飞冲天的，当时我的心情就是如此的复杂。今年是羊年，羊年还剩十天了，我们航空人几十年来卧薪尝胆、含辛茹苦、励精图治，甚至忍辱负重为的是什么，就是为了成功！为了今天的成功！！为了羊年的成功！！！我们决不能把成功留在猴年，我们应当有必胜的信心！

让我们心系航空，用势在必得的勇气，再拼搏一次，交一份能令我们航空人，也令我们国人自豪的答卷。

### 12月27日　告别沙漠

12月25日的靶试获得了圆满的成功，靶机被击中凌空爆炸，我们经过两年的沙漠会战，终于完成了新机试飞任务，明天我们就要告别沙漠了，在告别会上我对基地的战友说了下面这段交心的话。

朋友，当我们怀着阳光一样快乐的心情欢庆胜利，即将离开基地的时候，我在问自己，我们带走了什么，我们留下了什么。

就在去年的5月，也是在这里，我们抱着决战决胜的信心，拉开了歼-10在沙漠试飞的序幕，时光飞逝，转眼间成功的礼花已在夜空中绽放，成功的喜悦写在了每个人的脸上。

在这个欢庆的日子里，在这个翘首归途的时刻，我们已经没有了缠绵的心情，也没有了回首往事的感慨，有的只是一种责任。我们知道战鹰每一颗铆钉的分量，我们知道每一发导弹所具有的威慑，我们知道每一个起落的意义，我们知道战鹰早一天定型意味着什么。

在靶试决心会上我说新机是一个奇迹，它是新型战机研制的奇迹，是试飞的奇迹，更是我们军民合作的奇迹。这个奇迹是我们在座的这些人创造的，是我们这些平凡的人用每一个不平凡的日日夜夜编织而成的，我们因此体验了豪迈与伟大，我们为国家的强大贡献了自己的力量。

我们就要走了，我带走的是最令我珍爱的一瓶细沙，那是在基地附近的沙漠里采集的。无论是我在沙漠里尽情地飞奔，还是手捧沙砾细细地端详，我都会被沙砾感动，它是那样的微小、晶莹、洁净，它又是那样的博大、平静、坦荡，就像无数为了理想而拼搏奉献的航空人，将永远被大地铭记。我们就要走了，我们对沙漠、对战友的情谊，就如同那每一个清晰的日子，将永远铭刻在我们的心灵。还记得电影《冰山上的来客》里的一首歌吗？你的友情像白云一样的深，我们把沙砾带走把白云留下，把我们的友谊留下，蓝天将会印证我们的友谊。

最后我想用两句话与大家共勉：

“通往成功道路上的所有坎坷，都是最美丽的风景。”

“成功带给我们的荣誉和赞美，永远都无法与成功本身带给我们的快乐相媲美。”

愿成功和快乐永远伴随着每一个人。

**1月1日　新年**

试飞圆满结束。我回到阎良，与妻子、孩子度元旦，暂时给自己放假，就写这几句。另外，收到郭主任、沙院长、汤团长、宋总和其他朋友的短信，内容是：沙砾在热烈地呼吸。祝新年快乐！

# 绝对任务

为了一个高空10000米的目标机试飞科目，来自海军的歼轰-7试飞员丁毅一个劲地跟我交代。说实在的，我有点烦了，不就是一个平飞吗，尽管这是我第一次执行试飞任务，可我是试飞员学校毕业的高才生呀！

天气尤其的好，连夏季陕西关中平原常见的低空气流都没有。随着飞行高度的不断上升，想到自己终于可以参加试飞了，心里有点紧张与自得。每次上升我总是专注于飞机的姿态，我知道飞机的状态越平稳，损失的能量就越小，我要把第一次试飞的上升尽可能做得完美。歼-7飞机的爬升性能非常出色，我甚至觉得这个过程太短了。

我看了一下绑在腿上的试飞任务检查单，高度10000米，速度400千米/小时，我知道这个速度已经接近歼-7的第二速度范围，在这个速度范围飞机减速快增速困难，保持速度是关键所在。

“航向60，高度9000米。”

听着丁毅的报告，我知道雷达试飞开始了，我的任务其实很简单：保持好高度速度，当好目标机。

不经意间，歼-7飞机晃动了一下，这是歼-7特有的飞行动态，高空飞行横侧不太稳定，但这没什么，我有意识地握紧杆，飞机的姿态就平稳如初了。

就在我沉浸在飞行的专注与快乐之中时，我突然发现飞机的速度降到了380千米/小时，我迅速加满了油门，可是速度表的指针仿佛被冻住一样，飞机的晃动幅度加大了，再不增速飞机的状态就难以控制，我只好下降高度。当我发现飞机的速度终于增加到420千米/小时时，飞机的高度也降到了9200米，我知道我已经“跃层”了，这在试飞中是绝对禁止的，我立即报告了自己的高度，然后只能眼巴巴地看着歼-7飞机蜗牛般地上升。在随后的飞行中，我就这样在高度与速度的纠结中，把任务弄得一团糟，第一次试飞任务结束了，丁毅的讲评让我低下了头，这是让我永远难忘的第一次。

万事开头难，我没有沉迷于错误的自责之中，反倒是对于此次任务现象的反思，使我真正了解了高空飞行的特点。随着试飞任务的增加，我也逐渐收获了课堂中无法获得的经验。从一个新试飞员成长为老试飞员，其实并没有什么门槛，正是一次次难以攻克的高难课题试飞，使我逐渐成长为老试飞员、大队长，甚至成为空军试飞专家。

2003年初夏，大队的年轻试飞员李刚[①]只完成了一次歼-10体验飞行，就来到西北执行任务。作为大队长我非常看好李刚，在西北的第一个飞行日，我给他安排了两个任务，第一个是熟悉飞机与区域特点，第二个是高空升限飞行。这虽然是试飞部队的惯例，但这样的安排无论是对李刚还是对我都是有风险的。

就像我的大队长曾经对我那样，我目送李刚上了歼-10战机，当我们四目相对时，我看到了李刚眼中的自信。为了这次的任务，我们已经把超音速和爬升阶段的所有技术问题都研究透了。

“高度12000米，1.55马赫数。”

“可以爬升，注意保持姿态角。”保持姿态角是我们针对三代机研究出来的最佳爬升方法。

“高度18000米，请求下降！”

李刚好样的！他开始爬升我就记下了时间，他在第一次升限试飞中，用了几乎最少的时间。这份对试飞技术的悟性是一般试飞员中少见的。

走下飞机的李刚一脸灿烂。“歼-10的爬升太棒了”李刚大声地喊了一声。

来到休息室坐下来，李刚才悄悄地对我说：“大队长，真有你的，第一次试飞就让我执行如此艰巨的任务。”

---

① 李刚，2011年1月11日驾驶国产五代机歼-20首飞，并荣立一等功。

“你是好样的，相信我，以后的试飞任务会更艰巨！”这是对李刚的鼓励，也是我对他的评价。

李刚再没说什么，只是坚毅地点点头，那时他或许不知道，正是他对飞行的那份灵感与执着，使他成为创造中国四代机历史的关键人物。

# 两代空中加油人的精神对接

2009年的4月，在中国第一代空中加油项目启动20年后，我对空中加油第一人常庆贤进行了一次深入采访。经过4个月的精心写作，文章“老常的空中往事”最终发表在当年的《世界军事》杂志第9期上。这是一次充满情感的写作历程，而促使我写这篇文章的是我们两代试飞人共同的精神追求。

20年多前的情景如今依然历历在目。那时我还是一名试飞学员，在下课后的行进路上，时常能看见老试飞员飞行后拎着飞行帽的疲惫身影。有时我和老常会点上烟，蹲在飞行楼前聊一会，我也些许了解了空中加油项目试飞的困难。一项英国人在1948年原创的加油技术，当年美国人也只有采用购买的方式才掌握了此项技术。中国人要在没有任何技术借鉴的条件下自己攻克空中加油的技术难关，即使是在20世纪80年代末也不是一件容易的事情。空中加油的技术难点不仅在于加油装置的技术复杂性，更体现在加油对接的飞行驾驶技术上，美国人在几十年的加油飞行中损失了上百架飞机，当时世界上能够掌握空中加油技术的国家只有4个。

老常由于技术突出被选为空中加油首席试飞员，已近停飞年龄的他必须与时间赛跑，留给他的时间不足3年。每天试飞结束后老常都要与试飞总师侯玉燕等专家一起研究到深夜：加油对接的方法，避免相撞的安全防范措施……

由于条件的限制，加、受油机和加油器材都没有备份，任何一点技术上的闪失都意味着整个项目的失败。对于这种高风险的重大试飞项目，科学的规划是成功的关键，为了降低试飞的技术风险，加油试飞分为三个阶段。在完成预定的超密集编队和模拟对接试飞后，老常终于迎来了关键的对接试飞科目，然而试飞却出现了人们意料之外的困难。根据收集到的国外相关资料，以所谓标准的对接方法试飞，出现了加油探管折断的重大险情。尽管在作战使用中探管折断司空见惯，但试飞阶段发生这样的问题，使我们对加油系统的技术能力产生了怀疑，甚至可能颠覆几年艰苦努力后的研制成果，而单机加油如果不成功，后续的双机加油更是无从谈起。试飞的“拦路虎”给技术团队造成了巨大的压力，而作为首席试飞员的老常压力最大。此时试飞团队的力量是攻克难关的“利器”，科研人员加紧试验和验证，试飞员团队加强技术研究，老常的爱人秦医生利用晚饭后的散步，做老常的思想工作以缓解他的精神压力。

试飞难题的疑点千头万绪，而要找到那个唯一的突破口却难上加难。是软管的问题、空中气流的问题还是对接方法的问题？双机加油试飞员汤连刚通过研究，对国外的对接方法提出了自己的看法，他认为大速度差对接尽管可以提高对接的成功率，但对加油探头的冲击力也大，而且带来了可能空中相撞的危险，能否突破对接必须用大速度差“撞击”的技术误区，用缓慢推进的方法柔和对接呢？尽管大家对这种新的技术理念争论激烈，但试飞的效果却出奇的好，探头折断的技术难关终于攻克了。1991 年 12 月 23 日，老常驾驶歼 -8 战机完成了中国人的第一次空中加油。

两年多的空中加油试飞历程，体现了科研团队合作攻关的力量，更体现出中国空军试飞员爱国敬业、不畏艰险、敢于拼搏、攻坚克难的精神品质。而我在这两年里不知道多少次与老常交谈，这不仅是因为作为学员对空中加油的技术好奇，更多的是因为老常身上的一种独特的气质吸引了我，我们也因此成为试飞的忘年交。

或许是一种巧合，12 年后我居然成为歼 -10 战机空中加油的试飞员。尽管我曾经在编队飞行中发生过重大事故，但十几年的试飞历练塑造了我过硬的心理品质，而领导和战友的信任也给了我无穷的力量，当团长汤连刚把任务交给我的时候，我只说了一句话：“一定完成任务！”

说实在的，在领受歼 -10 飞机加油任务之初，我们对于整个试飞的预期还是比较乐观的：加油技术已经成熟，我们有前人可以借鉴的试飞经验，更何况歼-10飞机的飞行品质要比歼-8优越很多。但无论我们对于歼-10加油的预期多么乐观，科学的规划依然不可少，为了避免可能发生的各种风险，前期的科研试飞步骤清晰、内容充分。2003年7月23日，经过超密集编队和模拟对接试飞阶段后，试飞进入了关键性的对接阶段，然而试飞的结果完全出乎我们的意料，我用“几乎不可能完成”来形容这次试飞的困难。其实对于这个结果我们是有心理准备的，过往的试飞经验告诉我们，人们的设计预期与真实的技、战术需求之间总是存在着差异，而这种差异正是需要试飞来验证并加以攻克的。在歼-10大表速试飞和雷达试飞等重大试飞科目中，我们都遇到了巨大的困难，但最终都通过我们团队的共同努力攻克了难关。

我第一时间给团长汤连刚打了电话，团长的回答令我倍感力量，他说：“困难不可怕，让我们一起来攻克它！”

2003年7月25日，汤连刚、老常、侯玉燕等领导和专家驱车2000多千米来到了试飞前线，他们一下车就马不停蹄地直奔会议室，与参试人员一起观看试飞录像，研究下一步的攻关方案。会后，老常与侯玉燕总师分别找我谈心，老常给我传授当年攻克难关的经验和心得，侯玉燕从气动、飞行控制和马赫数对飞机安定性的影响，给我分析造成对接困难的原因。远在成都的飞机研制团队以最快的速度完成了加油风洞试验，很快一套完整严密的攻关方案就制定出来了，经过几次试飞验证终于找到了问题的所在，而对接试飞定在了8月23日。在试飞前夜的决心誓师大会上，我用两句话表达了决心：“人生能有几回搏，你我都是真英雄！”

试飞当天，汤连刚团长亲临塔台指挥，老常在监控大厅负责技术监控和指挥。我记得那个旭日东升的早晨，我驾驶歼-10战机和加油机稳稳地编队与太阳一同升起，很快就进入了加油高度层。当我满怀信心操控飞机完成对接时，加油伞套与歼-10飞机发生了意外碰挂，座舱内的黄色告警灯闪亮，老常发出了终止对接的紧急口令。看着渐渐远去的加油机，我的内心异常冷静，我知道试飞失败对整个团队意味着什么，我不是一个人在战斗，我必须排除故障再次进入。

“报告指挥员，故障可以排除，请求再次进入！”

“可以再次对接！”无线电传来团长沉着坚定的指令。

再次回到加油编队，我没有因为小小的挫折而动摇信心，我把对接动作完成得更加精确细致。

“注意对接的飞机状态。”老常的提示口令给了我巨大的信心。

5 米、4 米、3 米、2 米、1 米，我看见歼 -10 飞机的加油探头稳稳地、一点点地伸进了加油伞套，只听到“咔嚓”一声，加油对接成功了。在后续的 5 次对接中，都是顺利的一次成功，歼 -10 飞机的首次对接试飞终于圆满地完成了。

在试飞成功的那个晚上，我与老常在沙漠的湖边聊到深夜，仰望皎洁的月光，内心的喜悦与快乐无以言表，而我们的手也紧紧地握在了一起……

# 超越速度的极限

2002年1月5日，关中某试飞中心，一架战机起飞后并没有爬升高度，而是以500米的高度，飞向黄河上空。

塔台上两名新机首席试飞员亲自指挥，监控大厅挤满了科研人员，大厅内鸦雀无声，两名监控指挥员密切地注视着监控屏幕，一种令人窒息的紧张气氛笼罩着试飞现场。

试飞员邹建国①观察着电子地图，镇定地操纵着飞机，飞向渭河与黄河的交叉地带，准确地进入航线起点。今天他将执行一项重大风险科目，在相对高度500米突破音障。按照飞行常规，4000米以下是不允许进行超音速飞行的，而在极限试飞时超常规似乎是家常便饭。而今天突破音障的意义又不同寻常，这是该新机第一次进行低空突破音障的飞行，作为三代机是否具有超越二代机的高速飞行能力，是决定新机命运的关键性考核内容。

进入试飞航线后，邹建国打开了发动机加力，飞机迅速地开始增速，很快速度达到了0.98马赫数。

"029报告，速度0.98马赫数，增速缓慢。"

"严格保持高度，继续增速，接近航线终点立即停止加速。"监控指挥员发出了指令。

此时所有的地面监控人员都把目光集中在飞行马赫数上，就在飞机即将接近航线终点时，飞行马赫数达到了1.03，飞行表速为1170千米/小时。

"029，关闭加力，返场。""029，明白。"

---

① 邹建国，一等功臣，中国航母舰载机试飞项目着舰总指挥，中国第一位LSO(着舰指挥官)。

在欢呼人群的迎接下，邹建国走下了飞机，兴奋和喜悦写在他平时不苟言笑的脸上，新机超越速度极限的第一战役获得了圆满的成功。

对于速度和高度的渴望是人类飞行梦想的一部分，对于作战飞机而言，速度就是战斗力，而对于试飞员来说极限速度就意味着与风险和死神挑战。二代机的最大飞行速度在1200千米/小时左右，而三代机的最大飞行速度要比二代机提高200千米/小时以上，这种跨越是具有巨大风险性的。

经过1年多的试验和论证，2003年的秋冬季节，歼-10试飞在西北沙漠打响了突破最大极限表速决战。

试飞员徐勇凌在10月29日的第一个飞行架次中，在高度1000米达到了飞行表速1290千米/小时。

11月3日，试飞员徐勇凌在试飞中达到了1340千米/小时的飞行表速，这一速度突破了我国最大表速的纪录，在获得这一速度后所有的人都没有表现出兴奋，因为距离我们所期望的极限速度还差100多千米/小时。

11月4日，试飞员李中华[①]在试飞中获得了1380千米/小时的速度，人们似乎看到了突破极限的希望，因为按照这样的速度，要获得最大飞行表速，只需再有3个架次。然而，李中华驾驶飞机落地后，机务人员在飞行后的检查时发现飞机的机翼下表面蒙皮撕裂了。为了排除故障，机务人员连夜加班到12点多，第二天的试飞又可以正常进行了，并首次达到了1400千米/小时以上的表速。

就在人们以为一切都会顺利的时候，在11月15日的飞行中，最大飞行表速只有1390千米/小时，人们在飞行试飞曲线时发现，当天的气温与往常没有太大的区别，都在-10℃左右，但是高度1000米的温度却比往常高了2℃，就是这个小小的2℃，造成了今天试飞的失败。可见在创造极限的试飞中，外部条件的微小变化都会对试飞结果产生重大影响。

---

① 李中华，英雄试飞员，“八一勋章”获得者。

11月16日，经过了一场冷锋的吹袭，沙漠的气温达到了-16℃，这是获得极限数据的最佳天气。为了最后决战的胜利，减少试飞架次，试飞员李中华研究了最佳的试飞包线，在高度5000米达到飞行表速1350千米/小时，并采用允许的最大俯冲角30°进行俯冲加速，为此必须控制在高度2000米开始缓慢退出俯冲，否则飞机的最低飞行高度就会低于安全高度。而试飞中监控人员的责任重大，必须严格监视飞机的俯冲角、发动机状态、油量、飞行表速、飞机舵面的颤振情况，因为在大表速的情况下飞机一旦出现颤振就会发生机毁人亡的惨剧。

在高度5000米，李中华接通发动机加力，飞机迅速地增速，当飞行表速达到1350千米/小时时，监控指挥员发现，由于提前接通加力，飞机的剩油对于获得最大表速已经非常紧张，因为飞行员必须在余油700千克的情况下中止加速。

飞机进入了俯冲，速度迅速突破了1400千米/小时，可是随之的增速明显减慢了，而飞行的高度在迅速地降低，油量在迅速地减少，在飞行员李中华为创造速度而拼搏的时候，他还必须与时间和油量竞赛。

“速度还差20千米/小时，余油1000千克。”在这争分夺秒的情况下，可供通话的时间是非常宝贵的，指挥员不得不略去了飞行员的代号。

“速度差5千米/小时，余油800千克。”

“速度差2千米/小时，余油750千克，余油700千克，余油650千克，速度达到，关加力。”

一个新的纪录诞生了，试飞的结果充分证明了飞机已经达到了设计指标。从2002年1月5日开始，长达两年的速度决战终于获得了圆满的结果，然而这一试飞结果的获得，不仅仅是飞机性能的体现，更是试飞员坚强的意志、敬业的精神和高超的技艺的体现，正如德国科学家李林塔尔所说：“设计一架飞机并不难，制造一架飞机也没什么，而试飞一架飞机才是真正的难上加难。

# 收　官

人生谁都有第一次，从“菜鸟”时期的懵懂胆怯，到“老鸟”状态下的沉着镇定，谁都不能回避爬坡期的艰难。不过，我更想说的恰是所谓最后一个架次的不凡经历。因为那是歼 -10 试飞的收官之作。

2003 年 12 月 25 日，歼 -10 定型试飞最后一个架次的故事已经通过网络被广大军迷熟知：超音速靶机的突然故障，应激反应中的超水平发挥，还有过于圆满的结局——直接命中靶机。但是，或许你不知道这还不是故事的结尾。当我满怀喜悦走下飞机被战友拥抱举起，我看见试飞总师周老爷子[①]脸上抑制不住的笑容和一丝丝的犹豫踌躇。经过多年的合作，我对周老爷子的细小的表情都能准确地解读，我知道接下来该发生什么了。因为就在昨晚 10 点的靶试准备会上，老爷子私下和我交代了一个任务，由于总体任务设置上的一个小的疏忽，综合火控多任务考核试飞没有纳入大纲，而这一任务是战技指标考核中必须完成的内容。老爷子说：“小徐，明天的靶试是重中之重，必须拿下，但是如果你和飞机的状态都允许，能不能在最后架次再增加一个起落，而且这是一个非常复杂的综合性任务，你将在一个架次中完成 8 项武器模拟攻击任务，还要完成导航和进场任务。”

我说：“没问题，因为经过两年的航电试飞，我知道歼 -10 飞机的能力，完成这些任务是飞机已经具备的能力。但一切都要看我明天的状态。”

当战友把高高抛起的我轻轻地放下，我却没有时间去体味成功的那份快乐，我在问自己：你的状态还好吗？

疲惫、兴奋，但依然专注。

① 试飞员对周自全的尊称。

我走向周老爷子，默默地点点头，我们的手紧紧地握在了一起。

歼-10试飞真正的最后一个架次终于起飞了，我知道这个试飞架次的意义。过往的经验告诉我，锦上添花的任务，往往会因为信心爆棚而彻底演砸，成功需要的不仅是激情，还有内心强大的定力。

飞机离陆了，我看着任务单上两页密密麻麻的文字，告诉自己镇定。航炮、PL-8、PL-11、火箭、炸弹，对地、对空，自动模式、手动模式，进场导航，原定1个小时的科目，我在40分钟全部搞定了。当我再次来到机场的上空，我告诉自己：好样的，你可以松一口气了。接下来你要做的是轻松地着陆，然后尽情享受成功的喜悦！

多少年来，我从来没有告诉别人这个故事，因为在我看来，与轰轰烈烈的武器试验相比，这个故事显得过于平淡，但我知道大风大浪过后的宠辱不惊，才是成功真正的秘诀。因为对于试飞员而言，所有的任务无所谓重要与一般，你必须把每一次任务都看成一次绝对任务！

出于职业需要，我写过许多关于飞行的散文或学术文章，这还是第一次写一位我身边的试飞员。我以为一个职业、一项事业，如果没有一种精神的支撑，如果没有一种文化的力量，要创造辉煌几乎是不可能的。我坚守自己的创作原则，用还原历史的手法去记录真实的历史细节，我坚信文化和精神本身是富有力量的，如果不能写出感动人的文字，那不是历史的贫乏而是作者笔力不逮。

## 雷强[①]——为歼-10而生

所谓首飞小组，用一句话难以描述，其实它和闻名遐迩的航天员小组相似，同样是封闭式训练，同样是严格的军事化管理。在歼-10临近首飞的日子里，这个团队每天都重复着枯燥而紧张的工作——学习、讨论、研究、试验还有身体锻炼。雷强的家就在离营地不到500米的家属院，而他已经有将近3个月没有和妻子团聚了，首飞小组就是试飞员临时组建的“家庭”，他们互有分工而又团结得像一个人，平时亲密无间彼此叫着外号，雷强的外号叫“雷子”。

与航天飞行不同，军机首飞没有“发射窗口”的限制，试飞员在紧张准备中等待着飞机的“状态”。对于一架全新的从没有上过天的战斗机而言，飞机的“状态”是首飞成败的关键。航空界对于飞机“首飞状态”的把握都非常严格，这也是世界航空史上罕有首飞失败的原因。对于一架充满未知的新机，尽管现代航空科技已经具备了充分的地面试验手段，然而，要把握好首飞状态需要许多专业人员付出辛勤努力。系统联试、试车、滑行，每出现一次异常情况，都要经过

---

① 雷强，歼-10飞机、枭龙飞机首席试飞员，空军一等功臣，1998年3月23日驾驶国产第一款三代机歼-10战机首飞成功。

繁杂的故障复现、故障机理判断、排除故障、再次试验的过程。越是临近首飞“试飞员在环”的试验就越多，用通俗的话讲就是试飞员坐在真实的飞机座舱里参与试验，这对于试飞员熟悉飞机座舱是大有好处的。然而，试验是疲劳而枯燥的，为了完成一项显示系统试验，飞行员在座舱里从晚上 10 点要一直工作到第二天早上 4 点。

首飞的日子已经推迟了 3 次，最后一次推迟首飞是因为飞机蒙皮下方三滴渗漏的油，如果是一架成熟的飞机遇到这样的情况，只需继续观察没有再次渗漏也就过了，可对于首飞而言任何一个疑点都不能放过。如今“三滴油”已经成为航空人职业精神的代名词，为了这个小小的疑点技术人员奋战了 6 个昼夜，问题还是找到了。对于要求缺陷为零的航空人而言，首飞就是要做到万无一失。

中国是世界上第五个具备独立研制三代机的国家。20 世纪 70 年代，“冷战”还没有结束，随着电传飞控技术和综合航空电子技术的开发，三代机横空出世。美国的 F-16 曾经名噪一时，严加保密的苏联米格 -29 和苏 -27 计划，因为两张模糊的卫星照片而曝光，拉明 -1 和拉明 -2 是充满疑惑的西方人为它们起的名字，“冷战”时期一个新型战机的曝光无异于一起重大的政治事件。如今蒙在三代机之上的迷雾早已拨开，然而三代机试飞的惨痛事故依然令人记忆犹新，F-16、幻影 -2000、苏 -27、JAS-39 无一例外都在研制试飞阶段发生了重大事故，高科技就像一个悖论，在带给现代军机高性能的同时，也让试飞蒙上了事故的阴影。这个阴影同样笼罩在中国航空人的心头，这是一种无形的压力，作为新机的首飞试飞员雷强是承受这种压力最重的人。

首飞的日子是令人期盼的，然而，随着首飞的临近试飞团队所有人的内心却是复杂的，长时间巨大的精神压力和高负荷的工作让他们疲惫而亢奋，作为试飞员雷强只能用有规律的生活节奏调整着自己的状态。首飞那天，像往常一样试飞团队在一起碰头，再次协同已经重复了无数次的首飞程序，每个人都有各自的分工，雷强其实不是一个人在首飞，他从战友的身上凝聚着力量，在这样的时候他最需要战友的支持。碰头结束试飞员的手握在一起，共同举起一个加油的手势，然后各就各位。

首飞那天的天气并不理想，而首飞的命令已经下达。雷强“全副武装”走向飞机，机场上参与首飞的人们严阵以待，停机坪上技术人员和机务工程人员早已准备好飞机，等待着雷强的到来。雷强回忆起当时的心情时说：首飞不紧张是假的，心跳已达 150 多次，他告诫自己控制情绪。试飞总指挥走向雷强和他握手，眼里却控制不住闪动着泪花转过了头去，雷强坚毅地登上了飞机。同时，飞机设计总师也陪同他一起登上飞机，最后一次检查飞机的状态，下飞机前总师竖起两个大拇指，用坚定而充满鼓励的眼神看着雷强，雷强的心情一下子平静了下来。这就是所谓的职业习惯：试飞员只要一坐进飞机座舱状态就找到了，雷强心里想的只有试飞的程序。例行检查、报告、开车，机场上响起了人们早已熟悉的发动机轰鸣声，雷强盖上舱盖，滑出前再次检查飞机，然后向机械师竖起了左手——“一切正常”。飞机缓缓地滑进跑道停稳，检查发动机，活动驾驶杆，确认起飞状态。

“飞机正常、请求起飞。”

指挥员汤连刚下达起飞指令：“可以起飞！”

飞机迅速地滑动加速，雷强的目光扫视了一眼座舱中的仪表显示，然后注视着平显①，速度 200 千米/小时、250 千米/小时、286 千米/小时，飞机平稳地离陆了，这是首飞最充满悬念的一刻，在地面反复验证过无数次的飞机性能将在这一瞬间接受考验。

事后雷强回忆说：离陆非常平稳，达到预定高度按计划操纵飞机转弯，飞机显得比较灵敏，但是飞机的操纵性能是二代机无法比拟的。

一切都按计划进行着，伴飞摄影的飞机形影不离，飞机做着加减速、转弯、升降等一系列动作，飞机工作一切正常。准备加入航线了，雷强发现着陆油量比计划多了 200 千克，经请求同意雷强驾驶新机再次通场，控制最佳油量着陆。

“飞机的下滑太优雅了，那是一种从未有过的体验，轨迹平稳，

① 平显，平视显示器（head up display，HUD）。

操纵精确。”谈起那次著名的着陆雷强依然兴奋不已：“飞机的着陆轨迹就和模拟的完全相同，飞机的接地如此轻快，甚至连我自己都没有察觉！”

还没有等飞机停稳，机场已经沸腾了，几万航空人奋斗十几年的新机终于首飞成功了。走下飞机的雷强再也抑制不住自己的兴奋，和朝夕相伴的亲爱战友拥抱在一起，欢乐的泪水控制不住地流淌，那是压力释放后的一种宣泄，更是成功的英雄泪。

雷强的人生在歼-10首飞成功的那一刻得到了升华，雷强也因此成为航空人心目中的英雄。有人赞叹道：雷强就是为歼-10而生的！

20世纪70年代，雷强和大多数青年一样中学毕业后来到了农村，他当时并不想当兵，最大的理想就是读书上大学，可是冥冥之中命运将雷强推向了蓝天，因为那是他的父辈曾经奋斗过的蓝天。雷强的父亲雷雨田是延安时期的“红小鬼”，两个伯父在革命斗争中相继牺牲。1937年，年仅11岁的雷雨田参加了革命，年幼的他接过了哥哥的钢枪，在革命的大潮中锻炼成长。1949年11月，中华人民共和国第一所飞行学院成立，雷雨田成为飞行学院的第一批飞行学员，抗美援朝期间，父亲已经开赴朝鲜边境，而等来的是停战的消息。父亲留在了飞行学院成为一名教员，后来又走向了飞行学院的领导岗位。曾经飞过歼击机和轰炸机的父亲，为中国培养了大批的飞行员，为中国空军的成长贡献了自己的力量，直到1985年以60岁的年龄退休。儿时，父亲是雷强的榜样，在他幼小的心中也曾有过继承父业的理想，然而初中毕业后第一次参加招飞体检，雷强却因身体瘦小被淘汰了。学习成绩优异的他立志学业，希望自己将来能够成为一名科学家。1976年，雷强再次参加招飞，他把这次体检看作例行公事，他怎么也没想到体检一路绿灯，雷强被命运牵引着飞向父亲曾经翱翔的蓝天。

雷强坦言，在飞行学院自己并不是最优秀的学员，每次放单飞也并不是第一个，然而，他的教员张虹却看好雷强，他说：雷强，你是块飞行的料子，因为你有一种天生不怕死的血性。1979年飞行学院毕业，雷强来到部队，飞过歼-6、强-5，甚至被表演队选上，雷强选择了放弃，因为他的理想是做一名战斗员。来到部队，雷强显示了自己飞行的才华，短短两年就完成了部队所有的高难战术科目。1981年，雷强来到了中越边境自卫还击作战的前线，成为当时最年轻的空军参战飞行员。

1983 年 11 月，是值得在中国试飞历史上大书特书的，那是中国空军第一次系统选拔试飞员。历史总会在适当的时候出现奇迹，就像中国的现代科技不能不提国立西南联合大学一样，提到 20 世纪后 20 年中国试飞史，就不能不提 1983 年选拔的这批试飞员。其中包括飞豹试飞功臣——卢军、谭守才、杨晓彬；歼 -7E 首席试飞员钱学林，第一代变稳飞机和空中加油试飞员汤连刚；第一代三角翼尾旋试飞员李存宝。这些试飞员和雷强一起，几乎都成为中国第一架三代机的试飞功臣。

试飞选择了雷强也许有偶然的成分，而雷强的成功却是他执着追求的必然结果。初到试飞部队雷强还是一个对试飞几乎一无所知的“菜鸟”，看到试飞前辈潇洒的英姿，看着眼花缭乱的试飞数据，看着一架架自己从来没有听说过的飞机，曾经对飞行充满自信的雷强忽然体会到了一种茫然。渐渐地，雷强从飞行前辈身上仿佛看到了一种无形的东西，你可以叫它精神，也可以叫它职业习惯。总之，从王昂、黄炳新等试飞英雄身上，雷强看到了一种常人没有的状态，那就是对事业的执着追求，以及对工作兢兢业业的态度。试飞的过程也是学习的过程，从第一次飞新机时的忐忑不安，到承担高难科目时的沉着镇定，从每次试飞后的数据分析，到独自撰写试飞论文，随着试飞的机种不断增加，雷强的试飞技术也日臻完善。尽管他还没有独立承担过一项新机首飞任务，可是，当歼 -10 飞机开始选拔试飞员的时候，雷强已经成为年轻试飞员中飞过机种最多、所飞高难科目最多、发射武器最多的一个。1991 年，歼 -10 试飞员小组成立，雷强荣幸地成为首席试飞员小组的一员。

那时，国内还没有一名试飞员飞过电传飞机，无论是对于科研人员还是对于试飞员，歼 -10 飞机完全是陌生的。作为一个复杂的系统过程，歼 -10 飞机的研制工作庞杂而漫长，飞机设计、系统试验、计划管理、人员培训所有的工作千头万绪。试飞员全面参与设计在我国军机发展史上是第一次，大量的系统研发、方案论证和地面试验工作都需要试飞员参与。为了设计出高水平的飞机，试飞员必须具备开阔的眼光、良好的专业素养及开放性思维的能力。从某种意义上讲，试飞员的水平决定了飞机的技术水平，而高素质的试飞员是训练出来的。

1993年6月，与航空发达国家的试飞技术合作恰逢其时。雷强和卢军一起成为我国国际试飞技术交流的第一批试飞员。在俄罗斯4个月的试飞培训改变了雷强的人生，和俄罗斯最顶尖的试飞员一起飞行，让雷强领略了什么是试飞的高境界。雷强说他最佩服的并不是科沃切尔，而是萨莎和热尼亚，他们的敬业精神，他们尾旋试飞中精确无误的判断和动作都是那么完美。在后来的试飞中，雷强和他的教官再次合作，成为并肩作战的战友。而我也有幸和雷强一起参与苏-27的试飞技术培训，在俄罗斯和雷强一起工作的4个月让我真正了解了雷强，当年轻而充满激情的我，把试飞事业当成一种挑战付出热情的时候，我看见的是雷强对试飞的那份专注。他清晰翔实的笔记成为我课后摹写的对象，他潇洒的作风成为我的一种追求，而他的果敢英勇也在慢慢地感染着我们这些试飞的后辈。这种影响是潜移默化的，那时，俄罗斯人为了保密，不允许我们把飞机资料带回家，为了摹画座舱图我利用上课时间画出草图，回到宿舍用瓶盖和梳子画出精确的座舱图，这份图纸得到了雷强的欣赏，他将图纸复印收藏，他的肯定给了我很大的动力，而他身上的专注和热诚也渐渐成为我的职业习惯。

随着改革开放的深入，中国的航空技术交流不局限于与俄罗斯，与西方国家的技术交流也逐渐展开。1997年，雷强有幸来到英国接受为期一个月的变稳飞机短期试飞培训，这也是歼-10首飞前中国试飞员第一次真正接触数字电传飞控系统的飞机。变稳飞机又被称作空中模拟机，用一架小型运输机来模拟现代战机这对外行人来说匪夷所思，其实对于电传操纵的变稳飞机而言，飞机的控制率和响应都是可以通过飞控系统进行调整的，只要输入相应的参数各种飞机的飞行品质特性都可以逼真地模拟出来，变稳飞机的功能不仅局限于此，它更重要的功能是进行飞控系统试验研究，可以完成一般飞机上难以实现的振荡、PIO[①]、失稳等各种飞行试验。在这次训练中雷强体验了侧风着陆、飞机飘摆和PIO等超常规的飞行动作，雷强说变稳飞机的试飞训练使他真正认识了什么是飞行控制系统，了解了控制率对于飞机飞行品质的影响，也让他掌握了试飞中如何处置各种危险动态的试飞技术。

在航空迷的心中试飞员就是具有高超试飞技术的飞行员，完成首飞和各种高难度、高风险的试飞科目就是试飞的全部。其实，从某种意义上讲试飞员也是工程师，在飞机的研发过程中，试飞员要和工程技术人员一样，参与设计、试验、评估，和他们一起分析试验数据曲线，他们不仅是行为者也是思想者，不仅是操作者也是发现者。他们要具备丰富的知识也要有敏锐的专业眼光，善于在各种试验中发现系统的瑕疵，找出缺陷和故障的原因，并提出改进意见。对于一架复杂的现代战机，它已经不是一个简单的飞行平台，更是一部复杂的机器，除了飞机机体外还有动力装置、飞行控制系统、起降装置、飞行防护与救生系统、人机环境与显示系统、航空电子系统、武器控制系统及其他辅助电气系统。对于一架全新设计的飞机而言，难的不是各个系统设计制造的复杂性，而是整合各个系统实现高效能的综合性和协调性。一架小小的飞机就是一个复杂的系统，而评判系统优劣的标准是飞行员的综合使用效能，因此，飞行员就成为评判飞机设计指标最重要的裁判。对于试飞员而言这份工作并不轻松，如果没有丰富的知识和试飞经验，仅从自己的习惯去评价飞机，往往会得出错误的结论。试飞员参与设计，这项工作细致而复杂，如此多的系统都需要多名飞行员参与设计和试验，在歼-10飞机设计试验期间，我和雷强几乎每个月都会见上一面，有时是一起讨论一个设计方案，有时是一起进行飞控系统和航电系统的试验。给我印象最深的是在侧风着陆地面试验中，即使是在飞行控制系统控制率有缺陷的情况下，其他试飞员一次次地侧翻，将“飞机”扣在跑道上，而雷强总能“顽强”地控制飞机在跑道上着陆。其实真正让我佩服雷强的不仅仅是这个，每次试验后，雷强总能对各种控制率给出准确的评价，找出设计缺陷，提出

① PIO，pilot induced oscillation，飞行员诱发振荡。

改进意见。在侧风着陆操纵上国外试飞员和中国飞行员存在习惯上的差别，因此，现有的控制率版本我们难以接受，而按照我们的想象提出的控制率又不能很好地适应大侧风着陆。雷强提出了组合操纵的侧风着陆技术，并在此基础上对软件进行优化，这样的控制率很好地解决了飞机的侧风着陆难题，在后来的试验中，不同技术水平的飞行员经过很短的适应期，就能够完成大侧风着陆。

首席试飞员的权威不是别人授予的，在一次次的试验中，在一次次的系统设计论证中，雷强富有专业性的职业素质得到了业内的认可，他的权威逐渐在试飞员中树立了，而在行业内雷强的声音也具有了话语权。当技术上出现争论时，“雷强说的”成为许多工程人员的一种理论依据。这种看似奇特的现象，在工程技术行业其实是一种正常现象，因为一个真正具备水平的专家，他的判断与分析往往具有相对的正确性，这种水平是这些专家长期“修炼”的结果，因为他们比常人付出了更多的专注、更多的努力、更多的思索，也更有经验。

提到雷强就不能不提到尾旋试飞。20世纪90年代以前，由于当时技术条件的限制，国内的新机尾旋试飞始终是一个禁区。谁来突破这个充满风险的禁区，雷强一马当先。1994年从国外完成两个机型系统尾旋试飞技术培训回国，雷强就立志要突破尾旋禁区。在国外培训期间外国教官问道：为什么要飞尾旋，你们难道不怕死吗，可以让我们给你们试飞尾旋。雷强回道：我们是来向你们学习的，你们敢飞的我们中国人也一定敢飞。1995年K-8飞机即将定型，最后遗留的就是尾旋试飞科目。K-8飞机是我国自行研制的第一款小型高级教练机，平直翼飞机的尾旋动态复杂，难以把握，尾旋的风险极高，但这正是雷强渴望的挑战。为了尽可能地摸清飞机的尾旋特性，雷强在试飞中反复地试验进入各种尾旋，60多架次的尾旋试飞中，雷强以远远超过大纲的次数，共进入480多次尾旋，不仅攻克了国产飞机的尾旋试飞难关，还为国家培养了多名尾旋试飞员。

如果试飞团队只有一个雷强，歼-10的试飞奇迹是不可能创造出来的。雷强的精神是具有辐射作用的，或者说雷强就是试飞员团队精神的一个代表。说到雷强不能不提到一个人——那就是卢军，因为他是雷强最惺惺相惜的战友，在歼 -7 试飞中他们彼此结下了友谊，他们都是富有激情和才华的试飞员。当年尾旋培训他们两人成为中国试飞技术国际合作的领跑者，后来又同时被选为歼 -10 首飞的首席试飞员，卢军也许是雷强首飞的唯一竞争者，但这丝毫没有影响到他们彼此的友谊，雷强曾经说过如果卢军来首飞他毫无怨言。1994 年 4 月的俄罗斯，一个噩耗从国内传来，英勇的卢军在一次试飞中献出了年轻的生命，雷强泪如泉涌，他亲口对我说，卢军是他最欣赏的中国试飞员。而卢军给我印象最深的不仅仅是因为他是我的教员，他的一句话："响鼓不用重槌敲"也成为激励我试飞人生的箴言。

和雷强、卢军这样的试飞员一起试飞对我而言是幸运的，在歼 -10 试飞中，雷强主要负责首飞和性能品质的试飞，而我们年轻一代试飞员主要从事航空电子系统试飞，当年试飞大师级的前辈，如今成为我们并肩战斗的好兄弟。那次，我和雷强单独坐车来到沙漠的小湖边，我喜欢和他一起聊天，碧蓝的天空，金黄的沙漠，还有一汪碧绿的湖水，此时的雷强像一个孩子在水边奔跑，并和我一样和衣趟过齐腰的湖水，来到湖中的小岛，湖中星星点点的是各种大小的水鸟，野鸭会突然间乍起一群飞翔而过，而骄傲的仙鹤总是孤独地起飞，潇洒地翱翔，然后翩然落下。雷强看得着迷忘记了日落，我说：雷哥，我们回去吧，他才突然回过神来，嘿嘿一笑。

歼 -10 即将完成定型试飞的时候，雷强也快到了停飞的年龄，作为战友我们总是劝他不要飞高强度的科目，可是每次有重大任务他总是当仁不让。2003 年 9 月，歼 -10 试飞进入了攻坚战，空中加油、武器试验、大强度试验同时进行，由于人员紧张，大家都在为分配任务而伤脑筋，因为谁也不想让雷强再飞大强度科目。过载 8.6g 的持续过载盘旋，是国内从来没有突破过的盘旋极限，即使是年轻试飞员也是难以胜任的，作为队长雷强做出了决定，他说你们都有各自的任务，大强度科目就由我来飞。上飞机前他说一定要一次成功拿到数据，因为大强度试飞对飞机也是伤害，一次不成功反复飞风险更大。我在塔台看着雷强亲自驾机起飞，无线电里传来雷强一次次充满自信的报告：

“法向过载 9g！”

“稳定盘旋 6.5g！”

“油量 1200 千克，准备最大过载盘旋。”

“盘旋过载 8.6g，计时开始。”

1秒、2秒……整整12秒，雷强再次创造了一个伟大的试飞纪录。

走下飞机的雷强一身汗水，我关切地问道：“雷哥，怎么样？”

雷强悄悄告诉我：“有点黑了。”所谓黑了，就是黑视，是大过载的正常生理反应。

试飞数据很快出来了，过载持续保持，数据准确无误，试飞获得了成功！

2006 年初，歼 -10 飞机解密，雷强也从幕后的英雄变为媒体的焦点，军事节目、《东方之子》先后采访雷强，看着屏幕上的雷强依然是如此的激情而睿智。然而作为普通的爱好者，他们只能了解歼 -10 飞机的雄姿和英雄表面的光彩，试飞员付出的艰辛努力和试飞中遇到的各种磨难，只有从事这项工作的人才能真正体会和了解。歼 -10 试飞创造了无数个第一，而雷强作为歼 -10 的首飞试飞员和首席试飞员，也是创造第一最多的人，这些成绩的获得不仅因为雷强是首席，更重要的是因为他充满激情的追求，他也因此赢得了应有的荣誉。

2004 年 7 月，雷强继 1998 年因歼 -10 首飞获得一等功，时隔 6 年之后再次得到试飞员的最高奖赏。在表彰大会上，雷强代表所有试飞员发言，他感谢总设计师宋文骢，感谢各级领导，感谢工程技术人员，表达了试飞员的心声。最后他说：“在今天这个激动人心的日子里，在这个簇拥着鲜花与掌声的舞台，作为中国空军飞行员，作为奋战在歼 -10 战线的试飞员，我们将光荣地接受组织的表彰，接受成功带给我们的荣耀与辉煌。此刻，我们的心情无比激动与自豪，我们为战鹰架起了飞天的桥梁，歼 -10 飞机通过我们的双手扶摇直上、一飞冲天，它是中国航空工业的骄傲，它是中国空军的骄傲，它是中国人的骄傲。在这个激动人心的时刻，我的眼前又浮现出歼 -10 飞机首飞时的情景。1998 年 3 月 23 日，是一个令人期盼而又充满挑战的日子，当我驾驶歼-10飞机腾空而起，我体验了生命飞扬，体验了人生的辉煌。”

和所有投身航空事业的人们一样，试飞员把蓝天看作自己的舞台，把飞机看作自己的生命，把试飞当作自己的人生。雷强把歼-10首飞的日子当成自己的生日，而那一天也恰恰是我女儿的生日，每年的这一天，我都会给雷强发去同样的祝福：祝你生日快乐！

**感谢为我的人生插上翅膀的飞行事业！**
**感谢生命中那些激情燃烧的岁月！**

## 激情燃烧的岁月①

在今天这个激动人心的日子里，在这个簇拥着鲜花与掌声的舞台，作为中国空军飞行员，作为奋战在歼 -10 战线的试飞员，我们将光荣地接受组织的表彰，接受成功带给我们的荣耀与辉煌。此刻，我们的心情无比激动与自豪，我们为战鹰架起了飞天的桥梁，歼 -10 飞机通过我们的双手扶摇直上、一飞冲天，它是中国航空工业的骄傲，它是中国空军的骄傲，它是中国人的骄傲。

在这个荣誉的讲台，我代表十号工程②的试飞员，代表中国空军飞行员，向为十号工程做出突出贡献的宋文骢总设计师表示衷心的感谢！向参加歼 -10 飞机研制、生产、试飞的科研人员、工人、机务人员表示衷心的感谢！向所有关心、支持并为十号工程做出贡献的各级领导和同志表示衷心的感谢！

歼 -10 飞机的研制成功是我国国防现代化建设的一个里程碑。它凝结了几代航空人不懈努力的心血，它寄托着试飞员激情超越的追求。20 年光阴荏苒，歼 -10 飞机从航空人心中的梦想，通过他们的双手变成了一张张精美的图纸，最终成为一架威猛的战鹰。歼 -10 飞机的技术状态已经达到了国外三代机的水平，优良的气动外形，数字电传的飞控系统，高度综合化的航空电子系统，强大的武器配置，使歼 -10 飞机成为可以与世界先进战机相抗衡的空军“撒手锏”武器。作为一名飞过国内外 30 多个机种的试飞员，我可以自豪地说，我们的歼 -10 战机将以其卓越的性能，为打赢未来高科技战争大显身手。

---

① 2004年4月15日，歼-10飞机定型大会在成都召开，我代表歼-10飞机试飞员讲话，这是我的发言稿。

② 十号工程指歼-10飞机研制项目。

回顾歼 -10 飞机研制试飞的历程充满着艰辛与汗水，回顾我们勇敢登攀的征程写满了崎岖与辉煌。歼 -10 飞机是一架全新的飞机，新技术的使用率达到了 80%，歼 -10 飞机试飞的技术难度和风险是前所未有的。在 2000 多个试飞架次中，我们共遇到 1000 多起故障，平均每两个架次就遇到一次故障，发动机停车、操纵系统卡死、液压油漏光、低高度急剧震荡，在一次次的险情中，我们与死神擦肩而过。凭着对飞行事业的忠诚，凭着高超过硬的试飞技术，我们战胜了风险确保了试飞的安全。为了飞出飞机的性能，我们殚精竭虑，顽强拼搏，经受了一次次失败的考验。我们完成了极限过载、发动机空中起动、大迎角机动、空中弹射、低空大表速、空中加油、空地武器实弹靶试等高难风险科目，我们获得了国内过载最大、速度最快、升限最高的试飞数据。

“百尺竿头更进一步”，目前，空军“撒手锏”武器装备建设已经进入了关键阶段，作为试飞员，我们今后的任务更艰巨、更复杂。回首过去，我们无怨无悔，展望未来，我们豪情满怀，我们肩负着历史的重任，肩负着党和人民的重托。我们决心在“三个代表”重要思想指引下，以英勇无畏、拼搏奉献的昂扬斗志，以科学求实、严谨细致的工作作风，高标准、高质量地完成歼 -10 飞机的试飞任务，为歼 -10 飞机早日装备部队形成战斗力，做出我们应有的贡献。

在这个激动人心的时刻，我的眼前又浮现出歼 -10 飞机完成定型试飞时的情景。2003 年 12 月 25 日，是一个令人期盼而又充满挑战的日子，当我驾驶歼 -10 飞机腾空而起，一举击落靶机时，我体验了生命飞扬，体验了人生的辉煌。作为一名空军飞行员，歼 -10 飞机的试飞员，此刻，我只能用一句话表达我的心情：

感谢为我的人生插上翅膀的飞行事业！

感谢生命中那些激情燃烧的岁月！

# 五、飞行的奥秘

# 艰难的起飞

在飞歼 -10 飞机之前，我对 300 ～ 400 米的起飞距离是没有任何概念的。在我印象中，歼击机的起飞滑跑距离有 1000 米左右，记得初学歼 -6 时，看着歼 -6 飞机性能数据表，700 多米的起飞滑跑距离数据被我们这些初学者当成了笑料。那时我们还不知道试飞数据是在标准条件下，用最佳的起飞方法获得的。

说道歼击机的起飞滑跑距离，就不能不提早期的螺旋桨飞机，那时的飞机大多是多翼面的平直翼飞机，升力系数高离陆速度小，因此滑跑距离只有 100 多米，甚至只有几十米。早期的航母舰载机没有任何起飞装置，把陆上起飞的飞机直接搬到船上就成了舰载机。其实这个道理很简单，飞机的滑跑距离与离陆速度和飞机的加速性能有关。多翼面的平直翼飞机，离陆速度只有几十千米每小时，因此，螺旋桨发动机的推重比尽管不高，但飞机的滑跑距离却很短。

当喷气飞机出现以后，起飞就成为一件很重要的事情。早期的土跑道不再能够满足喷气飞机的需要，几百米的机场跑道也延长到了 2000 米以上。喷气发动机的出现彻底改变了飞机本身，人类实现了高空高速飞行的理想，音障很快被人们突破，2 倍、3 倍的音速也不再是神话，但飞机的起飞滑跑距离却大大延长。这一变化其实不是因为发动机本身，而是人类对于速度的追求。为了追求高空高速的性能，一种叫作超音速布局的气动外形被发明出来了，这种气动布局的最大持征是后掠翼和较小的机翼面积，当然细心的人还会发现超音速飞机的机翼剖面发生了一些变化，早期的弯曲翼面变成了薄翼面。这一切所有的变化都是为了适应高空高速的飞机性能，说得直白一点就是尽可能地减小飞机的阻力。世界上万物都是相对的，超音速气动外形在减小阻力的同时，也减小了飞机的升力系数，而随着全金属飞机的出现，飞机的重量却大大增加，根据升力公式我们可以知道，为了获取足以使飞机离陆的升力，起飞离陆速度就大大增加了。早期的喷气飞机离陆速度增加到 200 千米/小时以上，而第二代喷气飞机为了追求高空高速性能，不得不牺牲飞机的起飞着陆性能，飞机的离陆速度增加到了 300 千米/小时的水平。

对于我们这一代中国歼击机飞行员，除了初学飞行时的初教 -6 飞机，我们所接触的几乎都是喷气飞机，我们对长距离的起飞滑跑已经习以为常了，每当夏季当我们驾驶战机起飞时，经常会看见当我们的飞机离陆时跑道的尽头就在机翼下了。因此，当我们第一次接触到美国人提出的三代机的短距起飞理念时，还真有点懵的感觉。

其实，从我前面提到的关于起飞滑跑距离的两个因素，你就很容易理解短距起飞的技术细节了，无外乎就是减小离陆速度和增加起飞加速性能。第一个条件的获得可以通过减小翼载荷来实现，而第二个条件则需要配备高推重比的发动机。如何实现超音速性能与起飞滑跑距离的彼此兼顾呢，这就不能不提所谓的“空中优势”气动布局，其典型的特征就是小翼载、翼身融合和面积率设计，这些气动布局设计都是为了减小飞机的超音速阻力，在满足飞机的超音速性能的同时尽可能增加飞机的升力系数。当然，为了缩短飞机的起飞滑跑距离，飞机的推重比应当大大增加，二代机的推重比只有 0.8 左右，而三代机的推重比一般都达到 1 以上。可以看到，为了实现三代机的技术腾飞，人类付出了艰辛的努力。

有飞行经验的人都懂得起飞危险、着陆不易的道理。看似简单的起飞着陆其实是飞行中技术最为复杂的阶段。其一，起飞是在一条相对比较狭窄的地面通道内完成的，其前后左右都是受到边界限制的，人们一般意义上理解的飞行包线，到了起飞着陆阶段，应该还要加上长、宽、高的边界，起飞中的任何一点操纵错误，都有可能造成飞机偏出和冲出跑道。其二，起飞阶段飞机的离陆速度较小，飞机的迎角较大，飞机一般处于气动边界状态，此时飞行速度比较接近抖动和失速速度，迎角也接近抖动边界，飞行员操纵的微小差错都有可能使飞机堕入边界外，从而发生飞机状态的偏离，导致严重的后果。其三，起飞阶段受各种因素限制较多，如大气温度、气象风和能见度等，大气温度对起飞距离的影响非常明显，夏季的起飞滑跑距离要比冬季长几百米，而气象风对起飞影响也较大，侧风10米以上起飞就比较困难了，侧风超过15米一般是禁止起飞的，而顺风起飞也是比较危险的，有些飞机规定起飞时顺风的速度不超过3米/秒。能见度对起飞的影响大家都可能遇见过，规定的航班起飞时间的推迟，大都是因为能见度差造成的。

说到起飞就不能不提新机的首飞，2011年1月，中国的隐身飞机歼-20的首飞引起了广泛的关注，可见新机首飞的重要性。从专业的技术角度看，新机的首飞是极其复杂的，起飞成功了首飞就成功了一半。一架从未飞上过蓝天的飞机，无论它在地面做过多么充分的试验，起飞后的状况如何只有首飞后才能知道。首飞的风险在于，尽管经过大量的风洞试验和地面模拟试验，对飞机的起飞性能有了精确的判断，但飞机离陆后的动态依然有无穷的变数，飞机的操纵品质、飞机的气动耦合、飞机各系统的性能和功能，都需要首飞来验证。相对于首飞起飞的艰难，飞机的着陆其实反而相对简单，因为从飞机的起飞性能基本就能够判断出飞机的着陆性能，而飞机的着陆操纵品质也可以通过空中的模拟来考核。

在我的飞行生涯中，有一次起飞是令我终生难忘的。1999年5月20日，在某驾驶歼-8某型飞机起飞时，就在飞机即将离陆瞬间，两枚火警信号灯燃亮了。火警作为飞机的顶级故障是飞行员最不愿意见到的，火警告警系统作为一种预警系统，是通过传感器感受飞机及发动机的某些参数来进行告警的。其实火警系统在飞行中经常会发生误告警的情况，这在我的飞行生涯中遇到过多次。因此，在这次起飞中当我发现了双发火警，我的第一反应就是：但愿这一切不是真的，因为我知道在起飞中遇到飞机起火，几乎没有任何挽救飞机的余地。随着飞机离陆高度不断地增加，我密切注视着所有发动机仪表，希望所有参数都能正常，同时做好了最坏的打算。这种短暂的平静只维持了不到20秒，忽然我发现座舱内的发动机仪表开始抖动，很快其他仪表也出现异常，接着座舱内的所有红色、黄色告警灯都燃亮了，所有仪表的指针都仿佛疯狂一般飞速旋转起来，我知道最不愿意看到的一幕发生了。此时，作为一名飞行员，职业习惯使我不能过多地去考虑后果，我唯一能做的就是尽力保全飞机的安全，我调整着起飞方向，试图迅速回转做一个反方向着陆。然而，就在我不顾一切地控制飞机试图转弯回转的时候，飞机突然间机头向下冲向了地面，本能令我迅速拉杆试图改变飞机的状态，然而，此时飞机仿佛脱缰的野马已经完全失去了控制，当看见大地扑面而来，我甚至没有丝毫犹豫，就拉动了弹射把手。我幸运地保住了自己的生命，但飞机的损失已经无可避免。其实，我遇到的只是无数起起飞事故中的一次，据统计，起飞着陆期间发生的事故，占所有事故的40%以上，而民用航空的起飞着陆事故更是占了所有事故的70%左右。

当然起飞的高风险只是其技术含量的一个方面。为了获得更好的起飞着陆性能，飞机的研制者可谓绞尽脑汁。在民用航空领域，为了提高飞机的商业载客能力，一直致力于起飞性能的优化。在军用运输机领域，为了提高飞机的战场适应性，尽可能地缩短飞机的起飞滑跑距离，成为技术研发的一个方向，像C-5A银河这样的大型运输机尽管具有巨大的载重能力，但能够适合它起降的机场全球也不超过1000个，为此，美国人研制了更具战场适应性的C-17运输机，欧洲的A-400M在研制之初就对其战场适应性提出了很高的要求。军用战斗机领域对起飞着陆性能的要求就更高了，三代机、四代机无不对飞机提出了短距起降的要求，舰载机的起飞性能要求则更高。

人类航空已经经过了100多年的历史，人们从早期艰难的起飞，到如今对起飞性能的执着追求，起飞从来就不是一件容易的事情。随着航空科技的不断发展，人类在起飞的技术领域还会有不断地创新，谁又知道伟大的航空科学家会为我们带来怎样新奇的起飞呢？让我们拭目以待吧。

# 飞机的心脏

加力起飞，保持发动机状态迅速爬升，高度 10000 米飞机很快加速超音，并再次迅速爬升到 15000 米，时间 6 分 20 秒。这也许是飞机的最佳性能了吧？因为整个爬升过程中数据保持准确。通过数据分析我们发现，发动机的转速、温度并没有达到最佳，飞机的最佳性能还有潜力可挖吗？尽可能地发挥发动机的性能，尽可能少地改变飞机状态，会不会获得更好的性能？还是用试飞说话，起飞后缓慢地增速，超过有利爬升速度后轻轻地拉杆，飞机的爬升角越来越大，当速度达到最佳爬升速度时保持状态，高度 15000 米，时间 5 分 05 秒，如此大的性能差异令我们吃惊。

不要以为只有三代机的火控系统复杂，发动机的奥秘远比我们想象的要多：你知道发动机的加速性和稳定裕度吗？你知道发动机的推力和高度、速度及大气温度的关系吗？你知道怎样才能安全有效地使用发动机吗？你知道什么样的条件下发动机起动更容易成功吗？同样高度上只有合适的速度才能充分利用飞机的机动性和发动机的推力，从而达到最佳的机动性能；快速爬升中只有在不同高度上选择合适的速度和爬升方法，才能在最短的时间内达到预定高度，巡航飞行中只有选择合适的巡航高度和速度才能获得最远的航程，这些性能的获得都和发动机的使用分不开。

我收藏了几张发动机压气机破损的照片，可以说是触目惊心，坚硬的叶片碎如粉末。我见过发动机着火的飞机残骸，撒了一地大不盈尺的碎片被烧得漆黑。作为飞机的心脏——发动机为飞机提供了巨大的动力，而一旦故障发生其破坏力也是惊人的，因此在飞行界有一个专业术语“顶级故障”，特指的就是发动机故障。

发动机试飞因此充满着风险，是试飞的一类风险科目，这种风险有时是突如其来的，18000 千米高空的发动机叶片断裂，瞬间就将翱翔着的庞大机体变成一个沉重的秤砣，飞速下坠机毁人亡。空中起动试飞中，发动机起动失败着火，飞机冒着浓烟着陆的，人们在飞机停稳后看见的是后机身被烧透的大洞。

作为试飞员我对发动机的试飞风险已经司空见惯，发动机停车后我会轻松地报告故障情况，然后井然有序地调整状态，起动发动机。而我的飞行生涯也有惊心动魄的回忆，1999 年 5 月，巨大的轰鸣声中我驾驶满载的飞机加力起飞，这是一次简单的巡航飞行，目的是考核飞机燃油消耗情况，没想到飞机一离陆就发生了双发着火，短短 42 秒我经历了火警、全机仪表故障、断电、飞机失控的一次次打击，最终回天无力，在飞机大角度对地俯冲无法拉起的情况下，高度 300 米左右时我只好弃机跳伞。

统计世界军机飞行事故，在机械原因引起的事故中，发动机故障大约占 30%，其原因在于：发动机是飞机动力的最主要来源，不仅为飞机提供推力，还是飞机液压、电源的主要能源，发动机故障会引起一系列连锁反应，而且由于发动机的复杂性，故障往往不是单一的，一个小小的故障会很快升级、扩展，最终导致发动机完全失效。因此，一旦遇到发动机故障，飞行员所要做的最重要的有两点：一是尽可能地维持发动机状态，制止故障的升级和扩展；二是当机立断迅速处置。维持发动机状态是指发动机故障后要迅速收小油门，使发动机工作在能够维持有利速度平飞的最小状态下；在处置发动机故障时，迅速果断尤为重要，有时成功处置的机会稍纵即逝，尤其是在难以挽救飞机的危急时刻，飞行员果断地选择离机是需要勇气和智慧的。

强劲的动力是飞机优良性能的重要保证，而真正了解发动机并合理使用发动机，才是发挥飞机性能、保证飞行安全的关键。

## 安全之门

着陆速度280千米/小时，飞机尾部擦伤，这一现象令人费解。通过视频回放我发现飞机着陆时迎角达到13°，比擦尾角小1°，但在着陆滑跑阶段飞机有一个小的上仰，这是造成擦尾的主要原因。分析此次着陆，飞机带三枚副油箱，机内余油1500千克，飞机着陆重量比正常重量多出1.2吨，这才是造成着陆擦尾的真正原因。

在我的飞行生涯中我始终用这种严谨的科学态度来对待每一个技术疑点。飞行安全工作其实是一项技术工作，必须采用工程分析的方法。工程分析的方法，就是采用数据处理和过程分析的方法，对故障、异常情况和飞行事故进行技术分析；采用统计的方法对各类故障进行概率分析；用风险分析的方法对可能发生的问题进行预测；用安全防范措施对可能的危险加以预防。

2001年4月16日，试飞员邹建国驾驶歼-10飞机着陆，人们发现飞机似乎有些异样，仔细一看才知道飞机前起落架右侧舱门有5厘米左右的变形。这种现象以往非常少见，是什么问题导致起落架舱门变形呢？是机械结构间互相干扰？还是收放机构工作异常？抑或是由气动力破坏造成？首先被推翻的是第三个可能性，因为凭经验和想象，气动力不可能有如此的破坏力。工程中当遇到无法解释的现象时，人们通常称其为“偶发故障”，为了试飞的继续，只能暂且将故障搁置。修复后的飞机再次投入试飞，5月30日我驾驶歼-10飞机着陆后，同样的故障再次发生了。“偶发故障”的观点显然已经无法解释该现象，起落架舱门变形的问题成为试飞的拦路虎。由于亲身经历了危险的故障，激起了我对故障深入探究的热情。我反复检查和对比了故障飞机和其他飞机的起落架舱门不同之处，联想发生故障的试飞科目，一个大胆的假设在我脑海中产生，造成飞机故障的真正原因，很可能就是最先被我们排除的可能——气动力破坏。我向飞机设计团队大胆提出了气动破坏造成舱门变形的假设，并提出加装起落架舱门位移传监控器的建议。试飞的实时监控证明了我的假设，随着速度的增加舱门的变形逐渐增加，当速度为 800 千米/小时时，变形量达到 3.8 厘米。试飞表明起落架舱门强度设计存在严重缺陷，必须更改设计。可是此时有一种观点认为强度设计没有问题，故障是该架飞机的个性问题，因为截至 2001 年 7 月底，所有 4 起起落架舱门变形的故障都发生在同一架飞机上。更改设计必然带来技术风险，试飞周期也会拖延。人们抱有一丝侥幸心理，希望故障不要再发生。一年之中试飞一切顺利，我们对飞机强度设计缺陷的质疑渐渐被人们遗忘了。2002 年 8 月 31 日，试飞员何斌斌驾驶另一架歼 -10 飞机进行大表速试飞着陆后，更加意外的事情发生了，飞机前起落架舱门整体撕裂脱落，故障的严重性令人震惊。工程上任何侥幸的心理都是不可取的，设计中埋下的微小缺陷，必将在飞行中暴露出来。飞机设计团队重新进行起落架舱门设计，“1 + 2”的设计方案很好地解决了强度问题，一大技术难题至此彻底被攻克了。

除了技术问题，人为因素也是造成飞行故障和事故的重要原因，飞行安全问题归根到底是人的问题。

2004 年 8 月 6 日，歼轰 -7 飞机假起飞，按规定滑行速度为 100 千米/小时，我坐在塔台上，目送着飞机加速滑行，情况似乎有些异常，当速度为 100 千米/小时时，飞机并没有减速的趋势，假起飞大有真起飞之势。

“收油门减速”指挥员发出了指令。

“后舱报告，前舱飞行员好像晕厥了。”

真是匪夷所思，飞行员怎么会地面晕厥呢？飞机停稳后，我看见机务人员把前舱飞行员从座舱里抱了出来，飞行员依然处于晕厥状态，“肯定是氧气故障了，快检查氧气。”我几乎喊了起来。检查结果很快出来了，氧气瓶中氧含量为 0。

1998 年 5 月的一天，正当我全神贯注驾驶歼 -8 飞机起飞时，座舱里的一个红色信号灯闪烁了一下。出于职业的警觉，我立即收油门中断起飞，在滑回停机坪的过程中，我仔细检查警告灯和各类仪表显示，发现滑油压力指示迅速回指到零又迅速恢复了正常。飞行后我向工程技术人员详细描述了故障经过。飞行后的机务检查没有发现任何问题，以后 20 多次的开车检查也没有发现任何异常。但由于滑油系统故障对飞行安全危害极大，机务人员将机上全套滑油系统拆卸、返厂，厂家经过几个月的分析检查没有发现任何可疑之处。故障的原因成为一个未解之谜，有些人甚至怀疑我报告的情况是否属实。半年后，一位飞机维护工程技术专家来到了厂家，再次仔细检查故障系统，在检查滑油箱的时候一个小小的异常引起了他的注意。

“把滑油箱锯开”他说。

“为什么？”

“箱子里有东西。”

“你不会是开玩笑吧？箱子里怎么会有东西？”

锯开箱子人们才大吃一惊，箱子里居然有一团报纸，是 1992 年的《工人日报》。

这两起匪夷所思的问题都是因为生产和维护过程中人的失误造成的，又是由于试飞员凭着高度警觉和专业素质，发现并正确处置故障，才挽救了飞机，保证了飞行安全。

人们总是过于强调要熟记故障处置方法，其实在飞行中正确地判断故障，以及对故障系统的深入了解才是正确处置故障的关键。

2001 年，在新机试飞中多次遇到氧气系统报故，飞行后检查氧气系统没有任何异常，是什么原因造成氧气系统报故呢？那天我在试飞中再次遇到氧气系统报故，我检查座舱压力只有 0.08，比规定值低了一半还多，联想到以往的氧气系统报故，我突然想到是不是座舱压力低造成应急供氧系统工作，引起的氧气系统报故呢？地面检查证实了我的猜测，座舱压力系统故障排除后，“氧气系统故障”的现象也就自然消除了。

2002 年 5 月 5 日，试飞英雄李中华在试飞中发现液压系统 2 压力正在逐渐减小，他知道一旦压力降到规定值以下会带来一系列的严重后果。他及时打开应急动力系统，并在剩余压力的情况下正常放起落架，操纵飞机迅速成功着陆。一起严重的故障，由于正确的处置而没有引起任何不良的后果，飞行员对于系统的深入了解挽救了一架严重故障的飞机。

人类的飞翔之梦，由于科学的发展正不断地实现着。然而，在追逐理想的路上，我们似乎无法停留自己的脚步，这种对于理想境界的追求，使我们堕入了完美境界和可怕灾难的悖论。无可否认，飞行的风险是伴随着性能极限而来的，建立在现代高科技成果之上的航空装备是一个美丽的象牙塔，这种美丽是如此脆弱，需要人们精心的呵护，才能维持可以接受的安全状态。

1999 年 5 月 20 日，我驾驶着带着三枚副油箱的国产最新型战机起飞，这是该机第一次进行满载起飞试飞。发动机加力状态下，满载的飞机发出沉重的轰鸣声缓缓离陆，我从驾驶杆上感觉到异乎寻常的力量。突然我看见主告警灯发出刺眼的红光，我巡视座舱，告警灯盒中两台发动机的火警信号灯都亮了。双发同时起火这在以往的飞行中是罕见的。凭借一名职业试飞员的直觉，我对情况做出了两种判断，一是告警系统错误告警，这种情况并不可怕，试飞中我们经常遇到这样的情况；二是最可怕的情况：两台发动机同时着火，等待我的将是一场灾难。接下来发生的一切，更加令人震惊，座舱内所有的红色信号灯一起闪烁，许多仪表的指针不听使唤地飞转，我知道我遇到了飞行生涯中最严峻的考验。挽救飞机是试飞员的使命，我迅速掉转机头准备建立小航线着陆，但我突然发现驾驶杆上失去了杆力，飞机倾斜着一头向地面栽去，我本能地向后拉杆，可是飞机没有任何反应。我几乎没有丝毫犹豫，向指挥员报告一声：“我跳伞了！”便迅即拉动了弹射手柄。从火警信号灯亮到我弹射离机仅仅 42 秒，一场灾难不可避免地发生了。

与飞行史上发生的无数次空难一样，我遇到的这起事故没有任何特殊之处。当灾难一旦来临，一切都像风暴般，如此迅疾，如此难以控制，如此惊心动魄。飞行事故是惨烈的，让每个从事飞行的人谈虎色变。我们渴望飞行安全，然而安全是一扇半掩的门，门的那一面，恍然若现的是安全的曙光，我们似乎不知道门的那一头是怎样的风景，然而，每个从事飞行的人对之近乎虔诚地顶礼膜拜。如果我们仅仅停留在门的这一面，安全或许是可以实现的，然而飞行的意义也就失去了。我们只有真正了解了虚掩的门背后的风险，用科学的方法去解决飞行中遇到的故障和可能发生的事故，我们才能成功地走入安全之门，看见飞行安全的美丽风景。飞行毕竟是一门科学，人们对于飞行安全规律的认识永无止境，我们需要的是科学的探究精神。

# 发动机与飞机控制

出于对飞行的热爱，我经常向人们展示飞行诗意的一面，与此同时，在我描述飞行的过程中，又总是不由自主地解释飞行的技术细节，有时甚至对那些飞行外行喋喋不休地讲解飞行的原理。人类完成第一次飞行壮举已经过去100多年了，然而，即使是今天的航空专家，对于飞行的了解也只是皮毛，我们关于飞机的动力系统与飞行控制关系的认识就是如此。

飞行员大都是在螺旋桨飞机上开始第一次飞行。那时，飞行教员就会向你解释螺旋桨滑溜对于滑行和飞行方向的影响，这其实就是动力系统对于飞机控制影响的一个例子。许多人随着飞行经验的增加，渐渐了解了飞机操纵的基本原理和方法，但奇怪的是他们对发动机与飞行控制关系知识的了解也仅限于初期的飞行经验。就像我在俄罗斯试飞员学校学到的那样：动力的作用只是产生加速度，或者是抵消定常飞行中的阻力。那时在我的印象中，发动机对于飞行操控的影响仅在螺旋桨飞机上才有，而对于喷气飞机而言这种影响几乎可以忽略不计。

这样的认识当然是片面的，但在我的飞行经验中感受的大致就是如此。直到有一天我听到了这样一个名词——“飞发一体化控制”。这个名词的意思是，通过对飞机控制舵面和发动机动力及其矢量的协调操控，达到对飞机姿态和运动轨迹的最佳控制，显然这种协调操控只有配备矢量推力发动机，并通过电传操纵系统才能实现。但是，在四代机出现之前，这种一体化操控只是一种理念而已，谁也没有这样的飞行经验。

2010年的范保罗航展上，美国F-22战机的飞行表演，让人真正领略了“飞发一体化控制”所带来的魔幻飞行，当爱好者从网上看到F-22的表演视频时，除了惊叹还是惊叹。而在我看来F-22的表演动作一点都没有出乎我的意料。十年前，当我第一次听到“飞发一体化控制”这个名词时，就开始对动力系统操控进行研究。当美国的X-29展示其大迎角机动时，我就预见到矢量推力将彻底改变人们对于飞行控制的传统理念。尽管那时国内还没有开始矢量推力的实质性研究，但我在歼-7飞机的小速度筋斗中，就已经体验到了动力对于飞行轨迹的显著影响，此时，如果飞行员不注意消除发动机进动[①]，筋斗的轨迹将会发生明显的变化，你就无法完成一个标准的筋斗。而在歼-10空滑迫降的研究中我第一次发现了弱动力飞行中非同寻常的特点。在对运动飞机特技飞行的研究中，我悟出了大推重比飞机轻易改出失速的方法。总之，动力对飞行控制的影响比我们想象的要大得多。

对于四代机而言，矢量推力对于飞行的最大贡献不是大迎角机动性能，而是对于飞机机头迅速指向的贡献，而这正是现代战机超视距空战和近距格斗中最重要的性能。矢量推力是如此的奇妙，飞行员在飞行中甚至会不知道自己做了什么。矢量推力是对现代飞行领域的一种巨大贡献，更是对飞行员的一种挑战。

作为一个飞行者，如果你不想被日新月异的飞行时代所抛弃，那么你就必须认真研究动力与飞行控制的关系。

---

① 涡轮旋转所产生的交感力矩。

# 看不见的气流分离

在所有的失速、螺旋飞行事故中，大约有 80% 的事故是在飞机还没有进入螺旋时已经发生了。而所有这些飞行灾难都是由小小的“气流分离”引起的。

在航空科技发展的早期，当人们认识到失速、螺旋对飞行安全的危害时，就开始了充满风险的探索，失速、螺旋试飞是试飞领域中风险性最大的科目。然而，人类要真正了解失速、螺旋发生的机理，还需要从研究气流入手，进入 20 世纪 50 年代后，随着现代科技的发展和人们对空气动力学认识的加深，对飞机表面气流的研究进入实质性的阶段。

研究气流最直观的方法是“烟风洞”，通过试验我们可以清楚地看到随着迎角的变化，气流分离逐渐产生与发展，而气流的变化将对飞机的气动性能和飞行品质产生深远的影响。然而，归根结底还是要通过飞行试验才能真正了解真实大气环境下气流分离的情况，这就是飞机附面层研究性试飞。

1994 年的夏天，在俄罗斯飞行试验研究院发生了一起严重的飞行事故，一架飞机碰伤，一架飞机坠毁，而坠毁的 TU-134 运输机执行的就是拍摄飞机附面层气流分离的试飞任务，为了更近距离地观测逆火式轰炸机机翼下表面的气流分离情况，TU-134 和逆火飞机的距离不经意间慢慢接近，最终酿成了飞机坠毁多名试验人员牺牲的惨剧，空气动力学试验研究的艰辛可见一斑。

1998 年底，我有幸参加了我国第一次真正意义上的飞机附面层研究性试飞，试飞的风险性巨大，每一次试飞都做好了失速、螺旋的准备，因为试飞的目的就是要使飞机进入气流分离状态，通过摄像了解机翼表面气流分离的情况。试飞中我真正领教了气流分离时的严酷场面，飞机剧烈地抖动和变态，迅速下降了 3000 多米。

与试飞的风险相比，实际飞行中进入失速、螺旋的风险更大，尤其是在低高度作战训练和起飞着陆阶段，一次强烈的气流分离往往意味着飞行事故的发生。失速、螺旋的危险性在于，飞行员也许了解气流分离的基本原理，但在实际的飞行中你却看不见气流分离的存在。当然，飞行员对于气流分离并不是无能为力的。对于一架特定的飞机而言，气流分离产生的时机和状态是可以通过学习了解掌握的，气流分离也是有预兆并可以被飞行员感受的，真正可怕的不是气流分离本身，而是飞行员对于气流分离理论的无知。

许多飞行员知道升力与重力的关系，还有失速速度与飞行过载的关系，这些理论解释了飞机在稳态飞行中的飞行品质和特征。然而，真实的飞行往往是动态的，尤其是在机动飞行中各种因素的变化都有可能使飞机进入气流分离，而气流分离的直接后果就是速度的急剧消失和迎角的继续增加，飞机有可能在一瞬间由可控状态进入不可控状态，事故也就不可避免。

非常不幸的是，许多飞行员只有经历了风险过后才知道气流分离的严峻后果，与其如此，还不如我们通过学习，真正弄清气流分离的原理知识，以及防止和处置气流分离的方法，这样安全就掌握在我们自己手里了。

# 为什么三代机不能做“超机动”

对于战斗机机动性认识的误区实在太多，以至于许多飞行员对机动与超机动也存在许多似是而非的认识。当电传操纵的三代机出现后，其高机动性能为人们津津乐道，高机动性也成为三代机最重要的技术标志。有些人因此就认为三代机的高机动性能是由电传操纵获得的。其实，在飞控 - 发动机一体化技术出现之前，飞控系统只是改变了飞机的操纵品质，而对飞机机动性的贡献则微乎其微。

要了解这一点，我们先要对传统战斗机的机动飞行模式有一个基本认识。传统意义上的飞行是空气动力飞行，这句话的含义是：飞机之所以产生飞行运动轨迹的变化，靠的是空气动力。在发动机矢量推力技术出现之前，所有飞机运动轨迹的变化，都是空气动力的结果。我们知道产生引起飞机轨迹变化的空气动力主要来自操纵舵面，而空气动力的能量则来自飞行速度。因此，如果没有一定的飞行速度，传统意义上的机动飞行是难以实现的。

在喷气战机出现之前，几何空战学广为飞行员所运用。在螺旋桨飞机时代，飞行速度相对较小，空中格斗主要依靠几何学意义上的运动轨迹半径的控制，来获得空战中的战术优势。而此时机动性的最大矛盾就是飞机的机动性与安定性的矛盾，要获得较小的机动半径，需要较大的迎角获得更大的升力，但迎角过大则可能使飞机失去控制，堕入飞机状态突变和失速螺旋等失控状态。对于平直翼飞机，导致飞机状态突变的所谓偏离迎角，一般小于 20°，因此早期飞机的机动飞行受到了严重的限制。如何在各种限制下发挥飞机的机动性，需要飞行员灵活操控飞机的高超技能，包括利用速度、高度优势，采用水平与垂直机动相结合的复合机动，争取空中的优势。由于早期空战武器大都是非制导武器，为了追求尾后攻击的效果，“置尾机动”的各种战术机动套路，编入了空战的教科书。

三代机的高机动性的突破，其实不是直接通过飞控技术来实现的，而是由于人类在飞机空气动力布局设计领域有了新的认识。既然早期飞机机动性的最大限制是由迎角限制造成的，那么能不能设计一种气动布局，可以获得更大的可控迎角，三代机的翼身融合技术、边条技术就是为此目的而设计的。通过飞机空气动力布局设计的优化，大大延缓了气流分离的出现，使飞机的偏离迎角大大增加，飞机可用的飞行迎角范围也大大增加，加之三代机翼载荷的减小，使得飞机的总体升力远远高于二代机，而升力才是飞机获得机动性的最主要能量。为此，三代机除了在气动布局上进行优化外，还在控制舵面上做文章，通过鸭翼、前缘襟翼、襟副翼等舵面系统，改变了机翼表面的空气流场，使得大迎角下的空气动力得以进一步改善。

说到升力，在四代机出现之前，其实升力不仅是飞机垂直机动的空气动力来源，也是方向（水平）机动的动力源。飞机的各种舵面只是改变了飞机的迎角和坡度，而不是飞机产生曲线运动的直接原因。舵面改变了飞机的迎角，从而改变了飞机的升力，升力成为飞机曲线运动的向心力，使得飞机完成曲线运动。即使是水平机动的盘旋机动，其向心力依然来源于飞机的升力，而不是我们直观想象的由侧力操控飞机转弯。

了解了传统飞机机动性的基本原理，我们就容易理解为什么三代机不能完成“超机动”了。有人或许会问米格 -29、苏 -27 等飞机所做的“眼镜蛇机动”等大迎角机动不是“超机动”吗？如果仅从“眼镜蛇机动”的轨迹来看，与“超机动”差别不大，都是在飞行轨迹没有太大变化情况下的机头指向变化，但严格意义上的“超机动”不仅应当是可预见的，而且必须是可控的。俄制三代机的大迎角机动虽然是可预见的，但却不是控制获得的，而是在飞机大迎角运动规律下的一种自发运动，这是三代机大迎角机动与四代机超机动的最大区别。由于三代机以前所有飞机的可控运动都是由舵面的空气动力获得的，一旦飞行迎角增加、速度减小，舵面的空气动力也就失去了，机动飞行的必要条件不具备，机动飞行就无法实现。我们现在所看到的三代机大迎角机动，如眼镜蛇、尾冲、侧转，其运动是由飞机的安定力矩实现的，而不是利用控制舵面来实现的，因此还不是严格意义上的“超机动”。

现代空战是航空武器技术发展最大的驱动力，为了追求战斗机的高机动，人们发明了喷气战机，而空战理论的飞速发展，也不断激发着飞机设计师的灵感。三代机的出现超出了武器装备发展的一般规律，的确是灵感的产物，利用空气动力布局和舵面的精巧设计，人们突破了迎角的限制，实现了大迎角机动，甚至超临界迎角机动，战斗机的机动范围大大拓展。电传操纵系统的出现，彻底解决了飞机安定性的问题，不仅改善了常规飞行的操纵性和稳定性，而且实现了超临界迎角的控制问题，真正实现了“无忧虑飞行”。

然而，人类并没有满足于三代机在高机动领域的突破，随着精确制导武器的出现，空战的胜负不再受制于“置尾机动”的相对位置，更重要的是飞机的机头指向，在对飞机空战性能的追求上，除了飞机的机动性人们又提出了“敏捷性”的新概念，对“敏捷性”的追求则催生了“直接力控制”这一新概念的产生，而“直接力控制”才是“超机动”的真正技术关键。

当然，“直接力”这一新概念的第一次应用，并不是在四代机上。“敏捷性”的概念一经提出，就引起了国际航空界的巨大关注，各国都迅速展开了直接力控制的研究，除了在飞机气动力设计上动脑子，人们从火箭技术上受到启发，想到了发动机“矢量推力”技术。在“矢量推力”的研究中，美国人和俄罗斯人走的是不尽相同的路，俄罗斯人利用他们在机电领域的技术优势，首先想到了“喷管转向”技术，而美国人则想到了“喷流舵面”。美国人很快在“喷流舵面”技术上获得了突破，他们一反常态地将高精尖的 X-31 试验机的飞行表演视频，通过各种媒体公开，当世人看见 X-31 在机头几乎垂直冲天的情况下，“翩然起舞”时都惊呆了，因为这种飞行状态已经完全突破了传统的飞行理念，人们突然发现：没有空气动力，飞机照样可以机动。当美国人为他们在“喷流舵面”技术上取得的技术突破沾沾自喜的时候，俄罗斯人却另辟蹊径，在“喷管转向”技术上获得了更大的突破。当人们用“轮盘机动”等名词为俄罗斯人的新机动动作命名时，突然发现言语的想象力已经过于贫乏。因为对于“喷管转向”技术而言，一切皆有可能，人们再也不用为各种机动动作绞尽脑汁地命名了，“超机动”的概念由此应运而生。因为有了“喷管转向”技术，加上飞控系统的状态控制，未来战机将可以完成各种机动，传统意义上的空气动力再也不是机动飞行的全部，而机头指向在水平方向的变化也不需要升力来完成。

了解了“超机动”的基本概念，我们就容易理解为什么三代机不能做“超机动”。因为，要实现“超机动”必须具备一个基本条件，那就是除空气动力之外的“直接力控制”，矢量推力是目前技术条件下“直接力”的唯一动力来源，而在矢量推力技术领域，“喷管转向”技术显然要优于“喷流舵面”。

当然，并不是说有了矢量推力就实现了“超机动”，“超机动”的真正技术难点还不是矢量推力，而是飞机的平衡控制。当“矢量喷管”偏转产生机动能量时，也必然会对飞机的平衡产生影响，如果不能维持飞机的平衡，可控的机动飞行将会变成一场灾难，而在空气动力较小的低速、大迎角范围内，要实现飞机的平衡控制，需要一套高技术含量的复杂控制系统，而这一系统才是四代机技术的关键所在。

三代机无疑是人类航空科技领域的一个巨大飞跃，但它依然无法突破“超机动”的“门槛”，随着矢量推力技术的出现，人类开辟了飞行领域无穷的空间。“超机动”到底是怎样的一种运动，它有什么样的战术价值，将会给未来空战带来什么样的影响和变化，需要我们大家共同来研究。

# 捕捉目标

第一次接触雷达，给我的感受就是一串串枯燥的数据。他们都说航空电子系统的科目简单，若是简单，你来试试呀。

试飞本身是简单，可是一次次地进入、退出，雷达屏幕上的目标却稍纵即逝，心情就会不禁地烦躁起来，越烦躁目标越抓不到。偶尔抓到一次目标，战友调侃说，是你运气好。

据说研究雷达的都是数学系毕业的，脑子好用，我喜欢在飞行之余和那些研究雷达的技术人员一起聊天。通过与他们的接触，我对雷达渐渐有了了解，也和那些数学天才交上了朋友。兴致高的时候，我们会在围棋盘上杀一把，偶尔我还能赢他们一把，看来我这个学飞行的脑子也不算太坏。

通过飞行，我算是慢慢了解了雷达的脾气。试飞初期，雷达经常出毛病，有硬件的，有软件的，后来我都成了专家。每次飞行后，我会告诉那些技术人员雷达的故障发生在哪里，是什么级别的故障，一说一个准，所以每次飞行后技术人员都会迅速聚拢来，问题像机关枪一样，突、突、突的。

看来对于雷达，不好好研究还真不行。每次飞行后那些枯燥的数据我看得津津有味，俯仰角、扫描宽度、截获时机，通过研究我还真发现了雷达使用的窍门，那就是选好参数，及时发现，适时截获。

人说：雷达用得再好，打不了武器还不是白搭。雷达和武器交联，那使用上的窍门就更多了。那次我 70 千米截获目标，武器迅速锁定目标，模拟攻击一举“击毁”目标。战友不服，80 千米截获目标，你别说还真截上了，我在指挥中心听见他清脆的报告“截获目标！”我听出了他的那份得意。70 千米目标突然消失了，哈哈，再次截获已经是50千米多了，发射吧，发射距离50千米。飞行后他说：我算是服了！

说到打靶那可是惊心动魄，模拟攻击和实弹攻击那感觉是不一样的，我第一次用导弹打靶机前，甚至连航炮打靶都没有干过。可是你说奇怪吗？一上天我一点都不紧张，雷达截获不在话下，武器锁定一步到位，发射时机选择最佳。发发命中，令战友和技术人员欢欣鼓舞。最后一发，我直接命中了目标，当我看见靶机凌空爆炸，不禁喊了起来：我打中了！我确实是太激动了，但也就是这一次。

说到雷达和武器使用，其实没有什么别的“窍门”，就是多学、多练、多琢磨。光傻飞傻练可不行，不练更不行。有人说6个架次把雷达搞定，我说：我都飞了600架次雷达了，都不敢这么说。

说到雷达使用我总是滔滔不绝，可是我一点都不钦佩自己，我最佩服的是我飞行学院的教员，他说他能在50千米目视发现目标，一次因为及时发现异常空情，他立了二等功。是啊，武器再先进，说到底还是要靠人来操纵。当一名飞行员，就是要练就一身技术，亲爱的战友，我们一起努力吧。

# 人机耦合振荡

如果将人机耦合振荡导致的起飞着陆事故的责任归结为飞行员，说明我们对于飞机振荡的认识还很肤浅。

2002 年 7 月，试飞员钱学林驾驶某新机着陆，就在飞机即将着陆的瞬间，一起意外横侧振荡突然发生，离地高度 2 米，振荡周期 1.75 秒，最大振荡幅度达到了坡度 ±18°，注视着飞机着陆的人们几乎惊呆了，有些人本能地闭上了眼睛，然而危险的一幕瞬间发生也很快平息，只见飞机突然向上跃起，最大仰角达到了 18°，振荡迅疾停止，试飞员成功地控制了飞机，盘旋一圈后飞机安然着陆了。

事后曾带领钱学林进行过耦合振荡训练的试飞总师周志全依然感到后怕，因为深谙现代飞机控制理论的他知道：人机耦合振荡是飞机的无形杀手，即使是 F-22 这样先进的四代机也难逃事故的噩运。他兴奋地告诉我，是曾经经历的模拟训练，使钱学林在危急时刻挽救了飞机，因为他采取了一种最正确的处置方法——稳定拉杆。

1989 年，在试飞理论学习中我对飞机振荡有了初步了解，我知道振荡是所有飞机固有的特性，包括振荡的周期和阻尼，然而振荡的发生却具有一定的偶然性，既有飞机固有因素的影响，也有人机耦合的作用。钱学林遇到飞行险情时我正在进行模拟试验，当我们把所有的飞行参数全部复现，试飞员所遇到的耦合振荡却没有重现，要了解这一令人费解的现象首先要了解耦合振荡产生的机理。对于飞机固有的振荡而言，人的操纵通常是一个阻尼器，一个经过系统训练的飞行员，他的操纵已经不是一般意义上的操纵干预，而是具有职业素质的精确操纵，飞行员几乎本能地操纵实现了飞机平稳的飞行。在三代机出现之前，机械操纵的飞控系统通过连杆、液压和动作筒实现操纵舵面的运动。由于系统协调运作的过程需要一定的时间，从飞行员操纵到飞机运动实际上存在一个时间延迟，当飞行员根据飞机动态来操纵飞机时其实他已经慢了半拍，此时一定条件具备时耦合振荡就发生了，也就是说耦合振荡是飞机固有的振荡特性、系统延迟和飞行员的操纵综合作用导致的。现代战机实现了电传操纵，时间延迟可以减小到极限，但是耦合振荡的问题并没有解决，由于电传操纵通过飞行员输入和飞机反馈响应来操纵舵面，当飞机的响应突然变化，飞行员输入突然操纵时，一旦与飞机的固有振荡频率耦合振荡依然会发生。实际上，对于现代飞机而言，耦合振荡几乎成为出飞机故障意外起降事故的最主要原因。国外在三代机的试飞中不止一次发生了耦合振荡引起的飞行事故，相比国外飞行界，我们对于耦合振荡的认识依然不够。

2006 年 10 月，在一次模拟试验中，12 名从未飞过三代机的飞行员在电传飞机模拟器上，有 8 名飞行员不同程度地在起飞中发生了耦合振荡，最大的振荡值达到了坡度 30°，这在一名熟练的三代机飞行员看来是不可想象的，因为即使是有意操纵，他也难以进入耦合振荡。可见对于耦合振荡的发生，一味地指责飞行员操纵不当是不客观的，讲清楚振荡的原因才是杜绝飞行中发生事故的最有效办法。2009 年，当一起着陆跳跃事故发生时，人们注意的焦点集中在飞行员的操纵和判断上，而关注耦合振荡的人几乎没有，可见我们对于耦合振荡的认识还亟待提高。一起典型的耦合振荡事故，其振荡周期相对固定，振荡幅度逐步增加，最终导致无可挽救结果的事故，如果我们对于耦合振荡多一些了解，事故本来是可以避免的。事故本身不可怕，可怕的是我们停留在问责层面，而忽视了事故背后的深层次原因，类似的问题也许在不久的将来还会发生。

# 置信度与杀伤效能

人类有多久没有在空战中用导弹击落对手了？这个问题似乎并没有降低人们对空空武器杀伤效能研究的热情。在无数个王牌飞行员曾经如流星般划过的天空，关于空战是否还有意义的1000个追问，还不如按下导弹发射按钮时的那份快感更有意义。

导弹离梁时那份忐忑的心情，很快就被击中目标的狂喜吞没，那一刻我以为空战不过如此简单，我甚至把此前经历的一次次失败的试验淡忘了。2003年的初冬，当我再次携带导弹从冰冷的大地起飞，我的内心充满自信，繁复的传感器和武器操作程序我已是胸有成竹，套住游移不定目标的过程如同最精致的职业舞蹈，在最合适的距离我发射了导弹，此刻，我甚至都在渴望监控大厅里的掌声了，然而，导弹脱靶了！

2002年，当我翻开那一本本厚厚的导弹教材，我就知道这枚直径不足20厘米的“铁家伙”，其实是一个复杂的系统，工程人员告诉我如此复杂的设计其实只有两个目的，一是简化飞行员的操作程序；二是提高导弹击中目标的“置信度”。置信度是一个工程学名词，是指某一系统达成工程目标的概率，这个指标不仅仅是理论推导的结果，而是综合了任务过程各种因素后得出的客观指标，80%是设计者引以为自豪的数字。

第二枚弹试验出现失败的结果，令整个攻关团队弥漫着一丝沮丧，然而此刻人们更关心的是过程的细节，分析表明这不是一次偶发故障，当所有的过程都未发现异常的时候，人们的注意力开始关注系统综合的逻辑。从一次前期试验的一个不易察觉的数据异常，我们找到了问题的症结，传感器与导弹的信息交联中，一个微小的信息干扰是导致攻击失败的真正原因。

试验很快步入了正轨，即使是在最难以控制的曲线攻击中，我们也将以往只有30%的跟踪概率提高到了90%以上。2003年12月25日，在羊年的岁末，我们终于迎来了决战的时刻——超音速导弹靶试。由于我机速度远远小于靶机，当我驾驶战机侧向截击的时候，必须选择最佳的切入点才能在最佳的位置发射导弹。尽管只经过一次演练，但我还是提前锁定了目标，并在切入时综合判断速度差、进入角、距离等各种参数，在短短的40秒内完成了加速和减速两个过程。当我从尾后咬住靶机时距离恰恰定格在最佳距离上，这一次，我是看着导弹直接命中目标，高速逃逸的靶机就像突然绽放的樱花，发射出一团绚烂的火焰。

对于一名空中格斗飞行员而言，空战中的杀伤概率与导弹的置信度是两个概念，决定杀伤概率的不仅仅是导弹工作的置信度，而是传感器性能、战场环境、武器性能及交战双方能力综合影响的结果。仅就传感器性能来说，其影响因素不胜枚举，而飞行员对于传感器使用的水平，将直接影响传感器性能的发挥。在复杂电磁环境下的空战对抗中，锁定目标的机会稍纵即逝。一个熟练的武器使用者，也会面临传感器性能下降、锁定目标时间短、目标规避逃逸等一系列难题，即使是各种条件都具备也并不意味着杀伤目标。在技术决定战术的现代战争环境中，一个好的空中杀手，应当是一个懂得战术的技术高超的武器操控者，而这种技术的获得需要大量武器使用的训练。

未来的天空也许再也难以产生真正的王牌，但这绝不是飞行员的悲哀，当你真正掌握了武器的性能，你就能够成为天空中的强者。而真正的悲哀是那些还没有明白如何操控武器锁定目标，就被对手击落的狂热的飞行家。当你沉迷于飞行的快感而忘记自己是一个空中杀手的时候，未来战争中等待你的只有坠落的命运。让我们把这种悲哀留给那些未来的对手吧。

# 喜忧参半的电传飞控系统

号称21世纪空中主宰的美国新型战机F-22，从它问世的第一天起就“病魔缠身”，早在与YF-23竞争新一代隐身战机时，1992年4月25日，F-22的验证机YF-22就发生了一起由飞控系统问题引起的纵向摆动，造成飞机坠毁的事故，在F-22的后续试飞中，由飞控系统失效而引发的飞行事故发生了多起。一架耗资巨大的先进战机何以在飞控系统上反复地栽跟头呢？还是让我们来简要了解一下电传飞控系统的历史吧。20世纪60年代中期随着苏联、美国两个超级大国在军机速度上竞争的结束，现代军机进入了追求综合效能和高机动性能的时代，因为在越南战争的空战中，人们发现决定空战成败的主要因素是飞机的机动性能。各国在二代机的研制过程中绞尽脑汁，几乎已经挖掘了操纵系统的全部潜能。人们发现飞机的安定性——人们在飞机设计中想极力获得的品质，成为制约飞机机动性的最大障碍。能否设计一种不安定的飞机，有人想到了这一点，而一架不安定的飞机虽然灵活但却是人“无法操纵”的，那么能不能让机器来帮助人实现操纵，控制不安定的飞机，从而获得更高的机动性呢？由此电传飞控系统应运而生。70年代随着美国人在电传飞控系统研究方面实现突破，仿佛一夜之间西方国家和俄罗斯同时展开了对电传飞控系统的深入研究。新一轮的航空科技竞争由此开始了，世界航空科技进入了电传操纵的时代。

然而，在带给人们惊喜的同时，电传操纵系统也带来了噩梦。各航空大国似乎都没有逃脱这个怪圈。苏联的T-10，苏-27的前身，在研制之初就遇到了重大灾难。难逃厄运的还有美国的F-16、法国的幻影2000、瑞典的鹰狮。IDF（电传飞机经国号）也在试飞中发生机毁人亡的事故，华人骄傲的著名试飞员吴克振血洒蓝天。在电传飞机事故频发的背后真的有魔障存在吗？还是让我们先来了解一下电传系统的原理。

电传操纵系统是计算机时代的产物，可以说没有计算机就没有电传操纵系统。在传统的飞机操纵系统中，尽管有液压系统和飞控机构的帮助，人们在操纵飞机时实际是在操纵舵面，舵面产生的气动力使飞机的飞行轨迹和姿态发生改变，这就是机械操纵系统的基本原理。而在电传操纵系统中决定飞机动态的除了人的操纵外，还有计算机的控制律和飞机的响应反馈。而真正作用于舵面的操纵信号是计算机将人的操纵输入和飞机的响应反馈，通过控制律的计算产生信号，因此对于电传飞机来说，真正操纵飞机的是计算机而不是人，也就是说人操纵飞机的意愿要通过计算机来实现。

电传飞机的最大优点在于，人们可以通过控制律的优化设计，实现最佳的操纵品质，这是人的操纵无法实现的，因为人的生物机能相对于计算机来说还不够精确和卓越，电传飞控系统实现了最佳机动性能和优良飞行品质的最佳组合。那么如此优秀的电传系统为什么还会发生事故呢？这还需要从飞行本身说起，飞行器在真实大气中的飞行极为复杂，决定飞行的各种因素不胜枚举，包括飞行器自身的空气动力特性、大气环境和飞行器的运动规律。而飞控计算机无论如何优越，也是人设计出来的，控制律的优化是相对人们对于飞行规律的认知而言的，面对如此复杂的飞行本身，人的智力毕竟是小巫见大巫。飞控系统设计人员的一个小小的失误和疏漏，就会在飞机里种下一个小小的“病毒”，在常规的飞行中这种“病毒”并不发作，而当飞行器的飞行动态和环境处于一个特定的，飞控系统没有预料的处境时，灾难也就在所难免。引起灾难的还有一个“人机耦合”的特殊环节，由于电传操纵是飞行员和飞控计算机的联合作业，有时飞机的动态会偏离飞行员的期望，飞行员会因此而产生短时间的迷惑，从而做出错误的决定，进而发生人机耦合的失调，这也是电传飞机事故的重要原因。飞机作为人的杰作，毕竟是一个机械电子的综合系统，故障是不可避免的。从工程学的角度，人们能够做到的是将故障控制在一个合理的范围内，也就是我们常说的可靠性，现代工程技术可以将机械系统的故障概率控制在 $10^{-7}$，而作为机电综合的电传系统，其故障还会受到电系统的影响，由电和计算机系统的问题引发的事故也时有发生。

无论如何，电传操纵系统还是给人类拓展了一片新的飞行天空。1993 年的俄罗斯，当我第一次驾驶电传操作的苏 -27 腾空而起，那种兴奋的感觉无以言表，那种迅捷、勇猛、彪悍的感觉是二代机所不具备的，而在巡航飞行时苏 -27 又显得那么温顺，我将飞机的坡度压到 60°，然后开始观察翼下俄罗斯柔美的风光，盘旋一圈下来我并没有参与操纵，可是飞机的姿态还是进入盘旋时的状态，这就是电传飞机动如脱兔静如处子的特性。在以后的飞行中，苏 -27 不断展示着令我惊奇的优良性能，速度 280 千米/小时的小速度等速下滑，速度 200 千米/小时的小速度平飞，非常稳定的尾冲机动，还有惊世骇俗的眼镜蛇机动。当人们为电传操纵的三代机卓越性能喝彩的时候，千万不要忘记那些研究者为此付出的辛勤劳动。从某种意义上说，一个好的电传操纵系统不是设计出来的而是试验出来的。为了考核一个系统人们采用各种手段，包括铁鸟台、变稳飞机、飞行品质试验系统等，将设计好的控制律在地面和空中反复试验。一个好的系统需要经过几年的试验才能真正装上飞机进行试飞，其中的艰辛只有参与研制的人才知道。

电传操纵的三代机具备了优越的性能和操纵品质，然而对于飞行员来说，依然要注意掌握其特点，因为相对于二代机而言，电传操纵系统改变了人们的操纵习惯，任何一个飞行员都需要经历适应的过程，特别是横侧操纵比较灵敏的特点值得引起注意，尤其要掌握好人机耦合振荡的处置方法，只有这样才能真正发挥三代机的优势，确保飞行的安全。

2006 年底歼 -10 战机高调亮相，这标志着中国作为一个航空大国，已经加入了电传飞机的国际航空俱乐部，在这个平台之上中国的军机技术必将以更快的速度发展。这是空军飞行员的期盼，这是国人的期盼。

# 任意机动与区间变向

2008 年珠海航展俄罗斯人没有来，的确是一种遗憾。

俄罗斯人似乎对旋转和曲线运动充满着想象力，在溜冰、飞行表演、体操等领域，俄罗斯人总是会出现大师级的人物。

在飞行表演这个行当里，科沃丘尔算得上是个大师。大师永远都不会是天生的，在俄罗斯试飞员学校的天顶上，我亲眼看见科沃丘尔驾驶着涂着红白蓝条纹的苏 -27，为了那年的范保罗航展他和僚机一起一遍一遍地练习着编排的动作，炫目的动作令人兴奋。可是即使是大师也有演砸的时候，我看见僚机突然分开了，我知道那是因为动作难度太大，还需要反复地练习。

苏 -27 似乎是为表演而设计的，宽大的机翼一旦滚转起来异常威猛，所以当科沃丘尔低空通场时一般都会左右摇晃机翼。就像队列操练来源于战场的布阵，飞行表演中的动作大都由动作演变而来。我第一次和科沃丘尔飞行的时候，他 30° 坡度将飞机迅速拉起，我以为他要完成一个小半径的斜筋斗，可是当飞机仰角 70° 左右的时候，他突然压杆，飞机翻转了 180° 又迅速向下机动从机场反向通场。和俄罗斯教官飞多了，开始那些有点懵的动作，我渐渐看出了门道，我发现在做任意机动时俄罗斯人的滚转用得特别多，一个简单的垂直机动，他们飞出了许多不同的轨迹，机动飞行看似没有一定之规，但只要你细心揣摩，你会发现眼花缭乱的动作，其实都是由区间变向演变而来的。

“区间变向”就是把飞机机动轨迹的俯仰运动和滚转运动大致分为 8 个区间，常规机动中总是要在完成一套垂直动作后再滚转变向，或者在完成 360° 滚转后再做垂直机动，而区间变向时则可以在垂直机动的任意角度进行滚转，然后变向机动。由于战斗机的滚转机动性能优越，机动中不断地结合滚转，运动的轨迹就会复杂多变，这样既可以利用飞机的机动性能将对手甩掉，也可以利用滚转的突然性使对手失去跟踪态势，从而在空战中赢取主动。只要掌握了区间变向的原理和操作要领，任意机动就不会做成拘谨的套路，这也许就是机动飞行的魅力所在吧。

区间变向从原理上说虽然简单，但实际运用中还是需要掌握要领，注意掌握向上机动和向下机动的条件，向下机动需要高度空间，向上机动则需要有足够的能量，否则，机动中失去了能量持续机动性能就会大大降低，而失去了高度对飞行员是不可原谅的错误；滚转的关键是要减小迎角，采用“零过载”甚至“负过载”滚转，否则，滚转速度不仅慢，还会损失能量，甚至使飞机进入意想不到的状态。

# 从数据保持到状态控制

何为“状态控制”？

“状态控制”包括三个层面：对当前飞行状态的认知，对未来飞机运动趋势的预判，以及对期望达到状态的驱使。其实，“状态控制”并非什么高深的理论，只是我多年飞行实践的心得。对于非飞行专业的人来说，这个话题过于专业，而从飞行员的角度看这个问题又似乎过于简单。

真正使我开始思考这个问题是在十几年前。从飞行学院学飞行的第一天起，数据保持就是教员提醒最多的一个问题，仪表飞行中数据更成为评判飞行成绩最重要的标准。高度、速度、升降率、航向，3分、4分、5分。经过十几年严格的飞行训练，数据保持的驾驶技术几乎深入骨髓。

1994年，当我第一次驾驶着米格 -29 飞机骄傲地起飞时，我极度地沉浸在数据保持的快乐里。突然，后舱教官一个粗猛的压杆，这是我学飞行以来第二次被教官“打杆”，我知道自己的失误让教官的不满情绪难以抑制。可我却不知道自己犯了什么错误。

“You are fighter！”耳机里传来了俄罗斯教官的怒吼。

“你是一名战斗机飞行员！”教官的训斥振聋发聩，我开始认真思考这样一个问题：我们是不是真的像一个战斗员那样在飞行？

在以后的飞行中我们渐渐发现自己和俄罗斯试飞专家的差距。

低空横滚中我们操纵飞机以 10° 仰角上升然后压杆操纵飞机滚转，一个横滚下来飞机上升高度在 100 米以上，俄罗斯教员的横滚则基本是水平的，100 米进入，改出高度依然是 100 米。

盘旋机动中，为了保持高度速度我不断地调整坡度和拉杆量，数据倒是满足要求，飞机却在做着不和谐的舞蹈。俄罗斯教官的盘旋速度虽有小小的变化，但是拉杆量和飞机的迎角纹丝不动。

高度 100 米进场，完成筋斗并在顶点放起落架直接着陆，飞机以优美的姿势在规定位置接地。

从这些复杂的机动中我发现，俄罗斯试飞员对于飞机状态的控制已经到了炉火纯青的地步。

从俄罗斯回国后，我开始在试飞中不断揣摩状态控制的驾驶技术。我发现要真正自如地控制飞机状态，首先要对飞机的运动规律有一个深层次的了解，我开始在飞行中注意观察飞机的动态特性。在起飞上升中，飞机在不同发动机状态下和各种姿态角下的上升速度和加速特点；盘旋中不同迎角下飞机的速度和载荷变化；上升过程中飞机的姿态角对上升率的影响；垂直机动中不同的速度、过载下机动半径和迎角变化；加速飞行时各个速度段的加速特性；经济巡航和下降中最佳速度；不同着陆重量和构形对着陆特性和接地速度的影响。为了掌握飞行特点和各种数据，必须认真进行飞行后的研究和总结，飞行曲线中一个小小的异常都会引起我的高度关注，自己或别人在飞行中出现的一点偏差，我都会在飞行后对飞参记录①和视频进行仔细的判读。对于飞行认真的研究使我受益匪浅。

我们发现看似优美的加力起飞、大姿态角爬升，其实损失的是飞机的能量和燃料，因为速度在 400 千米/小时以下，发动机的推力较小油耗较大，而速度在 500 千米/小时以上发动机的推力和油耗都处于较为理想的状态。

我们发现等速爬升并非最佳的爬升方法，爬升中飞机的姿态变化较大，爬升率较低，爬升时间较长。而相对等姿态的爬升可以节省 1 分钟以上的爬升时间，节约 200 千克的油量。

我们发现在高空飞行中，发动机的推力与马赫数关系密切，不同马赫数下的加速性差别较大，采用合理的爬升方法可以获得更高的静升限，也更为经济。

我们发现飞机进入第二速度范围，操纵性和加速性急剧恶化，给

---

① 飞参记录：飞行参数记录。

状态保持和特情处置带来不利的影响，因此飞行员要明确不同飞机的第二速度范围边界。

我们发现飞机的着陆接地迎角不仅仅与着陆速度有关，还与飞机的下沉曲线有关，在飞机迅速下沉急剧拉杆的着陆过程中，即使速度大于最小着陆速度，依然会发生着陆擦尾的异常情况。

我们发现垂直机动中高度损失不仅仅与过载和速度有关，还与迎角的建立速度有关，初始进入时迎角生成过慢，即使过载较大依然会损失较多的高度。

我们发现垂直机动顶点位置时，适当拉杆比稳杆和顶杆安全得多，适当拉杆飞机的迎角一般小于20°，而稳杆和顶杆飞机的负迎角可以达到21°。

通过不断锤炼和总结，我们将“状态控制”的飞行技术运用到试飞中，获得了理想的结果：我们否定了等速爬升的理论，将大大节省有利爬升的时间；我们把飞机的静升限提高了500米以上，把飞机的动升限提高了900米；我们突破了难以逾越的最大过载限制，使最大负过载达到了3g；我们把垂直机动的损失高度减小了200米，把着陆速度减小到250千米/小时以下，着陆滑跑距离减小到350米。

其实状态控制飞行技术的优势不仅仅体现在试飞中。在空战飞行中有利的占位和机动能量，是敌我态势相对优势的关键，合理的状态控制可以迅速占据有利位置，赢得空战的胜利。相对于数据保持的驾驶技术，状态控制起码具有三个方面的优势。其一，飞机的操纵更加简捷，飞行员负荷明显降低。数据保持控制的是飞机运动的结果，由于空间运动的复杂性，数据变化不断产生，为了保持数据飞行员付出大量的精力和复杂的操纵，往往丢失状态。而“状态控制法”把握的是运动趋势，对于数据只要求大致控制在一个合理的范围，因此操纵简便。其二，状态控制中通常采用线性操纵，飞机的动态连续变化，因此飞机的动态变化更为简单、直观，操纵的效能较高。其三，在急剧机动过程中，状态控制对于飞机状态和数据的控制更为精确，操纵的安全性更高。

对于现代战机而言，除了巡航高度和极限边界数据，需要绝对精确控制外，从实战的角度看，控制飞机处于一个大致合理的状态和数据范围，才是我们操纵飞机的目的。过于严格的数据控制和为此而进行的往复操纵没有实际意义。

现代综合航空电子技术，为飞行员提供了更为高效的座舱显示界面，从而改变了飞行员的飞行习惯，如何适应这种改变，从实战的角度出发提高训练效能，提高飞行员驾驭飞机的能力，是训练模式转变的重要课题。

# 从仪表座舱到综合显示

1997年9月，当我得知自己将要首飞配备综合航空电子系统和平显的战机时，心中甚至有一丝的恐惧，因为在此之前我对平显几乎没有任何感性认识，仅有两个多月的理论培训，没有教员指导，没有模拟训练，我只有800小时仪表飞行经验，没有进行过一项新机试飞任务，而我将要面对的是一架全新的飞机和一个全新的座舱。9月9日，经过6天高强度的地面准备，我已经将自己编写的长达7页的飞行程序背得滚瓜烂熟，怀着一丝骄傲和陌生的感觉，我登上了那架外表矫健的战鹰，巨大的轰鸣和强大的推力是我对新机的第一感觉，可当战鹰离开地面，真正让我记忆犹新的是平显飞行的美好感觉。

不知道是谁第一个发明了平显，或许是一个飞行员在攻击目标时突发奇想，觉得要是能够同时看见目标和飞行数据就好了，不管怎么样平显的发明彻底改变了飞行本身。需求和灵感或许是人类发明的最大动力，在飞机发明初期飞行员能够参照飞机姿态的只有外界景物。为了突破天气对飞行的局限，人们发明了飞行仪表，通过仪表飞行员了解了大量有用的飞行信息，但仪表座舱的最大局限在于，飞行员不能同时获得各种信息，飞行中飞行员不得不迅速地转移视线，以获得尽可能多的信息。仪表飞行的局限性在某些情况下甚至是致命的，由于仪表提供的信息在数量和准确性上的不足，飞行员可能对状态做出错误的判断，也就是我们常说的错觉，而错觉将直接导致错误操纵，甚至酿成事故。

现在一个游戏玩家也可以在计算机上愉快地体验模拟飞行的乐趣了，可是对平显优势真正了解的人并不多。其实平显不仅仅解决了攻击飞行时为飞行员提供飞行信息的问题，更重要的是平显实现了在一个显示界面同时显示大量信息，飞行员在飞行中不用转移视线，就可以同时获得姿态、高度、速度、目标、武器状态等信息，信息的数量和准确性大大提高。

说到仪表飞行和平显飞行的区别和特点，还有一些有意思的故事，在设计我国第一代航电飞机时，由于受传统仪表座舱设计的局限，在与外方谈判时，我方专家强烈要求将平显显示的平飞姿态定义为 +4°，因为在按地平仪保持飞行时，平飞姿态为 +4° 左右，外方专家对这一要求大惑不解，可是用户的需求就是设计的准则，因此我国第一代航电飞机的平显就这样带上了“中国特色”，当然这一问题在以后的飞机设计中得到了改进。

仪表飞行习惯的影响还表现在飞行中，许多第一次接触平显飞机的飞行员觉得平显字符对观察外界有影响，他们宁愿关掉平显仍旧按照仪表保持飞机状态；有些飞行员还是习惯地按照刻度而不是按照矢量符号保持飞机姿态，飞行中过多地观察坡度指示，从而忽略了其他数据，在云中飞行时飞行员容易发生错觉和丢失状态。

其实，当我有了 5 个小时平显飞行经验的时候，我已经意识到平显将彻底改变飞行员的飞行习惯，我按照平显的优势和特点合理地观察数据，飞行的效率大大提高。现在，我的平显飞行时间已经超过了 800 小时，我体会使用平显飞行时，单座飞机人机功效会远远高于传统的双座飞机，在雷达搜索和目标攻击中，飞行员可以轻易地实现两者兼顾，很好地保持飞机状态，这是仪表飞行难以做到的。

从仪表座舱到综合显示，飞行员必须改变自身的飞行习惯，如果说仪表飞行中飞行员的诀窍在于合理分配注意力，那么平显飞行的关键是始终保持视线在主视场，如果说仪表飞行飞行员关注的是飞机的姿态、高度、速度、航向，那么平显飞行时飞行员关注的是飞机的态势、运动趋势和各系统工作状况。飞行员所关注的不再是下降率是 5 米/秒还是 4 米/秒，而是飞机是否处于最合理的态势、飞机的状态是否稳定、飞机的运动趋势是否为自己所期望，也就是说飞行员的任务从数据保持转变为状态控制，其准确性和敏捷性大大提高。

三代机的大量装备，航电系统发展和人机界面的优化，还将对传统的训练体制和模式提出新挑战，训练的重点将从控制平台技术的训练转向系统和武器的控制使用。飞行员反映按平显进行仪表科目飞行难度大等问题，与其说是飞机性能和飞行技术的问题，还不如说是训练任务设置的问题，用传统的模式实施训练，已经不能完全适应装备技术的发展了。如何调整和优化训练体制和模式，以适应三代机新的特点，是我们必须面对的严肃课题。

# 性能之谜

速度500千米/小时，发动机加力状态，50米低空通过机场，然后就看我的了，我轻轻地对前舱飞行员说："你松开手。""明白。"

我柔和地向后拉杆，我知道机场上许多人正翘首以待，"飞豹"飞机的"低空加力跃升"气吞山河，就像苏-27的低空横滚一样为人们所津津乐道。

"飞豹"骄傲地仰起头，仰角50°、60°，飞机的机头继续向上抬起达到了90°，我知道"飞豹"有多大的能耐。

"垂直跃升，不是开玩笑吧？！"

不是，因为只有"飞豹"才有惊世骇俗的垂直跃升性能！

试飞员对飞机性能是最为敏感的。2004年7月，我们领受了为部队飞行员带教"飞豹"的任务，当了解到带飞大纲里有垂直机动科目时，我知道这个任务并不轻松，我们必须先摸清楚"飞豹"的垂直机动性能。在进行筋斗试飞时我发现，"飞豹"在加力状态向上机动时速度不降反升，直到仰角60°速度才基本稳定，完成筋斗后，我敏锐地感觉到"飞豹"完全具有垂直跃升的性能。后来的地面计算验证了我的感觉，有了理论依据，在后来的试飞中我们很快就熟练掌握了垂直跃升机动。

试飞员对飞机性能近乎痴迷的探究不是没有原因的，因为只有对性能进行深入的了解，才能在实战中最大可能地发挥飞机性能优势，获得有利的攻击态势，从而获取空战的胜利。

什么是飞机的性能？也许你会很快地回答：速度、高度就是性能。回答基本正确，但性能并不局限于此，通俗地讲飞机性能包括速度、高度、机动性、性能的时间特性，以及各种条件对这些性能的影响。作为飞行员你不仅要了解性能是多少，更重要的是要知道如何才能达到最佳性能。例如，获得最大盘旋过载和获得最小盘旋半径的速度是绝对不一样的；并不是什么速度下都可以做低高度垂直向下机动，如果不了解这一点，等待你的将是危险的结局。

“性能的时间特性”这个名词有些玄奥，讲一个我试飞中的故事吧。挂两枚弹的最大马赫数性能能否达到，需要试飞验证，在此之前基本性能试飞表明飞机完全可以达到马赫数2.2，挂两枚弹不会有什么不一样吧。我上升到高度11000米，充满自信地开始加速，马赫数达到2.0后增速非常缓慢，此时我的精力已经完全集中在马赫数上了，经过漫长的加速马赫数终于达到了要求，此时我才注意到剩余油量只有1000千克，而飞机距离机场足有250千米，我立即惊出了一身冷汗。好在飞机具备足够的高度，当我返回机场时机内剩油只有400千克，我只好请求对头着陆，一次惊险的试飞有惊无险地结束了，由于我忽视了“性能的时间特性”，差点酿成了大祸。

看过飞行表演的人都会对飞机的起飞充满兴趣，尾喷管喷出的火舌、很短的滑行距离、飞机离陆后迅速爬升的英姿不知迷倒了多少粉丝。其实这一动作仅仅是为了表演，因为“优美”的背后付出的代价是大量的燃料消耗，作战中这一动作是绝对禁止的。我问一名年轻的试飞员：这样的起飞会消耗多少燃料，他回答不了。看了飞行后的视频回放他惊呆了，足足多消耗300千克燃料，可以巡航10分钟航行近200千米。

飞机性能不是一成不变的，会受到各种条件的影响，包括飞行高度、大气温度、飞机的外挂等。一名飞行员为了获得最大马赫数，盲目地下降高度，当飞机高度降到5000多米时马赫数达到了，可是飞机的速度已经超过了强度极限，侥幸着陆的飞机伤痕累累，这就是忽视条件的结果。同样，飞机外挂和构形的改变也会影响飞机的性能，在一次最大载荷着陆的试飞中，计算表明着陆速度要增加40千米/小时，试飞中我明显地感到飞机性能的改变，飞机操纵变重，同样速度下迎角明显增加，当我以大于正常速度40千米/小时着陆时，我发现飞机的迎角正好与标准着陆迎角相同，试飞结果令人满意。

在飞行界有一句名言：飞机的性能是设计出来的更是飞出来的。要了解飞机的性能，只有通过飞行训练中细致的观察和不断的总结。某机型的技术说明书介绍的追降速度为 ××× 千米/小时，在模拟试飞中我们发现按此速度根本无法迫降成功，经过反复的试飞我们终于找到了最佳的性能参数，迫降的成功率和安全性大大提高。在新机的爬升性能试飞中我们发现，传统的试飞方法消耗的油量和时间较多，通过研究我们发明了“等姿态角爬升法”，采用此方法升限试飞少用时近两分钟，节约燃油近 500 千克。

飞行的最高境界是与飞机浑然一体的感觉，要达到这种境界必须对飞机的性能有透彻的了解。1998 年的一天，我执行某新机航空电子系统试飞任务，起飞加速中我发现平显参数异常，果断地中断起飞。飞行后的例行检查没有发现任何问题，试飞是否继续呢？通过视频回放我们发现，正常的起飞中 7 秒平显数据开始显示，而这次起飞中我在 10 秒时发现显示异常，果断中断起飞，由于对性能的高度敏感，使我发现了这短短的 3 秒的微小差异，也让我们找到了航电系统设计上的重大隐患。

飞行总是充满神奇，值得我们为之迷恋，飞行的奥秘永无止境，等待着勇于探索的人们去追寻。用一名老试飞员的话结束此文吧：“飞行中重要的不是你做了什么，而是你发现了什么。”

# 亲历者谈航空弹射技术

由于很少有人有弹射的真实经历，航空弹射救生技术不要说是对于一般人，即使是从事飞行职业的人，也是非常神秘的。

现代高性能的弹射救生系统，机构极为复杂，可靠性要求非常高，是一种高技术、高成本的系统。20 世纪 40 年代以来，随着喷气战机的出现，由早期热气球飞行的伞降救生系统演变而来的飞机跳伞系统，逐渐从滑膛式火药弹射系统，演变成具有快速离机、姿态控制、高速气流防护等技术的复杂弹射系统。目前弹射救生系统已经发展到第四代。

人类花如此高的成本和如此多的心思，投入到弹射救生技术领域的探索和研究，其意义不仅在于对生命尊重的人道主义的考量，更重要的是对人对于战争重要性的战略性认识。1903 年随着莱特兄弟发明了飞机，飞行器就成为现代战争的一种重要工具，现代战争中参战国为了维持战争资源的可持续性，调动了举国的工业力量。第二次世界大战中参战国家的工业力量可以在一年生产上万架战机，但具备作战能力的飞行员的培养周期却至少需要两年。第二次世界大战中日本海上航空力量在对美国太平洋舰队的作战中，从初始阶段的优势状态逐步衰退直至处于绝对劣势，根本原因就是飞行员后备力量的缺乏，到战争的后期那些没有战争经验的飞行员就成了空中的靶子。战争的经验告诉人们，具有作战能力的高素质人员，才是一个国家最重要的战争资源。因此，如何挽救高风险的军事飞行人员的生命，就不仅是关乎飞行员的个人问题了，而是关于国家命运的战略议题。

20 世纪 40 ～ 50 年代，世界弹射救生技术发展初期，中国的航空工业却正处于从无到有的起步阶段。弹射技术领域的探索根本无从谈起，然而，随着米格 -15、米格 -17 等先进喷气战机的引进，弹射救生的问题却摆在了中国空军面前。从苏联的引进技术我们开始了第一代弹射座椅的仿制。60 年代以后，美国、苏联和欧洲国家，普遍采用了第二代弹射救生技术，然而，直到 70 年代，中国军机仍在大量采用第一代弹射座椅，而像初教 -6 这样的低速教练机，仍然采用靠人自身逃离飞机的传统救生方法。

谈到弹射救生技术，人们最关注的就是飞行员的生还率和损伤程度。由于飞行中的弹射大都是在极其危险而又难以挽救飞机的情况下进行的，因此，弹射的状态大都比较恶劣。在我刚入飞行学院不久，本团的一名飞行教员就带领学员，在初教 -6 夜间发动机停车的情况下成功跳伞，夜间跳伞飞行员对地面自然状况和建筑物无法判别，受伤的概率非常大，但幸运的是两人都降落在麦田里，身体无大碍，很快就恢复了飞行。

20 世纪 80 年代，第二代弹射技术——火箭弹射技术开始逐渐在国产军机中采用，而我的第一次成功弹射，就恰恰得益于这种技术的进步。1987 年 2 月，在一次歼 -6 高空超音速编队飞行训练中，就在我打开加力飞机即将超音时，我的飞机与长机意外相撞，当时的飞行速度将近 1000 千米/小时，在这样的飞行速度下跳伞，不要说受伤，生还的概率都是非常低的。幸运的是，在飞机相撞后由于机翼受损飞机进入旋转摆动的状态，使飞机迅速减速，而此时我在座舱内已经处于悬浮状态，我被飞机巨大的运动载荷摔得满座舱翻滚，双手根本无法抬起拉动弹射把手。我使出全身力气用脚勾住脚蹬上的束缚皮带，使身体回到了座椅上，终于拉动了弹射把手。在我弹射出舱时飞机的速度已经减小到 800 千米/小时以下，加之我年轻身体强健，强烈的弹射冲击下我毫发未损。我的这次成功跳伞除了飞机动态的偶然性因素外，刚刚换装的火箭弹射系统的优越性能也起到了关键作用。

随着火箭弹射系统的大量采用，我国空军弹射救生生还率低的现状终于得到了根本性的好转，特别是 0-0 弹射技术的运用，使低空飞行阶段和起飞着陆阶段突发应急情况下的离机生还率大大增加。

20 世纪 80 年代中后期，随着我国空军装备的大发展，航空救生研发团队开始了第三代弹射座椅的研制开发。而当时，英国、美国、俄罗斯的第三代弹射技术已经日臻成熟，已经装备了几万套第三代弹射座椅。在国外技术封锁的情况下，研发团队在吸取外国技术的基础上，采用我们自主研发的技术，终于研制成功了中国第三代弹射座椅。第三代弹射座椅在穿盖弹射、姿态控制、弹射程序控制等方面比第二代弹射座椅有了质的飞跃，弹射离机反应时间的缩短，大大提高了低高度弹射的成功概率。在起飞着陆阶段，一旦飞机出现重大故障，可供跳伞的时间也就是 1 ～ 2 秒，在低空飞行中一旦发生突发情况，飞行员可供弹射的时间也就是 5 秒左右，此时 0.1 秒的弹射离机时间的缩短，对于挽救飞行员都是举足轻重的。

1999 年夏天，在国产新机的试飞中，我又一次经历了惊险的弹射跳伞。在我驾驶满载的 20 多吨的飞机离地瞬间飞机突然起火，此时我只有果断地驾驶飞机上升高度，才有可能驾驶飞机紧急降落，即使是选择跳伞也需要上升足够的高度。在飞机上升到接近 400 米，就在我准备掉转机头对头紧急着陆时，飞机突然失去了操纵，机头向下眼看就要坠地，我没有丝毫犹豫便拉动了弹射把手。弹出座舱瞬间我发生了短时间晕厥，因为跳伞高度太低，伞刚刚打开我就重重地摔在了农田里。尽管此次跳伞我身负重伤，但要不是国产第三代弹射座椅的快速弹射性能，恐怕等待我的就不仅仅是重伤了。

就像我第一次弹射跳伞一样，刚刚采用不久的国产弹射新技术挽救了我的生命。我对第三代弹射座椅研制团队的专家和试飞员心存感激，就在第二年我来到新型弹射座椅的研制厂家——中航集团航宇救生装备有限公司，当面向他们表达我的感谢之情，而他们也对我在危急时刻迅速弹射的表现予以肯定。

在中国的第三代弹射救生技术的发展中，有一个特殊人群不能不提，那就是弹射试验机试飞员，而承担我国第三代弹射座椅空中弹射试飞的试飞员就是我的战友张旭。

弹射试验机是为新研座椅进行飞行试验的关键装备，现代飞行试验领域，采用真人弹射的高风险性试验越来越少了，但对于驾驶弹射试验机的飞行员而言，其风险性同样是非常高的，不要说弹射失败对飞机造成的严重损伤，可能使飞机有坠机的危险，即使是座椅巨大的弹射冲击，以及高温高速的弹射系统喷射气体，也可能对试验机飞行员造成伤害。为了第三代弹射座椅的试验成功，我的战友张旭甚至在妻子生产的关键时刻都没有回家，而当张旭完成所有弹射试飞任务回到家中时，女儿已经出生一周了。

今天，第三代弹射座椅已经在国产战机中得到大量采用，而航空科研人员和试飞人员用辛勤与汗水培育出来的新型弹射系统，也为挽救飞行员的生命做出了巨大贡献。在歼 -10、歼轰 -7 等国产三代机的训练中，高性能的第三代弹射座椅，已经成功挽救了多名飞行员，而我国的弹射救生成功概率也达到了国际先进水平。

# 空中加油的“软硬之争”

## 空中加油技术的发展

像许多早期的航空技术一样，空中加油技术是少数“飞行幻想家”异想天开的产物。

1917 年，俄罗斯海军飞行员亚历山大·塞维尔斯基提出空中加油的设想，十月革命后他移居美国，并为自己的空中加油技术申请专利。1923 年 6 月 27 日，美国陆军航空队的 L.H. 史密斯上尉利用软管加油技术为一架 DH-4B 型飞机加油，创造了持续留空飞行 6 小时 38 分的纪录，这是航空史上第一次真正意义的空中加油。随着第一次世界大战的结束，商业航空迅速发展，为了弥补运输机航程不足的缺陷，实现跨大西洋的商业空中航运，需要采用空中加油技术。在商业利益的驱使下，民用空中加油技术迅速发展，1929 年 1 月 1 ～ 7 日，通过空中加油，美国的 C-2A 飞机创造了留空飞行一个星期的壮举。早期的加油技术由于空中加油传输管路连接技术复杂，一直难以推广发展，后来英国人发明了“曲形软管”加油装置，这种装置利用拖曳系统释放加油管和导引索，受油机抓住导引索，从而连接加油管进行加油。这种加油技术对接复杂，需要受油机受油员手动操纵，且只能进行重力加油。

第一次世界大战结束后迎来了短暂和平时期，空中加油技术在军事上的运用始终没有引起人们足够的重视，然而，有远见的军事家已经看到空中加油技术巨大的军事潜力。1936 年，Hap Arnold 在他所著的 *Tnis Flying Game* 中断言：“在空军独立成军前，它就会执行全球性质的使命，装备精良、训练有素的空军，在全球范围的作战影响力将会全面超过陆军和海军。”“空军全球作战的设想，在有了空中加油技术后，就能够更加容易地实现”。也许是第二次世界大战来得太突然了，同盟国和轴心国把大量的资源投入到轰炸机、战斗机的研制生产中，空中加油技术在强大的战争压力挤压下几乎没有发展空间。在太平洋战争期间，尽管美国曾几次探讨运用空中加油技术的可能性，但都没有付诸实施。空中加油技术没有在第二次世界大战中发挥作用有一定的偶然性，否则第二次世界大战的历史也许会改写。

第二次世界大战以后，空中加油技术的战略意义得到了人们充分的重视。1948 年，第一架专用加油机 KB-29M 装备美军，它依然采用“曲型软管”加油装置。1949 年，英国空中加油公司试验成功“软管锥套”加油装置，很好地解决了空中对接的技术难题。1950 年，波音公司开发了“伸缩套管”加油装置，即著名的“波音探管”，美国人很快将这一技术使用到 KB-29P 飞机上。为了区别这两种加油技术，人们习惯地把软管锥套加油装置称为“软式加油”，把伸缩套管加油装置称为“硬式加油”。

“软式加油”装置通过加油吊舱放出加油软管，受油机飞行员操纵飞机使受油探头与加油锥套对接，顶开锥套内的单向活门实现加油。“软式加油”技术可以同时为多架飞机加油，还可以给直升机加油，缺点是加油速度较慢，受大气紊流影响较大，对受油机飞行员的技术要求较高。“硬式加油”装置由伸缩式加油管、压力供油机构和控制机构组成，加油对接主要由加油员完成。其优点是加油速度较快，对受油机飞行员的技术要求较低，但一次只能为一架飞机加油，而且无法给直升机加油。加油机通常由大型运输机改进而来，因此，较大的载油量、改装易于实施、作战适应性强和研制成本低就成为选择加油机平台的重要指标。

### “冷战”时期的战略选择

第二次世界大战结束后，“冷战”格局慢慢形成，美国的保守势力敏锐地察觉未来世界将是美国、苏联对抗的格局。为了应对这种挑战，美国开始考虑改组军队，建立独立的空军被提到议程，艾森豪威尔和杜鲁门是这种观点的有力支持者。由于尝到了广岛、长崎原子弹的甜头，美国人把核威慑作为国家的主导战略。1946 年，美国战略空军（SAC）宣告成立，远程轰炸成为人们考虑的首要战略问题。美国人从“东京大轰炸”的反思中认识到空中加油的重要性，在美国空军成立后几周，空军重心轰炸机航空委员会的咨询机构提议发展空中加油技术。当时可供选择的机种有限，加油装置也只有少数几种现成的方案。1948 年美国人定购了 35 套英国曲形软管加油装置，配备在 KB-29M 上，1950 年随着波音探管研制成功，采用“硬式加油”的 40 架 KB-29P 装备美国战略空军部队。

美国空军并不是从一开始就选择“硬式加油”方案的，实际上，直到 1950 年空军战斗机都采用“软式加油”方案。3 年后，美国战略空军对“软”“硬”加油系统进行了对比，最后选择了伸缩套管加油装置。对于执行远程战略轰炸的大型轰炸机而言，多点对接的“软式加油”没有意义，而对加油速度的要求却很高。对于一架载油几十吨甚至上百吨的轰炸机而言，每分钟 1000 千克左右的加油速度，一架飞机的加油就需要几十分钟时间，这显然是难以满足要求的，“硬式加油”每分钟可加油 3000 千克左右，是战略轰炸机唯一可以选择的加油方案。当时空军战斗机协会反对淘汰“软式加油”系统，但是他们的意见被战略空军否定了，因为当时加油机配备工作是由战略空军司令部负责的。随着 B-52 轰炸机的出现，空中加油机不可避免地进入了喷气时代，1956 年，由波音 -707 改装的 KC-135 首飞，1957 年装备空军，从此，KC-135 在美国战略空军的操纵下成为空军唯一的专门加油机。1981 年，载油更多的 KC-10 投入使用，这一现状才宣告结束。

关于空中加油的“软硬之争”，至此并没有尘埃落定，出于不同的战略考虑，英国、法国和苏联都选择了“软式加油”，美国海军和海军陆战队也同样选择了“软式加油”。然而，越南战争中空中加油技术在实战中得到了检验，“硬式加油”的优越性逐步被美国空军所认可。

### 空中加油在战争中的运用

“冷战”期间，空中加油技术在局部战争中发挥着越来越重要的作用。朝鲜战争中它初露锋芒，越南战争中它大显身手。

1967 年 5 月 31 日，KC-135 加油机组执行了一项特殊的营救任务。按预定计划，KC-135 给两架海军的 A-3 加油机加油，此时，8 架海军的 F-8 飞机也希望得到 A-3 的空中加油支持。第一架 A-3 加油机给一架 F-8 飞机加油，KC-135 正在给另一架 A-3 加油机加油，此时，另一架 A-8 飞机已经等不到 A-3 加油机脱离 KC-135，便直接与 A-3 加油机对接，空中形成了奇特的三机叠罗汉的加油。与此同时，两架海军的 F-4 飞机和一架空军的 F-104 也需要空中加油。在此次复杂的加油过程中，KC-135 由于燃油输出太多，不得不在一个简易机场紧急着陆。

在大规模的局部战争中，空中加油机也许是最繁忙的角色，此次加油显示了实战中加油机调动的复杂性，同时，不同加油系统之间的矛盾也初现端倪，然而，空中加油在作战中成绩斐然，将这一切都淹没了。在整个越南战争中，KC-135 加油机为多达 195000 次空中打击提供空中加油，加油达 850000 次，战争的高峰期共有 195 架空中加油机投入使用。值得一提的是，美国总统候选人约翰·麦凯恩在越南战争中飞机受伤、燃油耗尽，最终落入越南人的手中，对于空中加油技术的重要性他是深有体会的。有趣的是 30 年后，就是这位约翰·麦凯恩，在美国下一代空中加油机方案招标中成为风云人物；在 2008 年的美国总统大选中，他的“战争英雄”和“国防问题专家”的角色，为他的总统竞选加分不少，当然这是后话。

越南战争结束后，美军面临的战争格局发生了改变，大规模的局部战争变成了有限规模的局部冲突，外科手术式的远程突击成为美军的主要攻击方式。1983 年的格林纳达军事行动、1986 年的利比亚空袭，都是在空中加油机的支持下完成的。在这些远程轰炸攻击中，“硬式加油”系统显示了良好的性能。1991 年底，随着苏联的解体，“冷战”的铁幕落下，核战争的威胁大大降低。1990 年美军提出了“全球到达—全球攻击”的战略，为此，美国改变了本土为主的加油机部署方案，开始在全球多个基地部署空中加油机。

1991 年，第一次海湾战争的爆发，为美国实施全球干预政策提供了绝佳的机会。1991 年 1 月 17 日，B-52 从路易斯安那州起飞，通过空中加油直飞伊拉克，将巡航导弹投放到巴格达。在第一次海湾战争期间，美国空军平均每天出动 240 架加油机，为 1000 多架飞机提供空中加油，海湾战争的作战效果证明了空中加油技术在作战应用中的成功。美国空军在总结海湾战争经验时指出：如果没有空中加油，“沙漠风暴”将是另外一种完全不同的战争，正是有了空中加油的支持，才能保持高强度、高密度的攻击，从某种意义上讲，是加油机而不是攻击机决定了空战的规模。

**重被关注的“软式加油”**

海湾战争中空中加油机获得的巨大成功，无法掩盖空中加油的“软硬之争”。海湾战争以后，特别是“9·11”事件过后，美军的作战方式发生了很大转变，外科手术式的轰炸和攻击方式转变为持续的局部战争，阿富汗战争和伊拉克战争都是如此。在较大规模的地面部队进攻的同时，空中战术攻击密度和频率明显加大，战术飞机的空中加油问题日显突出。

其实，早在第一次海湾战争中这个问题已经暴露出来了，“硬式加油”无法实现多点加油，在对战术飞机加油时效率低下。英国皇家空军的 VC-10 加油机几乎承担了盟军 20% 的空中加油，“软式加油”受到美国海军飞行员的普遍欢迎，他们称 VC-10 是“沉默英雄”。在伊拉克战争中为解决空中加油机不足的问题，美国海军甚至使用了伙伴加油。2003 年 3 月 21 日至 4 月 9 日，由 F/A-18 飞机共执行加油任务 216 次。作为空中加油机时 F-18 只能携带自卫武器，而没有任何攻击能力。

在这个问题暴露的初期，人们首先关注的是如何解决软、硬不匹配的问题。为此研制了加油系统“软、硬适配器”，在 KC-135 和 KC-10 上加装软式接头。在适配器的设计上美国人可谓绞尽脑汁，一个较短的弯曲回管既解决了软管过长带来的问题，也解决了对接时软管容易折断的问题。然而，技术性的手段依然难以解决“硬式加油”不能多点加油的问题。

关于改进美国空军加油机的讨论很快进入方案论证阶段。论证表明软式多点加油方案可以节约 70% 的空中加油时间，因此，加油机可以有更高的使用效能，可以给更多的飞机实施加油。对于加油机而言，缩短了空中加油的时间等于减小了自身的耗油，可以留出更多的燃油输送给受油机，从而减少 17% ～ 50% 的空中加油机，这对整个作战行动的指挥管理是大有好处的。

除了软、硬加油方式各自的优点外，争论的焦点还集中在加油装置改装的成本上。对于美国空军一刀切的硬式加油系统，全面改进的成本巨大，而且多数现役战术飞机包括 F-16、F-15 大都快到了退役的年龄，改装带来的资源浪费不可小视，而加油机本身的改装也不是一件简单的事情。诸多困难使空中加油的改装走入了两难的境地：一方面，阿富汗战争、南联盟战争和伊拉克战争中，KC-135 和 KC-10 飞机的弱点日益暴露；另一方面加油系统改装的压力却越拖越大，美国军方不得不考虑发展下一代空中加油机。

### 下一代加油机的竞争

“9 · 11”事件以后，美军加油机老化和数量不足的问题日显突出，为此进行了五次方案论证。由于对新型加油机的需求迫在眉睫，下一代加油机的研制短时间还看不到前景，美国空军想到了一个捷径——租赁。早在 1995 年根据日本和意大利提出的需求，美国人开始研制 KC-767 空中加油机，并分别在 2002 年和 2005 年先后向意大利和日本出口 KC-767 飞机。美国空军的租赁计划就是利用 KC-767 的技术，从波音公司租赁 100 架波音 -767 飞机改装成加油机。2001 年空军向国会提出了租赁方案，这份看似能解燃眉之急的方案，最终的结果是计划泡汤、空军部长下台，其中，当时的参议员约翰 · 麦凯恩起到了关键性的作用。

租赁方案一出来就像是一份“近亲结婚”的产物，方案本身看似合理，也很快获通过了国防部的预审，但租赁合同的价格和方案的细节却引起了人们的关注。按照租赁计划，由美国空军租赁100架波音公司生产的KC-767加油机，租期6年，在租期结束后，空军将以44亿美元的价格购买这些加油机，为此，美国空军要向波音公司总共支付300亿美元的费用，这个价格甚至比购买100架波音-767还贵，显然，波音公司是这份合同最大的受益者。这份合同一经抛出就遭到美国国防部和美国国会的质疑，合同的操作过程和方案本身一起受到了审查。先是美国国防部监察长发表报告，对空军这一采购项目的合理性提出质疑；接着，美国参议院又对该合同进行了调查，并把矛头直接指向了空军部长詹姆斯·罗奇。当时的参议院国防委员会主席约翰·麦凯恩参与了调查。调查人员通过对8000多份电子邮件的分析认为，波音公司和包括空军部长詹姆斯·罗奇在内的空军人员之间“关系密切”。而从《华盛顿邮报》大量披露的电子邮件内容看，詹姆斯·罗奇为了促成租赁计划，对有关部门和官员施加了压力。2003年6月，国防部在一份备忘录中指出：租赁的价格实际上远远高出购买价格，差价在19亿～60亿美元，因此，租赁项目违反了美国国防部的采购条例。参议员约翰·麦凯恩指出：这个合同扩大了对波音-767飞机的需求，使波音公司能够保持波音-767生产线的开工，实际上是为波音公司谋福利。租赁丑闻令空军部长詹姆斯·罗奇落马。国防部开始拟采用一个折中的手段降低成本，采购80架波音-767改装成加油机，后来，由于空军对下一代空中加油机提出了更高的要求，随着KC-X计划的出笼，租赁计划最终泡汤，并成为20年来美国最大的军事采购丑闻。

2008年2月29日，法国新闻社以最快速度发布了一则消息，美国国防部宣布：欧洲航空防务及航天公司（EADS）及诺思罗普·格鲁曼公司战胜了美国波音公司，赢得了价值约350亿美元的空中加油机合同，在这份消息中法国人的喜悦难以掩饰。总统萨科齐已致电欧洲宇航防务集团首席执行官路易·加卢瓦，祝贺他的团队取得了“历史性成功”，德国总理安格拉·默克尔表示，这是空中客车公司及欧洲航空制造业的巨大成功，欧洲领导人为空中客车公司的胜利而欢欣鼓舞。

然而，问题远没有这么简单，一份可能带来1000亿美元、充满诱惑的装备订单，远非技术上的竞争，其背后复杂的政、商博弈才刚刚开始。欧洲人还来不及庆祝他们的胜利，波音公司的抱怨声和新闻媒体的质问声就纷至沓来。美国国会更是炸开了锅，不少议员表示要为落败的美国本土波音公司讨回公道。选择空中客车公司方案的理由看似十分充分，KC-30（空中客车公司加油机方案，由空客-330改进而来）具有更大的载油量，美国空军负责采购的副部长休·佩顿说：空中客车公司胜出的关键是KC-30加油机的机体更大，能搭载“更多乘员、更多伤员、更多货物和更多燃料”。波音公司也提出了其KC-767方案的优势所在：使用价值最高、风险最低，另外KC-767加油机与KC-30相比，起飞所需跑道更短、耗能更低；如果以40年的使用寿命计算，KC-767飞机的运营费用会比KC-30少140亿美元。

2008年6月18日，美国国会下属的政府问责局发表声明指出，美国空军在决定将空中加油机采购合同授予空中客车公司和诺思罗普·格鲁曼公司时，存在重大违规行为，并支持重新进行采购计划招标。随后，时任国防部长盖茨宣布，五角大楼决定将就这一价值350亿美元的防务合同重新展开竞标，国防部甚至收回了竞标的决定权，不是由空军而是由五角大楼决定加油机的方案选择。6月5日，美国空军终于为他们的一系列“错误”付出了代价，盖茨宣布，接受美空军总参谋长莫兹里和五角大楼空军部长温恩的辞呈，但下一代空中加油机计划花落谁家，依然是个大大的问号。

2010年上海合作组织军演中，中国的空中加油机再次高调亮相。中国人在西方国家技术封锁的困难情况下，研制出具有自主知识产权的空中加油机，的确值得我们骄傲。然而，关于中国应该选择什么样的加油系统一直争论不断。“软式加油”系统对接难度大的问题，引起人们普遍的关注，“硬式加油”系统加油速度更快的优点，让许多专家和爱好者对它充满了期待。其实，对于一项装备技术的客观评价不是一件简单的事情，其中有技术的因素，也有战略需求、战术运用、研发能力和国家防务特点的因素，只有综合考虑和评估，才有可能制定出一个合理的、具有长久效益的方案。通过空中加油“软硬之争”的分析，读者也许会对武器装备的发展规律有一个更加全面的认识。

# 起飞着陆中的工程学

人类进入航空时代已经超过了100年，100多年来，航空对人类生活的影响涉及方方面面。如今，中国民用航空的年客运吞吐量已经超过了4亿人次，几乎是总人口的1/3。在军事领域，空中力量在现代战争中的主导作用日益显现。如今，民用航空已经成为仅次于火车的第二大安全工具。但由于飞行的高空高速的特点，一旦发生故障和事故损失往往比较惨重，这也是航空在人们心目中留下的难以抹去的一种阴影。从1990年的厦门劫机空难，到2010年的伊春空难，我国共发生重大民用航空事故14起，其中起飞着陆阶段发生的事故就多达9起，占总事故的64%。从世界民用航空多年的事故统计看，起飞着陆阶段的事故所占的比例在60%～75%。

近年来，民用航空起飞着陆阶段发生了几起重大事故，如斯摩棱斯克波兰总统座机事故、伊春空难等，起飞着陆的安全问题再次引起了人们的普遍关注，本文就这一技术问题与大家进行探讨。

**起飞着陆中的飞机工程学**

飞机要升空飞行离不开动力，也就是发动机的推力。提高飞机总体推力的途径一是增加发动机推力；二是增加发动机安装数量。20世纪50年代美国就在波音-707飞机上采用四发布局，六七十年代，曾经流行过三发设计方案，像英国的三叉戟、俄罗斯的图-154、美国的三星（L-1011）和DC-10系列客机。八九十年代，三发飞机发生了一系列重大飞行事故，尽管其中许多事故与三发布局本身关系不大，但事故的阴影还是给这种充满创新意识的设计带来了影响，这种流行一时的发动机布局设计也渐渐退出了历史舞台，现代大型飞机的常规发动机配置是双发或四发。着陆阶段，飞机的减速性能至关重要，减速装置除了刹车系统外，还有一些特殊机构和系统。现代军用战斗机一般都配备减速伞，而民用飞机通常采用反推或顺桨（螺旋桨发动机）装置，军用运输机的反推系统与民用飞机还有一定的区别，因为要在野战机场降落，为了防止发动机吸入沙土，其发动机反推装置是向上喷气的。

除了飞机的起飞着陆性能，对飞机起飞着陆阶段的操作性和飞行品质也提出了很高的要求。早期的螺旋桨运输机的安定性较差，如安 -24 飞机在进场阶段方向修正比较困难，容易出现进场轨迹左右飘摆，飞行员俗称"耍龙"，而现代喷气客机机体狭长，俯仰安定性较差。为了提高飞机的安定性和操作性，现代战机和民用客机一般都采用电传操纵，通过优化控制率和增稳系统提高飞机的操控性能。

2009 年 11 月 28 日，上海浦东机场发生了一起津巴布韦 MD-11 客机起飞坠毁事件，事故的原因是起飞过程中飞机操控出现异常，飞机产生俯仰振荡坠毁。查阅 MD-10 和 MD-11 近几年的事故案例，类似故障发生了多起。MD 系列飞机容易发生俯仰振荡是由其气动布局造成的，三发布局使后装发动机的重量远离重心，导致俯仰安定性下降，许多飞行员就抱怨 MD 系列飞机俯仰难以控制，而且侧风修正能力也较弱。

作为世界上投入运营最多的客机——波音 -737，其在自动控制系统的设计中存在缺陷，在某些情况下飞控系统会产生指令残留，飞行员断开自动驾驶仪后飞机动态发生急剧变化，因此产生的重大飞行事故已经发生多起，2004 年 6 月 10 日，中国国际航空股份有限公司的波音 737 型 B-2650 号飞机执行北京前往香港的 CA109/110 航班。机组报告：在 1800 英尺[①] 高度脱开自动驾驶仪时，飞机突然大坡度向右倾斜，难以操纵，经飞行机组的顽强努力，飞机终于安全着陆。事后分析问题是由于自动驾驶系统设计缺陷造成的。1991 年 3 月 3 日，美国联合航空公司的波音 -737 型飞机 N999UA 航班；1994 年 9 月 8 日，美国美利坚航空公司的波音 -737 型飞机 N513AU 航班都因

---

① 1英尺=0.3048米。

类似问题发生严重空难。1992 年 11 月 24 日，国内波音 -737 型飞机 B-2523，在执行广州至桂林的航班飞行发生撞山事故，在当时难以判断事故直接原因。由于类似故障发生多起，民航部门重新判读飞机“黑匣子”，才最终认定事故是由飞控系统缺陷造成的。波音 -737 的最新改型，在飞控系统设计上进行了优化，此类问题发生的概率明显降低。

2009 年 1 月 15 日，一架美国某航空公司空客 A320–214 飞机（注册编号 N106US）执行 1549 航班，在突然遭到一群鸟类的撞击后两个发动机推力几乎完全丧失，随后在距离纽约拉瓜迪亚机场（LGA）8.5 英里[①] 的哈得孙河上迫降。这是一次成功的迫降，而挽救众多旅客生命的机长萨伦伯格成为人们心目中的英雄。然而就是在这样一起成功的迫降案例中，事故调查人员还是发现了飞机设计细节上的问题，在尾部先触水的紧急迫降中，机尾破损是再正常不过的事情了，但事故中尾部地板的构件变形外突，造成了个别旅客的身体伤害，事故调查人员由此发现了后部地板设计中的缺陷，在报告的需要飞机公司改进的项目中，更改地板结构的建议赫然在目。

**起飞着陆中的飞行工程学**

人的因素在飞行安全中起着决定性的作用。起飞着陆从技术上讲其实就是加速离地和减速落地的过程，但其中的空气动力原理一般人并不了解，许多人在对起飞着陆技术的认识上存在许多误区。

1. 升力公式的误读

$$Y = 1/2C_y\rho V2S$$

式中，$Y$ 表示升力；$C_y$ 表示升力系数；$\rho$ 表示空气密度；$V$ 表示空速；$S$ 表示机翼面积。

这个公式每个学飞行的人都熟知，一般认为，起飞着陆过程中升力等于重力，由此我们就可以判断出不同速度下飞机的迎角。其实，我们误读了对起飞着陆阶段的升力公式，因为我们首先假设飞机的升力等于重力，真实情况又是如何呢？研究发现着陆过程中飞机的平

① 1英里=1.609千米。

均过载为 1.1g ～ 1.2g，而在迫降过程中最大过载甚至可以达到 1.4g，所需的升力越大，飞机着陆的迎角就越大，这就可能造成飞机擦尾，甚至更加严重的问题的发生，如起落架损伤甚至折断。

2. 起飞着陆中的飞机安全裕度

很多人不了解看似简单的起飞着陆过程，是各种边界限制最多的阶段，安全裕度是指当前状态与边界速度、迎角、坡度、侧滑角等参数的余量。以图 -154 飞机为例，进场阶段如果不放襟翼，飞行速度与失速速度的余量只有 30 千米/小时，而某些战斗机在进场转弯阶段，迎角的安全余量也只有 2° 左右。有时飞行员下意识地超出了安全裕度，就会寻致危险的发生。例如，歼 -7 飞机会在诱导阻力作用下在拉平阶段速度迅速消失，飞行员如不了解这一特点，就会造成小速度着陆。

3. 人机耦合振荡

根据飞行操控理论，可将飞行操纵分为五种类型：前庭感知飞行、状态跟踪飞行、数据跟踪飞行、目标跟踪飞行和轨迹跟踪飞行。从人机功效的理论分析，飞行类型级别越高，飞行轨迹操控的精度越高，飞行员负荷也越大。从飞行操纵环的原理分析，人是飞机操纵响应环中的一个重要环节，即飞行员在环，在这样的人机操纵环内，人机耦合的发生不可避免。这个概念很专业，但可以用驾驶自行车来举例，当一个初学者发现行驶方向发生变化时反复地扭动车把，造成前轮的反复扭动，这就是人机耦合的现象。在起飞着陆阶段发生人机耦合振荡，会造成飞机机头左右摆动、坡度的左右摇摆和机头的俯仰振荡。例如，2000 年以来 MD 系列飞机曾发生过不下 5 起人机耦合振荡导致的严重飞行事故。人机耦合振荡的发生除了与飞机缺陷有关外，一般容易发生高增益操纵阶段，即飞行员频繁介入操纵的阶段，为了防止人机耦合振荡的发生，要有意识地防止过度干预的现象，尤其要防止下意识、凭感觉的反复操作。

**环境因素对起飞着陆的影响**

飞行器的飞行离不开大气环境，而起降阶段除了大气环境外还需要在跑道上起飞着陆，因此，影响起飞、着陆的外部因素大致可以分为大气环境因素和跑道环境因素。而研究环境对于飞行的影响是飞行工程学研究的一个重要领域。

1. 能见度对起飞着陆的影响

2010 年 4 月 10 日，波兰总统及其官员的座机图 -154 客机，在俄罗斯的斯摩棱斯克北方机场降落过程中，由于能见度较低第一次降落没有成功，第二次降落中飞机在未进入跑道前与地面高 80 米的大树相撞后坠毁解体，机上乘客全部遇难。2010 年 8 月 24 日晚一架从哈尔滨起飞的河南航空有限公司的 B-3130（EMB-190）飞机，在降落伊春机场的下滑过程中，也是由于能见度较低，飞机坠毁于机场跑道前 580 米左右的土坡上，造成多名旅客死亡，这是我国民用航空近几年发生的唯一一起重大飞行事故。

现代飞机尽管配备了高科技的精密着陆指引系统，但着陆最终还是要在目视机场的条件下完成，因此，天气条件对起飞着陆至关重要。低能见度条件下发生事故的原因主要有两种：一是飞行员在行进过程中在未发现跑道的情况下，已经与地面障碍物相撞或因为操纵失误丢失状态使飞机坠毁；二是飞行员通过指引系统最终飞到了跑道上空，但由于偏差较大在着陆时发生撞击、偏出或冲出跑道。低能见度条件下发生事故的技术原因一是天气太差，二是飞行员的工作负荷过高。要避免此类事故的发生气象条件的掌握是关键，而飞行员的技术水平也是至关重要的，大量的训练可以提高飞行员的操纵精度，也可以提高飞行员对高负荷任务的抗压力。

2. 风对起飞着陆的影响

风对起飞着陆的影响主要有三个方面，一是顺风和逆风对起飞滑跑距离的影响；二是侧风对起飞着陆方向的影响；三是风切边对飞机状态的影响。

着陆时飞行员更喜欢逆风，因为顺风不仅影响到飞机着陆后的滑跑减速，也会影响飞机下滑着陆，在顺风太大时甚至有可能造成飞机着陆平飘距离太远，而无法在着陆区域接地。

侧风对着陆的影响最大。在飞机的气动设计上要求飞机具有较好的横航向操纵性和安定性，要求飞机对侧风不能太敏感。侧风着陆对飞行员的驾驶技术也提出了很高的要求。修正侧风一般采用三种方法，一是坡度修正法；二是航向修正法；三是位置修正法。当侧风大于 10 米，就需要两种以上方法结合使用，如当侧风大于 14 米/秒时，就必须使用位置修正法来操纵飞机，此时飞机在下滑进场过程中的运动趋势是飞向跑道外的，而且航向也是偏向一侧的，只有当飞机即将进入跑道时飞行员才通过精确的操纵使飞机慢慢回归跑道。着陆技术是需要通过大量的飞行实践积累的。

3. 风切变对起飞着陆的影响

人们对于风切变的认识也是近几十年才逐步丰富完善的，早期一些风切边引起的着陆飞行事故往往被定性为人为操纵错误。沿飞行航向的风切变，可能引起飞机升力的变化从而影响飞机轨迹，飞机轨迹的变化又影响飞机的迎角，这一系列的变化如果严重就会导致飞机的失速。在起飞着陆阶段由于高度较低、速度较小，一旦发生失速飞行员很难处置。当然横向的风切变也会对飞机的动态产生影响，2002 年 7 月 13 日，在歼 -10 飞机试飞中，就曾发生过由于横侧风切变引起的横航向人机耦合振荡，在高度 2 米的情况下导致飞机坡度振荡达到 18°，由于飞行员的正确处置才化险为夷。

**起飞着陆中的危机处置**

从工程学的角度分析，任何人操控的机械系统都有发生故障的可能，因此，危机处置就成为工程安全学领域的一个重要概念。危机处置的最高原则是安全，这个理念说起来容易，到具体操作层面把握起来就会产生偏差。其原因在于，在危机处置的最高原则指导下，在操作层面还有许多专业性很强的知识和理念，这些细节的东西才是我们危机处置的关键所在。

1. 危机处置的任务目标发生了变化

正常情况下无论是军事飞行还是民用飞行，起飞着陆阶段的任务要求就是准确进场、轻盈着陆。然而，当危机发生时，任务目标虽然没有变依然是起飞或者着陆，但任务的要求和标准却发生了根本的变化，由追求完美变成了尽可能地避免或减小损失。任务标准和要求的变化，对飞行员操纵原则和技术运用提出了新的要求。

以 1997 年中国南方航空股份有限公司深圳机场空难为例，当时天气状况已经急剧恶化，飞行机组其实已经进入了危机处置状态。在第一次着陆时尽管飞机接地较重而且引起了系统故障，但飞行员其实已经很好地完成了危机处置的任务——飞机安全落地了。然而，由于飞行员对于危机处置原则把握出现了大的偏差，在任务完成并不圆满的情况下，试图通过努力改变处置结果，机组成员做出了再次离陆的决策。但由于外部条件继续恶化，飞机经过高负荷的任务重压，能力已经急剧下降，根本无法完成再次着陆的任务，最终飞机着陆中由于偏差过大，发生机毁人亡的重大事故。

2. 危机处置中的飞行员任务负荷

根据人机功效学的原理，飞行员完成任务的质量与飞机人机界面的完美程度、飞行员的心理状态及任务的负荷程度是相关的。而在危机处置过程中，飞行员的压力是双重的，一方面由于危机所造成的复杂局面，会对飞行员的心理产生巨大的压力，这种压力对飞行员能力的影响负面的成分更多；另一方面危机情况下完成同样任务，任务的负荷会大大增加，这些都会严重影响飞行员完成任务的质量。

2009 年 1 月 15 日，美国纽约哈得孙河上的迫降过程中，尽管飞行员萨伦伯格和机组成员已经做到了最好，但从事故后的工程分析看，飞行员在着陆轨迹和速度的控制上依然出现了明显的偏差，对此美国民航安全部门在报告中是这样描述的：由于危机处置中飞行员的工作负荷急剧加重，使得飞行员完成任务的质量有所下降，但这种下降在正常和可以接受的范围之内，并最终导致了损失最小的结果。这样的结论恰恰是公允与合理的。

我们在危机处置的认识方面最大的误区在于，总是要求飞行员在危机情况下做到完美，而这种要求其实是难以达到的，且在这种苛求完美的理念驱使下，飞行员在遇到突发的危机时往往会产生错误的决策，不是首先考虑如何保证安全，而是想到如何做得更好甚至更有面子，这种错误的理念如果落实到对飞行员操纵技能层面，就会导致错误的决策和操作。

实际飞行中飞行员决策所受的干预是复杂多元的。例如，在斯摩棱斯克空难中机组成员就受到了来自机上具有高度行政权威人士的干预，因此，在北方机场地面指挥人员发出到其他机场备降的明确指令时，机组仍然选择强行着陆，这也成为此次空难的一个重要原因。

3. 起飞着陆中飞行员如何做好危机处置

起飞着陆是在近地高度上完成的复杂飞行任务，危机发生时飞行员所处的局面更加复杂，因此做好危机处置的难度也非常之大，对飞行员综合能力的要求极高。那么如何做好危机处置呢？对于千差万别的各种起飞着陆局面，很难给出一个明确的操作层面的明细规则和指南，但飞行员应当首先建立科学的危机处置理念，并把握几条重要的原则：

其一，要有成功处置的决心。危机局面的出现对飞行员最严峻的考验也许不是技术，而是心理，此时任何的犹豫不决与惊慌，对于最终的处置结果没有任何良性的帮助，只会使局面变得更加难以控制，而此时坚定的决心是飞行员建立良好心理状态的基础。

其二，正确判断局势做出正确决策。在危机情况发生时首先要冷静，要在最短的时间内分析判断最坏和最好的结果，并用安全的大原则对结果进行分析，并转化为正确的决策。飞行员要认识到危机处置错误导致的结果绝不是什么“不好看”，而是关系到人员生命的大事，所有的决策都要以保障人员安全作为最高原则。

其三，要善于将复杂任务简单化。危机来临由于外部环境的变化或者是飞机系统的故障，完成任务的难度大大增加，飞行员势必要采用应急处置预案，采用备份系统、按照备份方案进行处置，此时飞行员的任务负荷会急剧增加，甚至超出了飞行员的能力范围。在这种情况下飞行员因以安全为最高原则，有意识地简化任务，这非常有助于降低飞行员的工作负荷，也更容易获得安全的结果。

其四，要防止自我怀疑反复决策。经过局势判断和分析，决策一旦确立没有特殊情况就应该坚决执行，此时最大的忌讳就是在决策执行一半时，对自己产生怀疑临时改变决策，而要坚定信心按照正确的决策坚持到底。在哈得孙河的成功迫降中，萨伦伯格的个人心理优势发挥了作用。作为一个相对内向和具有丰富经验的飞行员，萨伦伯格在危机处置中排除干扰的能力很强。故障发生后，起飞、备降机场的指挥系统提出各种“合理化”建议，但萨伦伯格没有做出任何回应，只是在最后说了一句“我马上要落在哈得孙河上了！”从他根据情况判断做出决策后，就始终毫不犹豫地坚决贯彻自己的决策，他的这种超强的危机处置品质使他最终获得了成功。

关于起飞着陆的工程学分析，专业技术的含量很高，我尽可能地用通俗的语言和平常思维，来向大家解释其中的工程学奥秘。当然作为民用航空的服务对象，当你乘坐飞机进行旅行时，除了了解这些工程学知识外，还要有危机自救的理念和相关知识，关于这一点飞机上的各种提示资料，乘客应该很好地阅读这些资料。如果危机一旦发生，作为乘客除了相信飞行员危机处置的专业技能外，还要把握逃生的基本原则：起飞着陆过程中如果事故，飞机一旦在地面停止，就应该在乘务人员的指引下按秩序迅速离机，因为此时飞机上是最不安全的区域。离机过程可能会发生一定程度的身体伤害，但这并不重要，重要的是只要你离开飞机抵达安全区域，你的生命就得到了保证，而当危机一旦发生时，能够拯救你生命的是你的正确决策和行动。

# 六、遥远的战友

# 偶然事件

2004年底，我以一种特殊的方式回到了家乡杭州，给妈妈打电话报平安，却没有时间去看她。每天下班后，我就和新改装歼轰-7的战友一起研究飞行，新的战机成建制装备部队，最关键的问题就是新机首训期间的飞行安全。

晚饭后我给张大队长提了个建议，想和大队的飞行员一起研究新机的故障分析与统计工作。会议室里，飞行员脸上的汗水洋溢着飞行后的兴奋，对于我提出来的对新机的性能进行统计分析，他们讨论得非常踊跃，可一谈到对飞机的故障进行统计，有些飞行员提出这是机务质量控制人员的工作。为此，我给他们讲了一个小故事。

歼-10雷达试飞时，雷达故障是最令人头痛的，好不容易安排一个试飞架次，可是一个雷达故障就让整个架次报废了。一次试飞中偶然的雷达故障，雷达显示信号卡死，所有的雷达参数都无法控制，飞行后检查却没有发现雷达有任何问题。雷达参数控制失效的故障并非经常发生，这给我们的故障分析带来了很大的困难。几天后的一次试飞中，雷达故障再次发生了，好在我们已经有了准备，为该架次安排了备份试飞内容。可是我发现座舱显示系统也发生了故障，我唯一能做的就是对显示系统进行重新启动。故障排除了，试飞继续进行，在即将结束试飞时我向指挥员建议，能否再次检查雷达工作，奇怪的事情发生了，当我再次开启雷达后，先前的故障居然消失了。座舱显示系统故障引起的雷达故障？一个大大的疑问在我脑海中产生，飞行后的检查证明了我的猜测，而该故障也成为航空电子系统中的经典故障，被记录在歼-10飞机的故障统计中。在以后的试飞中再出现歼-10雷达参数控制的故障，我们首先想到的就是显示系统故障，这种试飞故障统计得出的经验，提高了故障定位的准确性和排故的效率，也使试飞的效益得以大大提高。

我的故事再次引发了飞行员的讨论，他们说，新机首装期间的飞行与科研试飞非常相似，遇到各种各样的故障问题是不可避免的，统计故障不仅可以提高我们判断处置故障的能力，还可以为后续装备新机的部队积累经验。

短暂的半个月过去了，我在新机部队的带教任务也告一个段落了，回家匆匆探望父母后我又回到了试飞部队。半年后的一次会议上，我再次遇到了张大队长，他告诉我在经过短暂的磨合期后，他们对新机的性能进行了拓展性训练，在对地攻击性能方面取得了重大突破；通过故障统计分析，他们还发现了飞机系统设计上的一些重大缺陷，他们提出的改进意见有些已经在飞机上落实改装。

多年的试飞实践告诉我，飞机作为一种工程产品，其故障的发生有许多规律可循，而要发现这些规律，就要善于对飞行中发生的偶然故障进行统计分析。有些相同的故障反复出现，而有些故障尽管表面现象并不完全相同，但规律却是一致的。通过统计分析我们就可以发现故障的真正原因，甚至可以发现系统设计上的固有缺陷。

2005 年我来到了作战部队，在一次指挥歼 -10 空战科目训练时，当飞行员报告雷达参数无法控制，建议终止科目返回时，我建议他重启显示系统，雷达的故障果然消除了，而训练也得以继续进行。

这是一个飞速发展的时代，这是一个武器装备日新月异的时代，这是一个到处都充满局部危机的时代，这是一个战争样式不断变化的时代，这是一个新观念如风暴般袭来的时代，这是一个让人应接不暇而又不得不面对的时代……

## 鹰的角色

1992年的夏天，贵阳，歼教-7飞机上，我有幸遇到了一位对飞行充满激情的人——王光耀，北京人，歼教-7首席试飞员。他带飞我穿行于大西南奇特的喀斯特山地间，惊险而优美的特技动作令我热血沸腾。

在那个充满青春梦想的年龄，我沉迷于飞行事业，苏-27、F-16飞机令我们着迷，“雷鸟”梦幻般的飞行表演，是我们津津乐道的话题。

作为一名战斗机飞行员，我是幸运的。1994年我登上了苏-27飞机高高的悬梯，那是我的战友做梦都想飞的飞机。我有幸和科沃丘尔、萨莎、巴威尔这些世界顶尖的试飞员一起飞行，眼镜蛇机动、失速螺旋不在话下，我们甚至驾驶运输机到圣彼得堡去旅行。1994年10月，当我怀揣国际试飞员证书回到祖国，我第一个想到的就是王光耀，我真想再和他一起飞一次特技。

然而，等待我的不是令人眼花缭乱的特技飞行，而是高难度的武器实弹试飞任务。我有幸参加了我国第一枚中距导弹的试飞工作，试验的艰难程度超乎想象。一次次的失败，一次次的地面试验，一次次的数据判读，一次次的空中模拟。我们三次离开又三次奔赴大漠深处，经历了三年漫长的时间，靶试的日子终于来到了。

那天，我坐在指挥大厅，目送着载机和靶机分别起飞，渴望着靶试成功的那一刻早一点到来。试飞员龙林仓驾驶着战机，第一次进入雷达截获距离近，第二次进入龙林仓很快瞄准了靶机，可就在即将发射的那一刻，目标从雷达屏幕上消失了。此时靶机的油量只够最后一次进入了，可以想象试飞员承受着多大的压力。龙林仓驾驶战机再次进入，“发现目标！”“截获目标！”“瞄准目标！”试飞员只用了6秒的时间就完成了截获、瞄准、攻击的所有动作。指挥员果断地下达了口令：“发射！”大屏幕上导弹拖着尾烟飞向靶机，一刹那导弹和靶机交会了，那个画面仿佛定格了，大厅里鸦雀无声，忽然靶机机头一掉，一头栽向地面，雷鸣般的掌声响彻了指挥大厅。

靶试的成功带给我的不仅仅是喜悦，它让我对飞行有了全新的认识。战斗机不仅仅是用来飞特技、编队的，它真正的意义在于发射武器攻击敌人，决定战斗胜利的不仅仅是飞机的性能，更重要的是武器的性能和杀伤力。

我从一个飞行狂变成了一个学习狂。航空史话、中国空战战例、越南战争、中东战争，常规武器、雷达、导弹、对地精确制导武器，电子战、预警机、C4ISR系统①，外科手术、网络中心战、体系作战、不对称战争。名词和史料浩如烟海，观点和理论扑朔迷离。知识带给我喜悦，思索也令我迷茫。越南战争中F-4鬼怪取消了航炮，可它遇到了真正的对手米格-21；美军成吨的炸弹将越南的丛林夷为平地，可重点目标的杀伤概率还不到20%，一个美国少校为激光炸弹而痴迷，将美军弹药库里陈旧的炸弹变成了精确制导武器，杀伤概率提高到了70%；GPS（全球定位系统）技术成就了联合攻击弹药，留给中国人的是中国驻南斯拉夫联盟使馆难以磨灭的惨痛记忆；中东交战双方同样水平的战机，展现的却是一边倒的局面；美国人从20世纪80年代在伊朗的铩羽而归，到两次海湾、伊拉克战争的所向披靡。学习和思索让我明白了这样一个道理：武器改变着战争的样式，而与之相适应的作战体系和战术决定了战争的成败。

命运似乎总是在等待着有准备的人，进入21世纪，我有幸成为

① C4ISR，commond，control，communication，computer，intelligence，surveillance，reconnaissance，即指挥、控制、通信、计算机、情报、监视、侦察，通常指信息通信指挥攻击系统。

中国第一款三代机——歼 -10 的试飞员。三代机的试飞已经与二代机不可同日而语，二代机试飞主要是考核飞机的性能，而三代机的航空电子系统和武器试飞占总试飞架次的 60% 以上。2000 年 11 月 19 日，我登上了歼 -10 飞机，经过多年飞控系统和航空电子系统的理论研究，我在歼 -10 飞机上如鱼得水。试飞中我们没有沉迷于创造速度和机动性能极限的快乐里，我们探询三代机的飞行驾驶技术，摸索发挥雷达最佳性能的方法，研究各种态势下发射武器的最佳时机。我的生命似乎融入了飞机的灵魂，真正达到了物我两忘、人机一体的飞行境界。经过艰苦卓绝的努力，我们攻克了一个个技术难关，在 2003 年冬天，我们终于迎来最后决战的关键时刻——导弹实弹靶试。

10 年前，在二代机武器试飞中，我还只是一个参与者，10 年后的今天，在同一片蓝天下，人们翘首以待的是我凯旋的消息。靶机刚一起飞，我就利用雷达的性能迅速截获了目标，即将进入靶区时靶机突然一个机动，目标几乎飞跃雷达的搜索边界，我迅速利用歼 -10 飞机的水平机动性能，一个不规则水平机动紧紧咬住了靶机。导弹解锁、瞄准目标，突然，耳机里传来指挥员的指令：“靶机故障，迅速脱离，等待下一次进入。”我意识到，我遇到了 10 年前同样的境地，靶机的油量只够最后一次进入，留给我的只有最后一次机会了。再次进入，我很快就截获了靶机，就在即将构成发射条件的时候，靶机控制员报告：“靶机加力系统故障！”指挥员下达了指令：“采用第二方案！”“第二方案”是靶机故障时不得已的应急方案，试飞员要在短短的 2 分钟时间内迅速减速 400 千米/小时，然后再加速 400 千米/小时，并且要在规定的距离发射导弹，导弹攻击的机会瞬间即逝。凭着对飞机性能的高度敏感，我精确地控制最佳发射时机，导弹离梁的瞬间飞机迅速向右倾斜了一下，浓烈的导弹尾烟遮蔽了部分风挡，我透过缝隙顺着导弹前进的方向看见了靶机，一瞬间导弹遇靶，一团火光闪现，靶机立即解体下坠。靶试成功了，歼 -10 飞机定型试飞画上了圆满的句号！

三代机试飞的成功经历，丰富了我的飞行经验，提升了我的人生境界，让我站在一个新的高度去审视自己的事业。当网络中心战、效果中心战、C4ISRK系统[①]、体系作战、非对称战争等学术名词扑面而来的时候，我没有头脑发热，而是通过理性的思维去探究现代战争的深层次问题。

无论 C4ISRK 系统说得如何玄奥，现代空军战场体系无非是由以下要素组成的：平台、传感器、杀伤武器、信息网络、电子战系统、指挥中枢系统。在这个体系中信息网络是系统神经，指挥中枢系统是系统运作的核心。作为空中战斗力的主体——歼击机、攻击机、轰炸机，在现代战争中扮演着“鹰”的角色，它既是平台也是传感器和杀伤性武器，真正产生作战效果的是武器和传感器，而平台只是承载工具。在战争中，飞行员通过体系和本机传感器获得的目标信息，在指挥中枢的指挥下，操纵飞机平台抵达作战区域，用最合理的战术机动瞄准目标、发射武器，达到杀伤敌人的战术目的。

飞行员要成为能够打赢未来战争的真正的“鹰”，必须经过紧贴实战的高强度、高科技训练。平台驾驶技术、武器操控技术、战术运用技术是飞行能力三要素，其中平台驾驶技术是基础，武器操控技术是关键，战术运用技术是核心。飞行员基础技术掌握后，训练的重点应当落实在武器操控和战术技术训练上，通过训练使飞行员逐步提升远程机动能力、精确打击能力、战术运用能力、指挥协同能力，在此基础上加大训练难度，在逼真的战场氛围和复杂电磁环境中训练部队，使部队真正具备打赢未来信息化条件下突发战争的能力。体系对抗是未来战争的基本样式，航空兵是作战体系中的主要攻击力量，战斗机飞行员既要明确自身角色、练就过硬本领，也要了解体系构成和体系运作模式，更要了解对手，了解未来战争的走向。

这是一个飞速发展的时代，这是一个武器装备日新月异的时代，这是一个到处都充满局部危机的时代，这是一个战争样式不断变化的时代，这是一个新观念如风暴般袭来的时代，这是一个让人应接不暇而又不得不面对的时代……

我用狄更斯《双城记》中著名开场白的形式来描述我们这个时代

---

① C4ISRK，K指的是杀伤，其余和C4ISR含义一样。

并不是故弄玄虚。中国空军肩负着保卫祖国及维护和平的重任，随着国际局势的日益复杂，以及武器装备的不断发展，空军的训练模式必须有与之相适应的改变和发展，战斗力是衡量我们训练质量的唯一标准。空军航空兵飞行员要始终牢记自己“鹰”的角色，祖国和平的天空需要我们这些英勇的“雄鹰”来保卫。

天青色的苍穹下万物都已沉寂，唯有月光像情歌般如诉如泣……

## 俯瞰西部

“祝贺你实现了自己的理想，你终于可以从一个全新的角度看这个世界了，而这是我无法做到的！”

1984年的夏天，当我如愿成为一名飞行员时，童年好友建华来信中的这段话令我印象深刻。但在记忆里，我似乎从来没有在信中向朋友描述过天空的景象。那个令我憧憬了20多年的天空，当你真的置身其间时，却很难用语言表达你对它的感受。

或许是命运的安排，飞行学院毕业后我的飞行轨迹就没有离开过西部，西南山区、关中平原、戈壁沙漠，那些绵延起伏甚至有些贫瘠的土地，曾经令我沮丧但更令我迷恋。2004年的冬天，我终于离开了西部，但那片天空、那片土地总会时常在我脑海中浮现……

元谋，透着一股甘洌的气息，天空中时常是一丝不挂。阳光把沙土坡地晒得惨白，又把丛林密布的山峰勾勒得锋芒毕现。第一次驾驶高速战机向下俯冲，一种从未有过的恐惧扑面而来。第一次飞远航穿越虎跳峡、洱海和丽江甸子，那个令英雄迷恋的虎跳峡几乎难以分辨；玉龙雪山巍峨耸立，雪线之上洁白的山峰从上百千米外就清晰可见；洱海则像一个静静的处子，又像湛蓝的海洋之心宝石，在碧绿的草甸和隆起的山峦之间，泛着沁人心脾的蓝色，而浮光在那片蓝色中时隐时现，透射出一种原始的神秘。突如其来的积雨云会骤然形成，这在高原是一个危险的信号，当我们以最快的速度返回机场时，雷声已经在空中炸响，一场暴雨迅即就将整个天空笼罩。

重庆的确无愧其雾都的称号，第一次飞翔在白市驿的上空，仿佛置身牛奶瓶中。偌大的重庆从空中俯瞰，只能隐约看出长江蜿蜒的轮廓，偶尔山坡上的高大建筑会在一片白雾中浮现，令你仿佛置身海市蜃楼之中。重庆的飞行记忆并不都是浑浊一片，在一次编队飞行中，当我和长机穿过第一层云，两个云层夹缝中的天空是如此清亮，密集队形编队中，我看见长机蒙皮上清晰的铆钉。当然这只是20多年前我对重庆的印象，如今的重庆已经恢复了其山城的美名，而雾都的景象你已经很难看到了。

我飞行生涯中的最长一段时光是在陕西关中度过的，我熟悉那片土地上的每一个细节：盐碱沼泽上有几片水泡子，进入山区飞行要经过的那个山坳有多高，洛河河道中有几个拐弯，渭河滩上平坦的沙地有多宽？关中大地最壮观的当然还是黄河，从壶口险峻的瀑布一路经过山川、河塬，南下到河津变成宽阔的滩涂，到潼关河道突然聚集收拢拐头向东进入河南。早晨一层薄雾笼罩在黄河滩上，河流与黄土浑然一体难以分辨，傍晚河水又在余晖中波光粼粼，透着温暖与灵动，令我赞叹出这样的诗句：天高云地黄河渺，塬古人新岁月长。

我曾多次驾机从关中穿越高原，进入漫长的沙漠地带，最终来到令人神往的酒泉基地，原以为沉寂一片的沙漠其实是最富于变化的。你会看见宽度几千米的风墙，在沙漠中卷起一片昏黄，而风墙的两边却平静如初，风墙过后的沙漠上留下一道清晰的痕迹；你会看见一阵旋风在沙漠上幽灵般地游走，一会仿佛消失了，一会又再次出现；你会看见在有人居住的地区，每隔几十千米就会有一个水库，水库的周围是星星点点的绿色，那里不是一个村庄就是一个矿区，或者是军人驻扎的一个小点。你会看见无数个月牙泉在沙漠的隆起处闪烁着波光，那是水源令流沙驻足形成了沙包，而月牙形的水泡子是空气动力驱动沙砾自然形成的。沙漠中的空气干燥而洁净，但你也许不会想到，初次在沙漠里飞行你会无法看清沙漠的细节，浑然一片的沙砾令你的目光无法聚焦，你的眼睛要经过几个月的时间才能适应沙漠的环境。

令人遗憾的是，我没有在沙漠的夜空中翱翔的经历，我想那一定是一种非常奇妙的感觉，好在我有在沙漠里遥望月空的体验，并留下了美妙的诗句：

天青色的苍穹下万物都已沉寂，唯有月光像情歌般如诉如泣……

# 失而复得的 87 秒数据

英雄李峰冒着生命危险挽救飞机创造了飞行奇迹，然而，最终着陆的 87 秒数据丢失是最大的遗憾。理论界为之叹息，真实的停车迫降数据价值上亿元，丢失的数据就像神秘的天书难以破解。

此刻，最需要的是冷静，我仿佛驾驶神舟飞船进入了浩渺寂静的太空，面对几千条数据我的思维出奇的冷静，我相信一定有一条数据是上天留给我的启示。半个多月的废寝忘食，一把小小的卡尺不断地丈量着，我相信最终的答案就在我一次次的演算中。

每一个突发的灵感，都会有一两个数据突然蹦出，就像洒落的凌乱彩珠，恍惚间又连成了一串珠链，忽而又像稍纵即逝的流星坠入漆黑的寰宇。

在那个神奇的午后，一种力量把我按在电脑跟前，我又一次重复已经反复演算过的数据，我知道数据里什么也没有，但我就像不受控的机器人一样算啊算啊……，等我缓过神来一串神秘的数据居然出现在纸上，那是我写的吗？我甚至没有看清楚我在上面写的是什么，但我确信这就是我梦寐以求的答案。

我像 2000 多年前的阿基米德冲出了书房，我给我认识的所有人打电话，告诉他们：我发现了！

试飞英雄给我欣然的祝贺，我亲爱的领导把这个也许不是喜讯的喜讯第一时间转告了身边的人，我仿佛看见九天的英魂李剑英在颔首微笑，我分明听见父亲在天堂开怀的笑声。

新婚中的李峰笑得最开心，在这个非凡的时刻我和他的心灵是相通的，因为每一天我都从他英勇的气概中获得灵感。

这是一个简单的答案，却几乎让英雄付出生命。这是个从未解密的答案，冥冥之中上苍要我借李峰英雄的翅膀，飞临宝塔的顶端，去采摘那一枚酸甜的果实。

# 屋檐下的天空

早在李峰成功迫降前半年，我就在歼-10模拟机上无数次地重复着迫降的过程。其实，关于歼-10飞机的停车迫降数据我早就了然于胸，驱使我如此执着地沉迷于迫降飞行的原因主要有两个：其一，歼-10飞机作为一款三代机，为什么试飞所得的停车空滑比如此之小；其二，停车迫降中速度为什么消失得这么快。

当我遇到自己无法解释的飞行问题时，我往往会不由自主地走向模拟机房，这个习惯源于初学飞行时的一次奇特的经历。尽管早在入飞行学院时我就在模拟器上进行过地面模拟训练，但坐在那些机电仪表吱吱乱叫的昏暗座舱里的训练，也许是初学飞行的人最不愿意回忆的经历。当我在模拟机房的登记簿上记上1个小时的训练时间的时候，我就在问自己这样的训练有什么效果。让我彻底改变对模拟机看法的是在俄罗斯的一次模拟飞行，在那个依然昏暗的小房子里，我不仅看见了仪表，还第一次看见了模拟的天空、原野和跑道，第一次着陆时的失败激发了我倔强的性格，当我终于征服了模拟机平稳地在"跑道"上着陆的时候，我第一次爱上了模拟飞行。

从那以后，我总爱随身带上一个精致的硬皮本，那是我自己的模拟机登记簿，无论我走到哪里，只要看见飞行模拟机，我都要花上一两个小时体验一下，并让模拟机管理人员在我自己的小本上记下我的训练时间并签上名。

飞行模拟机不仅可以用于训练，它的飞行研究价值更令我感兴趣。从1994年开始，我在歼-10品模台（一种模拟试验装置）上进行了多轮试验飞行，正是在那个小小的台子上我们解决了起飞着陆、失速螺旋、密集编队及飞行包线内飞行品质的重大技术问题。通过模拟试验我不仅增加了模拟飞行的经验，更掌握了研究飞行问题的地面试验方法。

李峰的成功迫降令我欣喜，但当我听说由于电源系统故障，李峰迫降阶段最关键 87 秒的大气数据丢失，我的内心充满着焦虑。多年从事试飞工作的经验告诉我，这次迫降有多么重要，宝贵的迫降数据将破解航空界关于停车迫降的重大理论难题，87 秒重要数据的丢失，给破解这一难题带来了巨大的困难。我再一次不由自主地走进了模拟机房。在那个昏暗的屋子里我一遍遍地推算着数据，一遍遍地在模拟机上演练，经过 15 个日夜的摸索，那段丢失的数据隐约若现，渐渐清晰。我突然想到一个大胆的假设，李峰这次迫降的空滑比也许远远大于试飞和理论计算值，要论证这一假设，必须设计一条最佳的迫降轨迹，接着我又经过 3 天的反复模拟完全证明了这一假设的合理性。当我在十几位专家面前演示李峰的迫降过程的时候，我仿佛真的置身于那个真实的天空，感受到了那份紧张和惊心动魄，当我在第 87 秒准确地将飞机迫降在跑道上的时候，那些专家报以热烈的掌声。

屋檐下的天空和真实的天空一样令人着迷，就是在这个平台上，我完成了倒飞螺旋、快速爬升、任意机动、动升限飞行、停车迫降等重大课题的研究，提出了“等姿态角爬升”“弱动力飞行”“状态控制”“区间变向”等新的飞行理论，我认为：我在飞行模拟机上所花的每一分钟都是值得的。

# 打靶日记

“日记不是为‘今天’而是为‘明天’所写的，明天的‘读者’也许是你自己，也许是别人。”

新机空靶试验终于圆满结束了，当我翻阅自己的打靶日记时，对以上这句话有了更深的体会。我把这段日记摘录如下，为避免冗长去掉了日子，但时间顺序没有变化。

“给斌斌去电话，我们就要打空靶了，斌斌笑着说：6 年前是我第一个在空中开的炮，那时是模拟攻击，这次的实弹射击就看你的了。我说：6 年前是你一个人，这次我们是一个团队，但说实在的，能不能成功我心里也没有底。”

“关于空靶的最大疑惑就是传感器的效能，今天首长采纳了我的建议，我们组织了传感器专项试飞，试飞结果出乎意料地好，它准确地捕捉了目标，打靶遇到的第一个难题终于解决了。”

“要在空中套住飘忽不定的目标，需要的不仅仅是操纵的技能。按训练大纲规定的两个架次练下来，空中射击的技术要领依然没有掌握，我知道这不是我们的领悟力不够。新机的空靶训练特点突出，要掌握技术要领看来光练是不行的，还需要认真地分析研究。”

“第一天的空靶实弹射击训练首发命中，飞机还没有落地指挥员就通过无线电把好消息告诉我们了。满是弹孔的靶标很快拉来了，我们没有丝毫的沾沾自喜，我们要从弹孔的分布情况分析更好的瞄准方法。为什么第二批次的打靶成绩下降了，视频回放室里飞行员的争论热烈而理性，空靶中的要素很多，看来光关注一点是不行的，只有控制好所有的要素，靶试成绩才能稳步提高。”

“从下午到晚上一直在昏暗的飞参室里判读今天攻击训练的视频，

我似乎喜欢这样的工作，记录下一个个数据尽管很辛苦，但有一种说不出的充实感，一两个数据也许说明不了问题，但通过大量的数据分析，空靶训练的最佳方法就渐渐明晰了。”

“今天第一个起落就掉靶了，训练还继续吗？所有的飞行员都来到视频回放室，如何防止规避掉靶，措施很快就明确了。“继续飞！”首长果断地决策。第二个架次王副团长就创造了纪录，“39 发！”王副团长开始有点不相信，因为这几乎就是满环，确认成绩后王副团长掩饰不住地笑了。最后一批是双机攻击，打靶结束飞机还没有落地，靶场的电话就来了：靶标都快打漏了！飞行后的讲评室里飞行员情绪热烈，我和团长击掌相庆，我们终于圆满完成了任务！”

“6 年前因为条件不具备没有完成空中打靶任务，随着此次打靶训练的圆满结束，我可以骄傲地说我已经掌握了新机所有武器的攻击技术了。明天就要去部队空靶巡回教学了，我在讲义的开头是这样写的：关于空靶我要说的也许只有两个小时的课，但是关于空靶的理论所要学的却是一本厚厚的书。”

# 阿标的心事[①]

人生的挑战并不一定每次都带给人激情，有时是压力而有时则是焦虑。

此刻，外表帅气的阿标站在讲台上，可以看出来他为这次答辩做了充分的准备，作为评委我准备给他高分，不仅因为他的论文严谨翔实，更因为他答辩时的自信和帅气，这是试飞员必须具备的气质。

一年前，就是这个帅气的阿标在电话里的口气犹豫不决。我不想和他解释，我说："去还是不去，你自己做主吧！"作为首期高素质试飞员选拔的评委，我接到过许多电话都是希望我给推荐的。我心里其实一直看好爽快帅气的阿标，他最近是怎么了。

我在外地出差，老首长的一个电话才让我了解了事情的原委。阿标是家中的独子，最近家在部队驻地附近的父亲病重，妻子的特招正在办着，对于接近而立之年的年轻飞行员来说，这些都是和事业息息相关的生活大事。我的内心可以体会阿标对于试飞员的那份渴望，否则他可以毫不犹豫地留下来。在部队阿标事业有成，飞行是同期中的佼佼者，而且很快就要提大队长了。

再次见到阿标是在北京空军总医院里，初选通过的飞行员集结北京，准备迎接最严格的遴选，灯火通明的会场上，医院的病号服难以掩盖这些年轻飞行员的勃勃英气，谁能说未来这里面不会出现李中华式的试飞英雄呢。英俊的阿标在他们中间显得很平常，他们都是从各个部队挑来的尖子飞行员，个个都是好样儿的。会后，曾经负责航天员选拔的徐院长乐得合不拢嘴，他说这拨小伙儿不比当年的航天员

---

① 本篇描写的是06批试飞员学院的故事，在这批8名试飞员中，有2名成为中国航母舰载机首飞队员，2012年11月25日，他们驾驶舰载机歼-15成功着舰。另外，有多名试飞员参与了国产五代机歼-20战机的试飞。

差。步出会议室我走到阿标跟前握着他的手，想鼓励他几句，阿标傻傻地笑着说："老首长，所有检查我都会努力应对的，可是我也许不能接受选拔。"我收起了笑容告诉他："先不考虑这些，你准备应对明天的检查吧。"他们也许不知道等待他们的是极为严格的考核，他们中间只有一半人能留下来。我心里说：阿标，明天你等着吧，也许不用你自己退出了，我对阿标突然没有了信心……

第一关的面试至关重要。10 个大项不同权重的考核每项都很重要，考核由 10 个评委分别打分，评委的个人感情分无法左右最终的结果，所有评分标准都是客观公正的，唯有第一关面试印象分很重要，第一印象的好坏很可能决定最终的结果。阿标第三个出场，双学士的身份不会给阿标带来任何好处，善于思考的他回答问题时少了其他飞行员的直言快语，这一点阿标吃了不少亏，第一轮下来阿标并不突出仅排在中游。

短短几天大多数考核结果都出来了，理论考试是阿标的强项，身体考核阿标更是名列前茅，综合评分阿标的成绩已经靠前了，我心里说阿标还真争气。最后一项是最考验人的心理和综合素质的，6 个人在海上遇到险情，你是船长要设法救出所有处于险境的队友，每个被考核者面对事先设置的情况，要迅速做出应对反应，价值观、心理、决策能力、领导能力、应变能力还有口才，不同素质个体的差异一目了然。善于思考而又果敢的阿标明显胜出，好样儿的阿标。

最终的评分已经出来了，阿标位列第二，然而，最终决定他们命运的还有政审和其他不确定因素，而首要考虑的是参与者的主观愿望，每个飞行员都有对自己命运的最终决定权。

回到部队我除了飞行训练的日常工作，还有一项重要的任务，那就是编写《试飞员试飞技术概论》教材。翻阅着满满几柜子的试飞资料，查阅过往试飞中每天的工作日记和每个科目的试飞论文，我所要做的只是把那些资料汇集编撰起来。然而，要告诉飞行员什么是试飞，什么是试飞员的责任，试飞员最应该具备什么样的素质，这些问题其实不好回答。与世界先进的航空大国相比，我们的试飞尽管不乏辉煌的瞬间，但要达到国际试飞的先进水平，未来的试飞人还有很长的路要走。作为一名试飞员，一个在中国航空发展历程走过一段路的老试飞员，我们曾经做到的固然令自己骄傲，然而，更重要的是我们要把自己的经验和教训告诉未来的试飞员，将他们培养成能够创造卓越的试飞人才，这是我们这辈试飞员能为未来的中国空军做的最有意义的事情。

阿标突然来电话了，他说："老首长，我想和你谈谈。"我说："你来吧，我在办公室正在编写你们未来的教材。"前些天阿标来电话说，也许真的不能参加了，希望我能理解他。此刻他想和我谈什么呢？走进办公室阿标一脸诚恳，他说："首长，我还是听组织的安排吧，毕竟通过考核不容易。"我从他看似犹豫的神情中看到的是一个成熟青年的决绝。我听说不久前他回了一趟家，老父亲的病情加重了，我知道此刻他说出这样的话，包含着多少亲人的理解与支持和他对试飞事业的渴望。面对如此执着的阿标我还有什么可说的呢。我真诚地告诉他："阿标，我支持你的选择！"临走我把即将编写好的教材初样送给了他。一个月后在出差的路上，我接到了阿标的电话："老首长，我已经到阎良报到了，谢谢你的理解，也谢谢你的书。"我说：'阿标，不用谢！每个人的历史都是自己写的。"

再次见到阿标是在阎良的夜市上，阿标带来了年轻漂亮的妻子，说要请我们夫妻吃饭，我们两家人在璀璨的夜空下吃着西北的烤羊肉，气氛轻松而愉快。经过 2 个多月的学习阿标显得成熟了不少，脸上洋溢着兴奋的红润色彩，我没有问学习的事情，只是关心地问他妻子的调动问题，他说学习期间可能还不能调家属，而妻子特招的事情部队首长一直很关心，正在办呢。

我这次回阎良是来给他们上课的，4 天的时间里，我从世界空军史讲到中国抗美援朝的辉煌战例，从西方、俄罗斯的试飞，讲到中国的试飞英雄黄炳新、雷强、李中华，从试飞理论到试飞驾驶技术。最后我用两句话结束我的讲课，试飞员最应具备的素质是两条：英勇无畏的铁血精神和严谨执着的科学精神。

离开阎良后，我一直关注着试飞员培训的消息。阿标来电话了，他告诉我他在阎良飞起来了，在空军首长的关怀下飞机和器材的问题得到了解决，飞行非常顺利，试飞专项科目已经飞了一大半。我问试飞科目难吗，他说没想到试飞是如此的复杂艰难，由于试飞大纲编排合理，他们很快度过了适应期。特别令他兴奋的是有幸和试飞英雄李中华一起飞行，他说，他算是领教了什么是飞行大腕了。

此刻，我就坐在讲台下，听着阿标充满自信的讲解，一年的学习飞行他们收获颇丰，而要写出好的论文不费一番心血是难以完成的。阿标展示着他从国际互联网上查找的图片资料，他的讲解极富个性而又规范有序，他还在论文里引用了我教材中的一段话，最令我欣慰的是他的最后一段演讲，他说：试飞不仅仅是飞出飞机的性能，更重要的是要从实战的角度评价飞机的作战效能，试飞员既是飞行员也是试飞专家，试飞员既是工程师更是一名战斗员，因为我们交付的飞机应该是能够胜任未来战争的“撒手锏”。

从阿标自信的表情中，我似乎看到了他们这一代试飞员未来搏击蓝天的英姿。努力吧阿标，等待你的学业很艰难而又充满诱惑，你们也许会出国和世界顶尖的试飞员过手，你们将会了解试飞更加广阔的天空，学习会为你的试飞事业插上更加丰满的羽翼。更重要的是，祖国未来的试飞事业是你们飞翔的舞台，用你们的自信和潇洒去抒写吧，我们的眼睛会永远眺望你们飞舞的蓝天。

# 克强[①]其人

与一个人认识只有5年，你很难说能够深入了解他，更不要说你们彼此很少有见面的机会。我和克强就是如此，5年来我们总是不时地因为各种原因，不知道在哪里能够见上一面。

认识克强还是因为一次巡回教学，那次我带着半个月时间准备出来的三代机螺旋资料来到了桂林，克强是那个部队的团长。关于螺旋能够找到的资料太少，更何况三代机螺旋，所谓的教学其实是一种探讨。多数飞行员提出的大多是一些基础性的问题，而克强对我讲课资料中的俄罗斯飞机的螺旋试飞曲线颇感兴趣。课后我来到他的办公室，我们一起分析米格-23的螺旋周期和半径，克强从曲线中发现了螺旋中的不稳定性规律，这是一般飞行员很难发现的一个细节。

初次相识我就发现克强是一个热爱生活的人，他在桂林漓江边选了一个环境优美的大排档请我，觥筹间的话题从月色山光很快就转到了飞行。那时克强率领的团队在歼-10训练中已经走过了最艰苦的爬坡阶段，他说三代机的训练与二代机相比是大有特点的，对于航空电子系统的研究需要的是科技攻关的精神，这一点我们可以说是不谋而合。

在北京的一次技术研讨会上，我见到了三代机部队的许多同行，令我意外的是克强并没有亲自来，他选派的是几个年轻的飞行员。由于是第二次见面我们之间的讨论非常融洽，话题自然就转到了团长身上，梅檀告诉我团长在三代机的训练中特别注重发挥年轻飞行员的能力，因为三代机上新东西太多，年轻人接受新事物是有优势的。我为

① 李克强，飞行战友，曾任航空兵某师师长。

克强有如此超前的思维而感佩。

没想到这么快就再次见到克强了，为了歼 -10 的空中加油任务我们聚到了一起。克强用寒暄表达了欢迎之意后就走了，留下几个年轻的飞行员和我讨论加油的技术问题。我说你们先看看空中加油录像吧，因为那天是周末，我不想让飞行员太辛苦。第二天在技术研究室里，克强一再地表达感谢之意，他说：我们每个飞行员都反复看了录像，我看了至少 50 遍，飞行技术问题有时理论讲得再多，都不如一段真实的视频资料。技术讨论会上年轻的大队长周微对空中加油的技术难点提出了自己的看法，他说加油对接失败的最主要原因就是人机耦合振荡，因此如何克服耦合振荡是加油成功的关键，随后他就拿出了一沓技术研究资料，这是他们连夜研究视频的成果。

与克强他们研究完加油技术，我因为其他公务离开了桂林。两天以后，远隔千里之外的我在第一时间收到了克强传来的加油成功的好消息。

2009 年 3 月的一天，克强突然发来一个信息：你来桂林一趟吧。朋友的请求就是命令，我以最快的方式请好假直飞桂林。当我坐在克强办公室的时候，我看见克强脸上凝重的神情，还有茶几上厚厚的一沓情况通报。歼 -10 飞机遇到了空中停车的重大险情，英雄李峰驾机成功迫降，但所有的数据全部丢失。克强反复念叨着一句话：想起来都后怕，好在我们有准备。

克强所说的有准备不是一句空谈，因为在那份厚厚的资料里，就有他们为发动机停车所设计的几十种应对方案。作为一名试飞员，我看过太多停车坠机的资料，能够将一架单发飞机在全断电的情况下迫降成功，只能说是一个奇迹。看到他们为应对可能发生的危机所做出的努力，我找到了奇迹背后的答案。

说真的克强是我见过的飞行团队领导中极为特别的一个人，他外表给人的感觉是那么粗犷而充满豪气，我们因此成为很好的朋友，而对待飞行，他又细致得像一个绣花女，这又让我由衷地感到钦佩。其实除了工作和节假日，我们甚至很少联系，但我总是感觉我们彼此的心灵是那么契合。近年来，我从媒体上经常能看到关于他们团队的报道，从精确制导武器的发射成功到南海空中加油远程奔袭，但在报道中我很少看到克强的名字，这恰恰是他一贯的低调作风。最近，我又收到了他们歼-10打靶成功的消息，当我致电表示祝贺时，他说都是年轻人打的，我只是一个组织者而已。

我因此在过往的岁月里对它无怨无悔，也将会在未来的日子里毅然地与它挥手作别。其实，对于生命而言这一切都不重要，重要的是飞行已经融入了我的灵魂，引领我的生命进入一种禅的境界。

## 飞行美学

小时候，部队驻地的院子很大，经常可以看见笕桥机场的战斗机从院子上空飞过。对于儿时的我，天空充满着神秘，而外形俊美的强 -5 飞机就是飞行之美的全部。

那时我还不知道，此生自己会与飞行结缘，人生的轨迹几经摇摆，最终还是宿命般地回归到飞翔的行列。那时我还不知道，飞行要经历那么多的琐碎与无奈，我因此痛恨训练场上举着风挡模型枯燥的演练，却爱上了夜幕灯光下的阅读和沉思冥想。那时我还不知道，我会经历弹射跳伞瞬间惨烈的轰鸣和随风飘落时的寂寞与恐惧，面对伤痛我唯一能做的是无言的坚持，然后等待命运的恩赐。当我终于经历了人生的风雨与彩虹，我才知道如果不是因为自己的坚持，我将永远也无法体会飞行的炫目之美。

我喜欢和曲昌洲教员一起飞行，他是个英俊洒脱的山东汉子，总是围着洁白的丝巾，并将飞行皮靴擦得锃亮。尽管曾经因为自己飞得不好被他大声训斥过，可是和他一起飞行的每一次着陆总有与众不同的优雅感觉。

难忘 1991 年与试飞英雄黄炳新一起在雨中飞行的经历。天气突变、大雨滂沱，清晰的跑道仿佛一瞬间就消失了，唯有对着跑道的方向硬着头皮下降。高度下降到 10 米时，我发现飞机即将落在跑道左边的草地里，我握着驾驶杆等待着着陆的猛烈冲击。但我突然感觉后舱有力地扳动着驾驶杆，飞机的机翼几乎擦着草皮，就在即将落地的瞬间，飞机滑进了跑道，老英雄临危不乱的处置果敢而利落。

记得 1998 年 9 月，第一次首飞新机。老大队长谭守才站在停机坪，目送着我滑进跑道，他本可以自己去首飞的，却把机会让给了我。我驾驶战机腾空而起，体验着它迅捷的力量和巨大的轰鸣，第一次从平显中看到不断变化着的美丽数字。这是一种从未有过的感觉，所有的信息都在你的掌握之中，飞行变得更加自由而灵动。

因为导弹试飞我认识了女工程师李鸿，她可是 2005 年的全国十大杰出青年。不知道她为什么如此痴迷于沙漠里的军营，在那里度过了 20 多年。2003 年的冬天，试飞遇到了难关，我和李鸿一起研究出全新的导弹攻击方法。我驾驶歼 -10 战机在最后的试飞中获得了成功，靶机被导弹击中凌空爆炸，瞬间绽放出绚丽的火花。当我满怀成功的喜悦走下飞机时，看见李鸿笑得像个孩子。

李峰是我带过的飞行员中的佼佼者。2009 年 3 月，他用智慧和勇气完成了歼 -10 飞机的惊天迫降。当我见到他时，他依然显得那么平静而矜持。他努力地回忆着，向我讲述发动机停车后的每一个细节。因为停车带来的一系列故障导致飞行数据丢失，我们必须一起破解发动机停车之谜。18 个日日夜夜，我通过电话和李峰不断交流，在计算机上一遍遍地判读数据，在模拟机上一次次推演。谜团终于被解开了，我在模拟机上再现了李峰遭遇的险情，我发现他成功迫降的轨迹近乎完美。

2010 年的初夏，我骑车经过河北的旷野，几个青年驾着车来到这里放飞航模，在他们的操控下，酷似俄罗斯五代机 T-50 的航模在空中翻飞着，划出一道道优美的弧线。聊起飞行他们比我还头头是道，显然都是些老玩家。我问他们为什么喜欢飞航模，他们反而问我：你不觉得飞行很美吗？

其实，我何尝不在问自己同样的问题。如果不是因为飞行之美，我还会如此执着地迷恋这片天空吗？我因此在过往的岁月里对它无怨无悔，也将会在未来的日子里毅然地与它挥手作别。其实，对于生命而言这一切都不重要，重要的是飞行已经融入了我的灵魂，引领我的生命进入一种禅的境界。

# 遥远的战友

每年的八一建军节，我都会想起我的战友。此刻，当我正在享受短暂的假期与家人团聚，那些遥远的战友，却在祖国各地的天空翱翔。从他们时常发来的短信，我可以了解到他们忙碌的足迹。

做一名飞行员是令我骄傲的，我不仅能够驾驶被军迷追捧的新型战机，而且还有机会认识许许多多的英雄。那些被许多青年视为偶像的飞行英雄就生活在我的身边。我不仅了解他们的英雄业绩，更了解他们生活中的细节，他们的性格、爱好和习性。我所了解的这些英雄在我看来就是普普通通的人，有些是我的飞行教员、有些是我同期的同学，而有些是我的飞行学员。

在试飞员圆桌会议室里给歼-10新学员上课的情景仿佛就在昨天。2003年的夏天，当我面对这十几名从全空军挑选来的尖子飞行员时，他们大都还是不到30岁的小伙子。留给我的上课时间只有4个小时，两天后这些年轻的飞行员就要登上歼-10战机了，我必须为他们飞行的质量与安全负责。我对自己的备课充满自信，但最终上课的效果如何，还要看这些小伙子的努力。此刻，我在讲解新机理论的同时，也在关注着讲台下的这些年轻人。我试图通过眼神去了解他们，我知道才华出众的飞行员大都有一双鹰一样的眼睛。此时，一个人的眼神引起了我的注意，他的名字叫李峰①。

让我真正地了解李峰是在以后的共同飞行中。这是一次独特的飞行，留给他们上机实习的机会只有1个小时，而以往一名飞行员的新机改装通常需要6天的地面实习时间。如此高节奏的工作，不要说是

① 李峰，一等功臣，2009年3月7日，驾驶遭遇空中停车的歼-10战机迫降成功，成为歼-10迫降第一人。

对一名新飞行员，就是对一名老试飞员也是严峻的考验。从李峰上飞机的矫健熟练，就可以看出来这是一个飞行的好苗子。实习中我只把开车和飞行程序讲了一遍，半个多小时的实习中，李峰是所有飞行员中提问题最多的一个，而他提的并非常识性的问题，大都是一些常人不会关注而又对飞行至关重要的问题，也就是飞行员通常所讲的“死角”。李峰的实习提前10分钟完毕了，而他的座舱考核居然是所有学员中分数最高的。

第三天与李峰的共同飞行真是一次愉快的体验。充满灵气的飞行员就是这样，只要他一动杆你就知道“有了”，那种飞行的灵感唯有飞行员才能理解，无法用语言来表达。总之，在共同的飞行中你会有一种心灵相通的感觉，是那么惬意、爽快！

都说当飞行学员能遇上一名好教员，是学员的福气，对于教员而言何尝不是如此，这次带飞让我认识了张伟林、杨旭，他们和李峰一样都是前途不可限量的好飞行员，我从他们身上不仅看到了一名优秀飞行员的技术潜力，更重要的是一名优秀军人的气质——果敢、睿智而又不失天真。

我所说的“天真”是一个飞行员对于任何事物的好奇心，一种求知的渴望。说来真巧，这次带飞一年后，我就与杨旭、张伟林再次走到了一起。这次我们面对的是共同的难题——新型导弹试飞。难以描述3个月里我们共同遇到的试飞难题有多少，这一次正是飞行员的好奇与探索的精神令我们攻克了难关。最后的实弹试验我们取得了5发全中的成绩，令我骄傲的是我的学员在导弹试验中取得的成绩比他们的教员还优秀！

对于自己曾经带飞过学员的牵挂，是一名飞行教员的“通病”，我们的通信往来因此从来没有间断过，尽管我们相隔遥远，但我依然了解他们事业上飞速的进步，短短几年里，他们从当年的中队长很快成长为大队长、团长、副师长。而我们的歼-10战鹰的队伍也在不断扩大，我们一起见证了新时期空军的发展壮大。

2008年，我再次见到了亲爱的战友。在歼-10空中加油飞行中，我们又一次走到了一起。杨旭是所属部队第一批空中加油的指挥员，李峰、张伟林是空中加油的第一梯队。我上完加油理论课就离开了部队，但很快我就听到了他们加油成功的喜讯。值得庆贺的是，李峰在因故间断将近一年后，在空中加油飞行中创造了优异的成绩。

2009 年 3 月，一个令人震惊的消息传来，歼 -10 飞机发生空中停车的重大险情，飞行员英勇处置驾驶无动力的战鹰迫降成功。这是我国三代机停车迫降的首次成功，在世界航空史上也是一个奇迹。我从网上看见英国《泰晤士报》的评价：“一架无动力的飞机就像一块潮湿的砖块，飞速降落，中国飞行员奇迹般地挽救了飞机，这次成功的迫降无疑是世界级水平的。”尽管网上关于迫降的消息几乎爆满，但由于故障的结论还没有找到，关于迫降的细节还无法公布。我迫不及待地乘坐航班飞往桂林，此前，我已研究停车迫降多年，但技术难题一直难以攻克，这次成功迫降的价值难以估量。我有一个直觉：驾机成功迫降的一定是李峰。

来到部队我见到了李峰从而证实了我的直觉是正确的，更重要的是李峰的回忆破解了一个重大谜团，由于故障导致所有记录信息丢失，从李峰的回忆中我似乎找到了破解这个谜团的钥匙。在以后的一个多月的时间里，我们一起进行了不知多少次交流，这一次又是好奇心和探索精神起了作用，我们一起获得了我国第一份三代机停车迫降数据。就像媒体所说的：“这次迫降价值无可限量，仅就经济价值就超过了 2 亿元。”

新的一年又有好消息传来，李峰、张伟林分别成为新装备歼 -10 飞机的飞行团长，杨旭也早已走上了师一级领导岗位。新的岗位令我们空间上的距离更为遥远了。但说来奇怪，我的眼神仿佛跟随着他们的脚步，而我的心灵也紧随他们翱翔的羽翼。在八一建军节即将到来之际，我深深想念我的战友，从他们身上我仿佛看到了中国空军未来的希望。

# 热爱的 N 次方

当我在国庆节后的第一个工作日，从杭州登上西去的列车，脑海中并没有闪现这样的念头：10 月的故乡会很美吗？

那个我离开了 40 多年的故乡，在我看来就是一个人战斗的地方——我的好战友杨永飞[①]。空军建军 60 周年中国航空博物馆的纪念仪式上，我只是在远处看着他手捧着军旗走向纪念碑。他鹰一样的眼神和那笔直的背影，还有军帽后檐透出的些许白发，就在那一刻我有一种强烈的冲动，我要走近这个人。没想到，这个愿望会如此快地实现。在杨永飞的工作室，一个茶几，两张沙发，还有两杯衢州当地的绿茶，我们开始了我期盼已久的谈话……

话题原本似乎有些严肃，但我不想按照一般访谈的套路，我只是随便地问他两个问题，你为什么当飞行员，是什么造就了今天的你？没想到杨永飞回答得也很平淡：我选择飞行不是因为职业的使命感，只是因为喜欢。2010 年中央电视台《面对面》栏目的记者问他：你对飞行职业是一种责任还是喜欢，他的回答就是两个字——喜欢！然而，随着谈话的深入杨永飞讲得更多的一个词不是“喜欢”，而是“激情”！他说热爱一种职业更多的是一种本能，但当你面对职业的枯燥及随时都要面对的挫折甚至停飞的威胁时，如果没有激情，你的坚持就会崩溃，你的喜欢也会渐渐淡化。两个小时的谈话令我觉得是如此短暂，杨永飞的谈话中更多的不是他成功的经历，而是他在飞行职业生涯中遇到的困难，但即使是谈到令他承受巨大打击的经历，他的脸上依然挂着笑容。临别前杨永飞笑着对我说，你应该回你的乡下老家看看，在那里你也许能找到儿时的梦想！

---

① 杨永飞，空军一等功臣。

就这样，第二天早晨我驱车来到了我5岁曾居住过的衢州杜泽老家，外婆的老屋已经被新建的房屋替代，但儿时记忆中的小溪依然从门前流过，还有小溪后面低矮的山坡，依旧是记忆中的青翠。就在那个山坡下，我生命中第一次看见了呼啸而过的战鹰，也因此种下了我飞行梦想的种子，我从那里怀揣着梦想走到杭州，走到飞行学院，走到部队，走到北京。

此刻，当我打开电脑整理一个多月来飞行员访谈的记录，我发现那些成功者的故事有太多的相似之处：儿时对飞行的热爱与向往，亲朋的劝阻，一个好教员的引领，飞行的挫折，对事业的执着与激情，还有成功的喜悦。那些飞行员的故事告诉我，让他们成就梦想成为事业强者的，不是热爱，而是热爱的N次方。

回想我对飞行事业的执着追求，就是从故乡童年的梦想开始的。我记得第一次见到强-5战机时的兴奋，因为我曾经见过的国产战机都是平头歼-5；我记得7岁那年军队大院里出了第一个飞行员，他探亲时给我们带回来的铝制歼-5飞机模型，着实让我们这些小朋友兴奋好几个月；我记得为了飞行员叔叔的一句话，我坚持了10年的每天5000米的奔跑；我记得高中招飞体检合格，因为名额限制被刷的那份沮丧；我记得北京航空学院即将毕业时意外的招飞体检带给我的兴奋，或许是我眼中的兴奋打动了空军招飞局的领导，他在我的宿舍里和我彻夜长谈，并且跟踪我体检的全过程。当热爱转化成事业的执着，那份力量是自己都无法预料的，同期战友的纷纷离去并没有使我动摇，事业初期的巨大挫折反而使我越挫越勇。正是这份执着使我像跨栏一样，超越一次次的坎坷，而当面临生死的考验时，我才有了那份淡然。1999年的“5·20”，是一个令我难忘的日子，在突如其来的烈火中，战机如脱缰的野马起伏坠落，我毅然决然地跳伞弃机。当我身负重伤躺在病榻，面对老英雄王昂询问的目光，我只是淡然地告诉他：我还会把我的生命奉献给这份平凡的飞行事业。

2011年的秋天，我没有想到我会用这样一种方式告别飞行，我驾驶着国产新型教练机L-15，翱翔在我故乡的天空，当我翱翔蓝天俯瞰家乡的山峦与河流，我仿佛看到故乡山谷里的小山村庄，也有一个 5 岁的孩子，翘首仰望着呼啸而过的战鹰，或许在十几年后，那个和我一样怀揣童年梦想的孩子，也会像我一样把飞行当作执着一生的事业。

就像我在散文《男孩之梦》所写下的：

有人说，生命不是梦，而是一个过程。

而我要说，没有梦想的生命，是一个苍白的过程！

我愿意把这句话奉献给每一个飞行的追梦者！

# 成功着陆依靠的不仅是勇气

冰与岩石——我曾经这样形容飞行员的大脑！

就像我从网上读到南海舰队航空兵某部飞行员成功着陆的故事，随之而来的不是感动，而是冰冷的思绪。我仿佛立刻就进入了那两位飞行员的座舱里，精细地判断着各种可能，包括他们经历的每一秒时间。我在问自己，如果面对这样的险情，我会做出什么样的选择？因为，在我的职业生涯中从未遇到过夜间飞机断电的故障。

这是一架单操纵杆的飞机，作为双座对地攻击型战机，单杆操纵与双杆操纵哪个更合理，航空界已经争论了很久，工程上的问题就是如此，每一种方案都有其优点与缺憾，因此，很难就断言哪种方案是错误的。但无论如何在一架单杆操纵的飞机上，遭遇座舱断电都是一种非常危险的情况，尤其是在夜间。

从故障发生到着陆整整 12 分钟，不用算我就知道故障那一刻，飞机距离机场大约 50 千米。南方的机场，18 点 43 分，正是冬季夜幕刚刚降临的时刻，刚入夜的半黑半明状态，对于失去仪表显示的飞行员而言，是最严峻的挑战。在这样的险峻环境里，每一分钟的延误都是一种不可原谅的错误。飞行员选择了直接加入“迫降航线”，而迫降航线是一条最近的路线，这一选择无疑是专业而明智的。

“盲操纵”有多难无法形容，讲清这个道理非得用专业语言不可。此次故障中幸运的是后舱的仪表似乎还能显示，但不幸的是后舱没有驾驶杆。后舱用无线电指令指挥前舱操纵，看起来似乎不难，但要知道飞行的操控与飞机的动态之间，是一个积分关系，即飞机状态的变化量是驾驶杆指令的时间积分。在有仪表显示的主动操纵中，飞行员可以迅速知道操纵结果与自己操纵输入之间的关系，在这种人机闭环的操纵中，知道了操纵结果，飞行员对于下一步操纵的输入量的大小，就非常有底了。而当座舱仪表没有显示时，在飞行员的感官系统中就无法建立这种积分关系，操纵的盲从性就大大增加，其精确性也难以保证。因此，要确保“盲操纵”的精确性，关键是后舱飞行员提示语言的明确性，以及指令发布时机的准确性，这两方面缺一不可，当然，还需要前舱飞行员对后舱指令有正确领悟力。在如此复杂的“双人机闭环”中，操纵者的冷静对于处置成功具有关键性的意义，此刻，任何一点兴奋与恐慌，都将使这种“双人机闭环”难以闭合，而人机闭环的破裂其结果必然是操纵的失败。

作为飞行者我知道，我们不可能每天都遇到这样错愕的险情，但对于局外人，他们一般并不了解顺境中的飞行快感，他们从媒体中看到的大都是空中异常甚至灾难性的案例。但只要你真正理解飞行，你就不会对并不相干的若干案例产生联想，而只会对类似的故障进行对比性分析。

飞行故障大致分为人为故障、随机偶发故障和机理性故障。前两种故障通常与飞机及系统设计并不相关，如操纵失误导致飞机失速、偶发的机件破损及失效等，因此遇到这类故障通常是对飞行技术和故障本身进行梳理，拿出应对措施，而故障飞机一般不会因此大面积停飞；而机理性故障则是由飞机系统的固有缺陷造成的，是具有较高重复发生概率的故障，如F-22氧气系统故障，以及歼-10试飞过程中遇到的起落架护板疲劳断裂等。对于此类故障通常应进行停飞处理，找出故障原因并从系统设计上进行更改完善，经过试飞确认故障排除后，方能继续飞行。

此次歼轰-7断电的案例应该说是一起偶发故障，此类故障应当如何处置我很难找出相似度很高的案例，但这令我想起了2009年3月9日，李峰遭遇的歼-10飞机发动机停车，那一次英雄飞行员李峰也是凭借高超的飞行技术化险为夷成功着陆的。尽管这是不同的两架飞机，且故障发生的时机和类型都不相同，但有一点是相同的，在这两起故障中飞行员都遇到了座舱信息缺失的问题，在这种情况下飞行员所采取的最佳办法，是借助经验在头脑中建立“虚拟数据库”，如某一发动机状态与飞机俯仰角度下，飞行速度大致是多少。在李峰成功迫降的案例中，地面指挥给予了辅助提示，大大提高了飞行员对于虚拟数据的确信度，而此次歼轰 -7 的成功着陆中，后舱的提示则给了前舱很高的数据确信度。所不同的是，李峰可以将大地作为参照物，进行概略操纵，而歼轰 -7 前舱飞行员因为是在夜间飞行，因此只能靠后舱的指令进行误差较大的往复操纵，而往复操纵的目的是在发现飞机动态偏差时及时进行调整，这对于信息不足的“双人机闭环”操纵是必需的。

飞行就是如此，看似简单的事件背后，包含的往往是这些让外行“云里雾里”的技术细节。在重大险情发生之际，作为当事人的处境是非常艰难的，要做到“冷若冰霜”的精密思维，飞行员将承受巨大的心理考验，因此所谓坚硬是指飞行员的内心与神经的强大，当风险甚至死神扑面而来的时候，唯有坚硬的意志力才能拯救自己和战机。

当然，对于飞行员而言最困难的时刻，是当他判明无法挽救飞机之时，与飞机做最后的诀别是一个艰难的决定，但飞行是不能感情用事的，该放弃时则放弃，这更是考验飞行员职业素质的时候。在我的试飞生涯中就遇到过这样的艰难时刻，1999 年，当我遭遇歼 -8 飞机着火、失去操纵的关键时刻，我甚至没有一秒钟的犹豫就逃离了座舱，这一明智的决定不仅拯救了我的生命，而且我凭记忆带回的数据也为解决歼 -8 飞机的重大隐患起到了关键性的作用。

从某种意义上讲蒋江涛和赵明月是幸运的，但难能可贵的是当挽救飞机的可能性存在的时候，他们做到了最好，他们用自己的智慧与冷静扼住了死神的咽喉。这 12 分钟并非都是最困难的，当前舱飞行员看到机场跑道的灯光，地面的参照对于他的状态判断是一种巨大的帮助。当 18 点 53 分蒋江涛对正跑道之时，成功已经在向两位飞行员招手了，此时他内心的紧绷会略略地松弛，这是一个很好的状态，因为最后着陆阶段是他重复过无数次的过程，只要他不过于紧张一切都将如所有人期望的那样。所以，当歼轰 -7 轻轻地着陆时，塔台里响起了情不自禁的掌声，而飞行员内心涌起的一定是——自豪……

珠海流霞映碧空
腾蛟起凤露峥嵘
声如虎啸惊雁阵
翩若鹤舞散霓虹
情满三江引鸥鹭
气贯九州缚苍龙
雏鹰振翅闻天下
鹏程万里耀苍穹

——献给八一飞行表演队歼-10女飞行员

## 中国空天“她”时代

记得在中学时代，我就从《航空知识》上读到过大量的关于第二次世界大战时期苏联女飞行员的故事。如今那些故事的细节已经记不清楚了，但她们美丽的形象和“莉迪娅”的名字依然深刻在我的脑海中。我在百度上打出“苏联”“女飞行员”两个关键词，再一次重温那些弥漫着硝烟的文字，我被深深感动了。那些为反法西斯斗争英勇战斗的女性，大都已经长眠在那片硝烟散去的土地上了，而那些依然健在的英雄也已是儿孙绕膝的老奶奶。她们依然清晰地记得那些战斗中惨烈的细节，读着她们娓娓道来的故事，我嗅到的不仅是战争的血腥，还有百合的芳香，而第二次世界大战时期最伟大的女飞行英雄莉迪娅，就被人们誉为“军中的百合”。

战争和女性，是一个永远聊不完的话题。从中国的花木兰到西方的“圣女贞德”，战争中的女性总是赢得人们最深的敬仰和热爱。然而，在许多人的观念中，战争的惨烈与女性的柔美又是如此的难以调和，“战争让女人走开”几乎成了男性主宰战争的代言词。

时代的发展总是不断超越着人们的想象。2009年10月的国庆大典，一个团队的亮相吸引了全球所有人的目光，当15架由中国女歼击机飞行员驾驶的战鹰，以飒爽的英姿通过天安门广场的时候，无数人的目光在此聚焦。战争与女性再次成为人们热议的话题。一时间，歼击机女飞行员毕业、女飞行员换装、女飞行员参加国庆阅兵、女飞行员上春晚、女宇航员入选，一个个关于她们的新闻几乎每天都充斥着各大媒体和网络，但我们的许多国民甚至军中的有些男性一时还难以接受这样一个事实——中国空天的“她”时代已经到来。

其实，任何一种“奇迹”都不是由少数决策者制定出来的，而是历史发展的必然。20世纪50年代，随着中国工业化的崛起，女拖拉机手、女火车司机、女科学家应运而生；30年代，苏联的民间航空运动兴盛，大批女性参与航空俱乐部的活动，为苏联造就了大批女战斗机飞行员；60年代以后，随着航天时代的到来，苏联、美国和欧洲出现了女宇航员；同样，随着中国航空和空军事业的发展，50年代女飞行员在中国的出现也是必然。60年代以后，美国、欧洲的空军联队中出现了女战斗机飞行员，美国的女战斗机飞行员甚至开始驾驶最先进的F-15战机。20世纪，中国之所以没有出现女战斗机飞行员，也是我们的国情所决定的。尽管我们的航空和航天国防科技已经得到了飞速的发展，但民间的航空活动还相对滞后。进入21世纪，随着我们国家综合国力的增强，民间的航空事业得到了飞速发展，私有航空公司、民间航空俱乐部、自制飞机、私人飞机拥有者不断出现，可以说建立中国女歼击机飞行员队伍的时机已经成熟。这从当年广大女中学生踊跃报名参加第一批女歼击飞行员招飞的热度就可以看出。

尽管我们已经有了8批女飞行员的培养经验，但对于女性能否适应歼击机训练作战的高强度和高风险，许多人还是有疑虑的，毕竟女性在生理和心理上有着与男性不同的特征。经过几年的培训实践，人们的这种疑虑渐渐打消了，训练中第一批女歼击机飞行员表现出了与男性同样的素质和特殊的优势。事实证明经过特殊选拔和培训，女飞行员完全可以克服女性生理和心理上的一些弱势，成为与男性一样优秀的战斗机飞行员。随着中国教育的发展和国民素质的不断提高，女性对于各种职业的适应性已经大大提高，在许多领域甚至表现出比男性更强的特点，女性在中国体育中的表现完全证明了这一点。

中国女歼击机飞行员的第一次亮相无疑是精彩的，然而，等待她们的绝不仅仅是掌声和鲜花，她们身上肩负的是振兴中国空天国防、保卫祖国的重任。令人欣慰的是，我们从姑娘坚毅的眼神中已经看到了希望。2011年后，女飞行员投入了高强度的战斗特技训练，这是每一个战斗机飞行员最关键的技术，也是对女飞行员生理和心理最严峻的考验。看着她们在蓝天云海中翻飞的飒爽英姿，看着她们着陆后流着汗水的红润笑脸，我们有理由相信她们一定会通过努力，把自己锻造成最优秀的“空中剑手”。

由于我所从事的飞行职业，认识了许多优秀的女飞行员。第一代女试飞员张玉梅，第一位女飞行师长程晓健，女飞行英雄刘晓莲，八一飞行表演队女飞行员余旭，从她们身上我看到的是军人的英武和女性的伟大。我相信新一代女歼击机飞行员一定会创造比她们的前辈更辉煌的业绩，她们是空军的骄傲，是中国的骄傲。

记得一位苏联战斗英雄是如此赞美那些空中女英雄的：“即使我们把地球上所有的花都摆放在你们的跟前，也不足以表达我们对你们英勇之举的敬意。”让我们把同样的赞美献给中国的女歼击机飞行员。

# 你的名字——中国航母关键词

2017 年 1 月 13 日下午，执行首次西太平洋远海实战演练的辽宁号航母舰队，完成各项训练任务顺利返回青岛某海军舰队港口。此次跨年度的远海航行，标志着中国航母团队已经完成了基础训练与适应性试验阶段的目标，从而真正具备了实战能力。

此次辽宁号航母舰队远海训练，海内外媒体的关注度极高，网络媒体的相关消息我不想重复；我只想和大家聊聊我所知道的有关中国航母技术发展的故事。

## 默默无闻

关于中国航母，我首先想到的一个词就是默默无闻。从 2011 年 9 月“瓦良格”号下水到 2012 年舰载机首次着舰，再到此次西太平洋远海演练，相关报道如此之多，但公众对航母技术发展背后的故事却知之甚少。

首先我想聊聊我的战友邹建国。他是 1989 年和我一起来到阎良的首批空军试飞员学校学员，也是我们空军英雄试飞大队的队友。在网络上你能搜到的关于邹建国的消息寥寥无几，仅有的几条是 2014 年 9 月 17 日，关于习近平主席签署命令，为邹建国颁发一等功勋章的消息。据介绍，邹建国是在发动机试飞和舰载机着舰指挥中做出了突出贡献。舰载机指挥是一项什么工作，指挥员的地位和价值有多重要？网上并没有介绍。航母舰载机指挥员行内称之为“着舰指挥官”，英文缩写为“LSO”。2013 年 6 月 19 日，中央电视台新闻频道的一则消息第一次透露出邹建国的身份，在一次着舰指挥的视频画面中，邹建国与其他几名指挥员立于夹板，一边通过话筒对着舰飞机进行指挥，一边操控按钮向飞行员发出各种灯光信号。

“LSO”需要具备丰富的经验、非常敏锐的观察和果断的决策力。国际上“LSO”的选拔与任命门槛非常之高，5 ～ 10 年的培训周期，超过 500 架次的着舰指挥实习是最低准入条件。“LSO”是航母舰载机团队的灵魂，是航母安全运转的关键性人物。由于舰载机着舰技术的复杂性，仅凭飞行员个人的经验依然无法保证安全，需要有经验的指挥员给予及时准确的指令。飞行员发生着舰偏差是常有的事，“LSO”必须具备纠正指挥的能力，并在危及安全的情况下，及时下达终止着陆的指令。在美国的航母实战训练中，就曾经出现过飞行员动作失误着陆失败，撞击舰上其他飞机酿成大祸的案例。舰载机着舰是任务负荷和心理负荷都极高的高难度科目，飞行员有时会因为难以承受负荷而失去着陆能力，此时唯一的选择就是弃机跳伞，而做出弃机决策最终权限也在“LSO”。邹建国作为中国航母舰载指挥官第一人，他的成长路径是唯一的，因为当时中国还没有一名有资格审批“LSO”的高级考官，因此，他的“LSO”资格认证只有采用特殊方法：自评与团队评价相结合。邹建国被选为中国“LSO”第一人体现了首长和团队对他的信任，而邹建国也用 10 年舰载指挥（包括岸基模拟着舰训练）零事故的佳绩，为国家交上一份满意的答卷，同时也为培养中国自己的“LSO”摸索出一条成功之路。因舰载机试验训练获得一等功，也令邹建国成为英雄试飞大队的第六名功勋试飞员。

岸基模拟着舰训练是舰载机飞行员成长必须经历的一个阶段，而在航母项目成长初期，为了验证航母舰载机着舰技术，岸基模拟起降试飞是必须突破的一个重大技术环节。

张景亭和邹建国一样，是我试飞员学校的同学和战友，他是英雄试飞大队第三位功勋试飞员，然而，关于他的相关报道大都是歼 -10 试飞的事迹，包括发动机停车与空中起动，飞机强度与颤振。为了验证歼 -10 飞机的停车迫降，试飞中他近百次将发动机拉停，驾驶无动力飞机成功迫降。他试飞获得的数据，为 2009 年 3 月 7 日李峰的停车迫降提供了宝贵的经验。2010 年时任试飞团团长的张景亭被中国共产党中央军事委员会授予一等功，以表彰他在航母舰载机岸基着舰技术验证中做出的突出贡献，他是中国地面斜板滑跃起飞第一人。舰载机地面滑跃起飞，借助于跑道延长部分的水泥斜板，模拟舰载机滑跃起飞。在起飞阶段，飞机接近临界迎角，在此状态下飞机能否安全起飞？试飞一旦失败后果如何？作为有着30年试飞经验的张景亭心知肚明。作为接近歼击机停飞年龄功勋卓著的老试飞员，张景亭是在用生命与时间赛跑，用勇气向死神挑战。攻克了国产舰载机斜板滑跃起飞的技术难点，拦在航母与舰载机项目上的最大绊脚石被清除，可以说张景亭用自己的肩膀托起了飞鲨英雄一飞冲天的脚步，尽管他和邹建国一样并不为人们所熟知。

**牺牲**

“辽宁号”不相信眼泪，航母舰载机首席试飞员现任舰载机指挥长戴明盟曾经历过跳伞，航母工程领军人物罗阳在首飞的工作现场以身殉职，15位航母工程专家没能等到航母舰载机首次着舰。2016年4月27日噩耗再次传来，飞鲨英雄张超在岸基模拟着舰训练中，在飞机即将接地的瞬间突遇飞控系统故障，在4秒的时间里飞机突然上仰120°，张超没有第一时间选择跳伞，而是竭尽生命的力量试图挽救飞机，在确认无法挽救飞机的最后一刻才拉动弹射把手，由于不利弹射姿态导致身负重伤，在送往医院的途中壮烈牺牲，在弥留之际他依然在关心自己能否重返蓝天。几个月后张超牺牲的消息被公开了，他对事业的执着追求，他的妻女对他事业的支持，他们夫妻美好的爱情，以及爱女对父亲的无限依恋感动了国人。

张超牺牲消息发布的第一时间，我写下了《如何规避7000小时魔咒》的学术文章，作为高难度、高风险的航母舰载机项目，我们可以利用后发优势在试飞中确保安全，却无法规避“7000小时魔咒”的悖论。“7000小时魔咒”是工程学领域“墨菲定律”的大概率统计，而张超的牺牲也让国人真正了解了飞鲨英雄的艰难付出。有些牺牲因为公开而令国人惋惜，而有些牺牲直到今天依然默默无闻。

2013年以后，在位于北京小汤山上的空军英雄纪念碑上又新添了几个英雄的名字，其中大都是我熟知的，金孔雀余旭、歼-10战友王烈虎，还有一个人我早在 2006 年就认识了，那时他还很年轻，他的名字叫——卢志勇。

2006 年 7 月，标志性的中国第四批试飞员招收工作正悄悄地进行。试飞界公认的对试飞员的划代到目前为止分为四代：第一代是以试飞英雄王昂、滑俊为代表的试飞初创期的老试飞员；第二代是以黄炳新、雷强为代表的改革开放初期试飞攻坚期的中坚试飞员；第三代是以李中华、张景亭为代表的三代机试飞英雄；第四代是 2006 年招收的高素质试飞学员，卢志勇就是第四代试飞员的杰出代表。2007 年 3 月，我有幸为这批试飞学员上课，在结束课程的最后陈述中，我对这些孩子说，未来 5 年最迟 10 年，你们在座的这些人中间，将出现改变中国航空历史的人。课后卢志勇略带羞涩地对我说，谢谢徐教员对我们的鼓励。他或许没有想到仅仅过去 5 年，他就成为航母舰载机着舰首批 5 人团队中的一员。试飞成功后卢志勇打来电话，他说感谢教员对我们的鼓励让我们坚持到今天！

就是这样一位功勋卓著的航母试飞英雄，却在一次其他新机的试飞中壮烈牺牲。阎良英雄墓地静静地矗立着刻有他名字的墓碑，我每年都会到烈士陵园去为年轻的英雄献花，告诉他辽宁号航母的每一次进步，以告慰烈士的英灵！

## 目标收敛

从 2004 年离开试飞团队开始，我沉迷于军事战略研究，并于 2015 年提出“战略哲学”的学术概念。战略的核心是目标与达成目标的方略，然而为什么在战略规划与实施过程中，好的领导者能够率领团队达成目标，而有些团队却因为规划与实施失策满盘皆输。如何在规划与实施过程中合理运作达成“目标收敛”，成为我近年来战略研究的一个重要课题。中国的航母及舰载机项目作为“目标收敛”的一个重要案例，成为我战略研究的一个重点。

因为歼轰 -7 的试飞与交付，2004 年我与舰队航空兵飞行员和相关领导有一些工作接触，巧合的是其中有两位领导后来都成为航母舰载机项目的决策者。始于 21 世纪之初的航母舰载机项目要经历平台研制、关键技术试验、团队建设、作战能力生成等几个关键性环节，其中可能导致目标发散的主要有关键技术试验和作战能力生成两个环节。西方国家和俄罗斯在航母技术构建的初期，大都出现过颠覆性的灾难，系统工程的规划与实施险象环生。中国的航母技术比西方国家晚了近100年，我们是在外来平台之上嫁接中国的航母技术，作为唯一的航母平台辽宁号，作为没有任何航母技术基础的工程与试验团队，如何在按计划确保技术节点的大前提之下规避风险，是摆在领导者与核心团队面前的艰难任务。当张景亭等技术领先团队在完成舰载机地面滑跃起飞试验的同时，航母舰载机团队也在紧锣密鼓地进行着各项准备，而当滑跃起飞业已成功、舰载机平台首飞成功之后，摆在工程试验团队与海军领导面前的最关键任务，就是决策并实施首次舰载机着舰。2011年9月瓦良格号航母下水，当年11月以辽宁号命名的首艘航母列装海军。当时，一些专家乐观地预测舰载机将要在2011年完成着舰时，而我对着舰的最乐观预测是2012年11月。

2012年11月26日，当人们从中央电视台新闻频道中看到舰载机成功着舰的视频时无不欢欣鼓舞，而作为老试飞员我看到的是战友闲庭信步般的自信。2004年我曾在俄罗斯看过王牌试飞员布加乔夫着舰时差点坠毁的视频，舰载机高难度的驾驶技术对于王牌试飞员也是一种严峻的挑战。我的战友是如何做到如此娴熟老练，他们的成功足以令我自豪，因为其中有3名试飞员是我所在的英雄试飞大队的成员，其中就包括06批的高素质试飞学员卢志勇，而飞鲨广告片中起飞座舱的画面里就有我曾经的学员孙正雄英俊的面庞。

2013年6月的多批次着舰训练标志着第二批舰载机飞行员上舰，2014年，15年的出海远航标志着第二批、第三批舰载机飞行员已经成熟，并初步具备实战能力，2016年12月4日中央电视台新闻频道报道的第四批舰载机飞行员完成训练获取证书，使我们的舰载机试飞员团队达到预期的30名左右，已经达到了辽宁舰整建制24架舰载机所需飞行员的基本数量。2017年初的辽宁舰航母舰队西太平洋实战化航行，用行动打破了一些媒体和专家对于辽宁舰是训练舰的猜测，中国航母真正具备了实战能力。

辽宁舰和航母舰载机团队，从平台构建到技术探索，从团队建设到机制构建，从首次着舰到出海远航，始终吸引着我的眼球。他们用规划和行动为我们树立了一个“目标收敛”的成功案例，他们用行动体现了中国力量，也向世界展示了中国海军走向深蓝的决心。

**行动力**

“行动是最好的战略话语，而无法付诸实施的话语只是飘浮在空中无力的气囊！”

行动力——是我能想到的关于中国航母最重要的关键词。

2006年，在高素质试飞员的招收中，一个人打动了我——他就是孙宝嵩，他在歼-10模拟机上干净利落的动作吸引了我的眼球。这位跳远能达6.8米，百米能进11秒的体育达人也是一个学霸。由于某种原因没能进入试飞员团队的他令我深深地惋惜，但我相信机会不会放过他，他更不会放过任何机会。2011年孙宝嵩打来电话，说他想去航母团队试试，那时他已经过了30岁的年龄。

就像四代机首席试飞员李刚、歼-10停车迫降英雄李峰、飞鲨英雄卢志勇一样，那些飞行豪杰总会在我的心灵深处占据重要的位置。在我心目中孙宝嵩就是这样的豪杰，我会在节假日发去问候的短信，也会在随时想起的一刻打去一个电话。2016年12月14日中央电视台新闻频道舰载机起飞画面中不再是我曾经的学员孙正雄，而是一个既熟悉而又陌生的面孔，因为消瘦了许多我一时居然没有认出他是孙宝嵩，后来在翻阅12月4日第四批舰载机飞行员接收仪式的图片中我看到了作为教员的孙宝嵩的身影，才知道确实是他。我抑制不住打去了电话，因为保密的原因我们无法聊具体的工作，我只是祝愿他工作顺利。

从某种意义上讲，孙宝嵩这一批飞行员一点都不比首飞团队轻松，在航母舰载机团队他们是承上启下的重要环节，航母实战能力的构成要在他们这一代飞行员身上实现，他们也要为培养下一代航母飞行员而努力，特别是第二艘、第三艘航母将在未来10年形成作战能力，他们或许会成为未来航母领导团队的一员，而在国际局势复杂多变、国家战略利益不断拓展的未来，他们面临的或许就是战场上真正的对手。

军事存在、行动自由是一个国家战略行动力的基础。十几年前，有些人从所谓“和平”的虚假命题对中国建航母提出非议，说什么“不要用我的纳税款来建航母”；一些军事专家从纯技术的角度对中国建航母提出不同观点，认为“航母未来面对的是海上远程打击的天敌——岸基、空基的对舰攻击武器，航母无法发挥军事作用而只能是一具靶子”。在各种非议扑面而来的时候，航母团队义无反顾地决定要走完航母项目的全过程。今天航母舰载机首次着舰已经过去 5 年，美国的航母依然在世界各地游弋彰显美国的军事霸权，而中国的航母团队用“行动力”告诉世人——中国人来了。

航母的存在价值并不是它可以摆脱所有的天敌成为一只“不死鸟”，它存在的价值在于：可以将中国海天力量的边疆至少向外拓展 5000 千米，它将使我们看得更远，并将战略影响力辐射到更为广阔的“边疆”。

一种力量存在的另一个价值往往被人们忽略。今天，当我们为中国建造和中国制造（高铁、矿业、电力、桥梁、大型机械）走向世界欢呼雀跃的时候，往往只注意到相关领域关键技术的突破，其实中国力量成长的一个更重要因素是“中国实践”，由于市场与需求端呈几何级数的迅速膨胀，为核心技术团队提供了广阔的空间，中国核心团队可以比国外同行有更多的实践机会，这为中国行业大师的产生和中国技术团队的成熟提供了基本前提，从而使我们形成一种无法超越的机制。

中国航母的意义也在于此。对于工业研发制造团队和海军航空兵团队，因为有了航母及舰载机项目，他们有了从未有过的实践机会，行动力由此得到增长，大师级的人物由此得到了锻炼，而戴明盟、孙宝嵩等航母豪杰也一定会在紧贴实战的训练中获得历练、获得成长。

今天，当航母舰队闲庭信步般巡航在西太平洋并顺利归来的时候，我们似乎看到未来中国的海上力量走向世界的希望，只是在那一天真的到来的时候，请记住他们的名字：滑跃起飞第一人张景亭，首飞试飞员戴明盟，着舰指挥官邹建国，牺牲的舰载机飞行员张超、卢志勇，还有勇敢的后来者孙宝嵩和更多的飞鲨英雄，因为他们有一个共同的名字——中国航母英雄！

望天族——一个富有诗意的名字，我不知道这个词是谁发明的，但我知道那指的是试飞团的军嫂——试飞员的妻子。一提到她们，必然要和我们的试飞员联系在一起。不知怎的，想到她们，我就打心眼里佩服，不由地使我想到蓝天与白云。蓝天是坦荡而深邃的，白云是妩媚而多姿的，他们组成了多彩而迷人的天空。

## 望天族——记试飞员的妻子

在中国的西部，紧挨西安有一个不起眼的小小的卫星城，这便是中国的飞机城——阎良，亚洲最大的试飞中心就坐落在这里。我们英勇的试飞员在这里默默无闻地拼搏着，谱写了可歌可泣的业绩。他们的事迹可能并不为人们所熟悉，可是只要一提起珠海航展上中国“飞豹”的雄姿，一提起国庆阅兵上呼啸而过的加油机编队，你一定不会陌生。完成“飞豹”和加油机首飞及所有试飞任务的正是试飞团的试飞英雄。这些来自各个空军部队的飞行尖子，这些有着高超技艺和崇高品质的试飞员，用他们的青春、热血乃至生命，筑起了战鹰腾飞的通天大道。由于他们的工作性质是高机密的，因此人们对他们了解甚少，而那些在他们身后，用女性的坚韧建造着温暖港湾的军嫂的故事更是鲜为人知。还是让我们静静地聆听，聆听她们对蓝天的情怀，聆听她们生活中的多姿多彩和苦辣酸甜。

**爱之巢架云端**

我出生在军人之家，我的童年是在绿色的陪伴下度过的，跟着当兵的父亲走南闯北，俨然像一个老练的军人。在我的字典里，志在四方不仅仅是男子汉的专利，我似乎已经习惯了漂泊的生活。我羡慕军人的生活方式，喜欢橄榄绿的军人制服，总之在我眼中，军人的一切都是美的，所以当我 1984 年从大学毕业后，听说报志愿可以到军队去服役，我不顾自己 300 度的近视眼，不顾同学善意的劝阻和不理解，不顾地域的偏远，毅然地投身军营，来到远离大都市，位于巴丹吉林大沙漠的空军某训练基地。虽然那里的生活很艰苦，但军营里的一切对我来说是那么亲切，我仿佛回到了阔别已久的家乡，又见到了久别的亲人。

记得在我还很小的时候，父亲部队里的叔叔就常逗我“雷达，雷达，（我的小名叫丽达，念起来很像雷达）看看天上有没有飞机。”我很认真地将小手举在额前看着天空说：“报告叔叔，没有发现飞机。”在我幼小的心灵里飞机是那么威风而神奇。从那时起我与飞机和蓝天结下了不解之缘。

在茫茫的戈壁滩上我认识了他，一个来自东北的年轻飞行员。他们的领导介绍说：“小伙子是个好苗子，家庭出身好，是干部子弟，飞行技术好，在五航校破过校纪录，21 个起落就放单飞，将来有发展。你们这些大学生要勇敢地去爱这些小伙子，他们可是蓝天骄子啊！”就这样，在大漠军营里我们相知、相爱了，这可能就是缘分吧。从小长在军营的我深知军人就意味着奉献，记得小时候父亲的工作特别忙，我一个星期只能见父亲一两次面，从小我就适应了和母亲一起的生活，从母亲默默的奉献中，我似乎懂得了做一个军人妻子的艰辛。然而对蓝天的眷恋使我义无反顾地与他结合了。命运似乎有意在考验我，结婚不到半年，他因部队换防去了甘肃天水，我们开始了牛郎织女的生活，可偏偏在这个时候我怀孕了。基地的姐妹要我到他那里去生孩子，一来可以看到半年多未见的丈夫，二来互相有个照应。单位的领导把我送上基地的小火车，又把我送上旅客列车，就这样我一个人挺着大肚子从戈壁来到了天水。不巧的是，那年他们的飞行任务特别忙，正处于改装新机阶段，他劝我还是回东北老家生孩子。我又开始了独自一人的长途跋涉，坐上了由西北开往东北的火车。一来二去的折腾，我一回到东北孩子早产了。我到家没几天就提前破水，下午 4 点开始有反应，由于事先没准备，医院病房又比较紧张，白跑了两家医院，当我来到第三家医院终于住上院时已是夜里

11点半了。夜里我一个人怎么也睡不着，想着远在大西北的他，想着我们未来的小生命，眼泪不听话地涌上了眼眶。可是我不能哭，从嫁给他的那天起，我就对自己发誓一定要做个坚强的女人。第二天医生来查房，说我胎盘前置，又没有宫缩，得赶紧用药，护士给我滴上了催产素。中午11点多我进了产房，直到晚上9点多孩子还没有生下来，等候在外面的父母焦急万分，就在此时传来医生的呼喊："谁是产妇的丈夫，请在手术单上签字，产妇有危险，是保大人还是保孩子？"母亲一再地解释着丈夫不能到来的原因"她丈夫是飞行员，工作太忙实在回不来"医生不解地摇摇头，最后了解了实情，医生感动了，他向焦急的母亲保证"我们一定会尽力保住大人和小孩。"可是此时我的宫缩极其微弱，孩子的心音也听不见了，这可把医生急坏了，他们赶紧采取侧切手术，用胎头吸吸了三次，孩子终于艰难地降生了。出院后在母亲的精心护理下，我和女儿的身体很快恢复了健康，为此我深深地感激我的母亲，如果不是她老人家的悉心照料，很难想象我和孩子会怎样。当孩子快满月一切恢复正常时，部队的领导终于批一个月的假，让他回东北来接我们娘俩。孩子刚满两个月我们小小的三口之家，坐上了西去的列车，来到了他的部队。

孩子出生后最现实的问题摆在了我的面前，一边是他的飞行事业、孩子、家，一边是我的科研事业，我必须做出选择。从心底里讲我不愿意放弃我的事业，我是个要强的女人，当年我选择了大西北下了多大的决心，如今我的事业刚刚取得一点成绩，我怎么舍得放弃呢？但当我来到他的部队后，我对他的事业才真正有了了解，他的事业风险大，责任更大，而他也是一个把事业视如生命的人。同期的战友有回家经商的，有到民航去淘金的，也有不愿意再承担风险，停飞转入地面做其他工作的，而他依然对飞行痴心不改。我也曾动过劝他改行的念头，可是看见他提着飞行帽进机场时的兴奋劲，看见他飞行后疲惫而满足的神情，挂在嘴边的话终究被我咽回去了。我欣赏他的这股劲，这才是真正的男人呢！他在工作中是个强者，但在生活中他又有男人所具有的通病，生活没有规律，不善于照顾自己。经过两个多月的思想斗争，我心里的天平开始倾斜了，如果说我们两个必然有一个要牺牲自己的事业，这个人只能是我，虽然我的事业在大漠，但我只有舍弃，我必须来到他的身边。选择是痛苦的，那毕竟是我奋斗了10年的事业啊！当产假休完，我便向基地的领导递交了请调报告，申请很快就批下来了，领导找我谈话说：我们理解你的选择，我们基地好不容易才招来像你这样有学识又愿意献身国防的女大学生，我们也舍不得你走，但你丈夫的事业更需要你，我们尊重你的选择。

嫁给了飞行员，就似乎注定了要漂泊。我们的家刚刚安定下来，1993年我的爱人又因工作需要调到了阎良试飞团。试飞就是与风险和死神打交道，在调到试飞团的短短几年中，他试飞了“飞豹”、教-8等6个机种，承担了颤振、空中起动等多项高风险的试飞科目。有时他外出试飞，一走就是半年，即使不外出他在家也很少有时间照顾家，我开玩笑地对他说：家对你来说就像旅馆，说来就来说走就走。他总是嘿嘿一笑了之。虽然我嘴上这么说，可在心里从没有怪过他，他的工作实在太忙了，1999年后他试飞国家重点工程项目，几乎就没有星期天，只要天一好飞行雷打不动。富有挑战的工作调动了他无穷的工作热情，他全身心地投入到工作中，对家的照顾也越来越少。但我知道他爱这个家，更爱他的事业。我只有用自己女性柔弱的肩膀，为他筑起温暖的巢，让他在蓝天上飞得更高，更自在，更潇洒。

**爱之旅路漫漫**

我的家乡在湖北，与我的丈夫可谓青梅竹马，双方的父母都是参加过抗美援朝的军人，又都在同一个单位工作。我和他是同一个学校的同学，他比我高一个年级。记得小时候他总想找我玩，可他又最怕我那高大的父亲，因此总是远远地躲着我，为此我还曾在心里埋怨过他。他高中毕业那年，体检一路过关，当上了飞行员，成了县里的大红人。他走了，留给我的是无尽的惆怅。我隐隐约约感觉到他对我的好感，但他毕竟从没有对我表白过。

他再次回到家乡已是两年以后了，当他来到我家看我时，我觉得他还是那个邻家大哥哥，我们谈得是那样的自然，我突然觉得其实我们的心本来就是相通的。埋在心里的花开放了，我们的相爱是那样的自然，那样的水到渠成。而甜蜜的日子总是那么的短暂，一个月的假期结束了，他留下一句“我会给你写信的。”，便踏上了归队的列车。

他的信总是那么准时，这就是他的性格。他是一个不多说话，但心中有数的男人，从他的信中我知道他的飞行顺利，他对自己的工作总是很有信心。但是当他来信告诉我他以优异的成绩毕业时，我还是打心眼里为他感到骄傲。因为我们全县只有他一人飞出来了，我的兵哥哥是好样的！

我们情感的小舟顺风满帆，他的新飞行员提纲飞完，我们就在家乡办了婚事。只有在结婚以后，我才知道做飞行员的妻子意味着什么。当他在训练团飞行时，为了不影响他的新飞行员培训，我们商量好暂时不随军，他一调到战斗团我马上就办了随军，把家安到了部队。20 世纪 80 年代末，正赶上军队大调整，精简、改编很频繁，也许是巧合，丈夫刚从解散的部队调到新的单位，不到一年，新到的单位也解散了，我们的家就随着解散的部队流动着，最后只好把儿子送回老家湖北，而我则跟着丈夫走南闯北。说了你都不会相信，短短的 10 年间，丈夫换了 6 个单位，故而得到了一个“解散”的外号。然而他对飞行的痴心依然不改，这就是他的性格，也是他的迷人之处。

飞行员大都喜欢用“天”字为自己的孩子起名字，“天乐”“天驹”“天琪”“天洋”，可我们给孩子起名叫“路”。这似乎预示着什么。结婚十几年，数不清与他一起漂泊了多少路程。可他对蓝天的情怀依旧，我对他的情感依旧。

1998 年在他已经 36 岁时，他选择了试飞，要知道对于飞行员来说，36 岁做出工作的重大变动是一个困难的选择。而试飞又是一个全新的事业，其难度是可想而知的。来到试飞团，他面临的是无数的挑战，新机型、新科目、风险科目是家常便饭。好在来到阎良后我们的家庭生活基本稳定下来了，我们把儿子路路接到了身边，我们家第一次过上了真正的三口之家的生活。我知道未来的路还很长，但我是个坚强的女人，一位老试飞员的妻子说过这样一句“名言”：再脆弱的女人，只要嫁给了试飞员，都会变得坚强。对此我深有同感。试飞员的事业是伟大而充满挑战的，我要把我的爱献给他，献给蓝天，还有我们的“路”……

**风中雨中我们同行**

我们的小镇上驻扎着一个空军飞行团，可以说我是听着战鹰的呼啸声长大的。可我从没有想过要嫁给一个飞行员，年轻的我，心中装着数不清的五彩幻想。我是一名幼儿教师，喜欢唱歌跳舞，现在回想起来，如果不是因为这，我和他可能都不会相识。

飞行团要与镇上搞联欢，镇里挑来挑去让我去当主持人，晚会办得很成功，这不仅仅是说我的主持，还有他的节目。短短的节目把他的才华一展无余。他就这样无端地在我的记忆里留下了一张底片。半年之后，一位非常熟的学生家长随便问了一句，愿不愿意见一见一个飞行员，碍于面子，我随便问了一句是谁，他告诉我，就是那个演节目的，我居然鬼使神差地说：见见吧。

那时我并没有觉得他有什么特别的，除了他的大学文凭以外，而我是一个与众不同的人，我不会沉迷于这些外在的东西。我只是觉得这个人有一种气质，所以我没有一口回绝。他不时地给我来信，其实从他的驻地到我的学校只有 5 分钟的路程，而我觉得这样很浪漫。他的信写得很美，他的文才打动了我，但我并没有表露什么，因为我的心里在矛盾着，我正在为调到县里努力着。我曾连续几年被评为县里的优秀教师，县教委想把我调到县里加以培养。对我这样生活在小镇上的人来说，这是难得的机会，更何况这是我人生和事业的重要转折，如果选择了他就意味着放弃了这次机会。我的心里能不矛盾吗？我抱着任其发展的想法，对他的态度不冷不热。一天他突然来到我家，很严肃地说想跟我谈谈。他慢慢地讲着，但我根本无法插话，他从儿时的梦讲到大学生活，从航校讲到部队，突然他停住了，他说“如果你愿意听，我再说一句话。”我不知该如何回答，只有默默点点头。“我出过飞行事故，跳过伞！”说完他一摔门走了。

我当时的感受是复杂的，在此之前，我从没有想过飞行事业是如此艰辛，对此我有点茫然。但他的坦诚深深地打动了我。我少女的心弦被拨动了。

当我们再次见面时我的态度完全转变了，而我们的情感也走上了坦途。我努力地去了解他，他向我讲述了他跳伞的经过：在一次训练飞行中，在 10000 米高空，他由于听错口令，加油门增速，与长机危险接近，此时长机也没有看见他，突然压坡度，在无法避免相撞的情况下，为了减小损失他采取应急措施，自己飞机的机翼被撞掉了，但避免了飞机直接撞向长机飞行员，长机飞行员成功跳伞，而他由于飞机进入复杂状态直到 4000 米才开伞。曾经跳过伞的飞行员很少有继续飞行的，因为他们大都无法承受所经历的恐惧。而他却没有退缩，在他的强烈恳求下，领导批准了他的复飞请求，一个月后他重返蓝天了。他说飞翔是他儿时的梦，也是他终身的理想，他绝不会轻易放弃。他这种对事业执着的性格深深地打动了我，也使我做出了决定我命运的抉择。

1989 年 1 月，我们踏上了东去的列车，以旅行结婚的方式开始了我们爱情的远航。那是一段甜蜜的旅途，在列车上，在江轮的船舱里，他尽情地欣赏着沿途的风光，而我则靠在他宽阔的肩头，憧憬着我们的未来。我理解他事业的艰辛，他的事业需要我的照顾，我要和他在一起，为他建造一个温暖的港湾，让他的事业不断腾飞。半个月的婚假很快就结束了，在归队的列车上，他显得异样的沉重，在我的一再追问下他终于讲出了实情。原来就在我们结婚的前一天，领导找他谈话，上级计划把他们几个大学生飞行员调到远在陕西的空军试飞团，他同意了，而他居然没有告诉我。想到我旅途中的憧憬，想到他的自作主张，想到我们刚刚成立的家，我伤心地哭了。甜蜜的旅途就在这不愉快中结束了。

婚后的半年时间里，一切都显得那么平静，他忙他的飞行，我忙我的幼儿园的工作，在照顾他的同时还要照顾我年迈的父母。我满足于甜蜜的忙碌之中，心中在侥幸地想着，或许他的调动计划已经泡汤了。

9 月的一个傍晚，他下班回来后突然特别殷勤，我太了解他这个人了，我知道我所有侥幸的想法只能是一厢情愿。这回他是主动“坦白”的：三天后他就要到试飞团报到了。我知道等待我的将是分别，但这次我显得很平静，因为我知道会有这么一天的。

在他走后的日子里，我一个人在空房里饱受寂寞之苦。但相对于我对他飞行安全的牵挂，寂寞之苦只能算“小菜”。1990年我到他的部队去探亲，一个月的时间里他整天忙他的试飞，很少有时间陪伴我。试飞的风险非常大，飞的是没有定型的新机，科目大多是风险极高的边界科目，他白天飞行晚上还要编写论文。一个月的探亲假我是在等待与焦急中度过的。回到小镇后我想了很多，我的父母已经年迈，他们身边只有我一个人照顾，我虽然放弃了调到县里的机会，但要我放弃幼教工作还真舍不得，我太爱孩子了，与他们在一起学习、玩耍，看着他们欢快的笑脸，我有一种工作的满足和成就感。1991年我们的女儿出生了，家里的事更忙了，可他根本就没有时间回来照顾我和孩子，是留在小镇还是去部队安家，我陷入了深深的矛盾之中。

1992年，他原所在的部队相继出现两起机毁人亡的事故。两名飞行员牺牲了，而他们是我的邻居，也是丈夫的好朋友。早晨在我上班的路上，经常能遇到他们，可是为了飞行事业他们说走就走了，飞行就是这样严酷而充满着挑战。虽然我没有被眼前的一切吓倒，但我知道我再也不能留在父母身边了，我必须到他的身边去，我要与他一起承受事业的风雨。1993年我带着女儿，毅然地来到了他的身边。

试飞员妻子对丈夫事业的牵挂，常人是无法理解的。试飞员都有一个习惯，每天飞行结束后总要给妻子打一个“平安电话”，而只要飞机轰鸣声一响，妻子便都竖起耳朵。只要天气良好，但飞机声突然停了，她们的心就会悬起来。试飞中遇到险情对试飞员来说是家常便饭，试飞事业造就了他们良好的心理素质。一次丈夫飞行中突遇险情，由于正确处置，挽救了一台发动机，他因此荣立二等功。可他回家后提都不提，我还是从同事那里了解到的，我问他为什么不告诉我，他只是淡淡地说：“这没什么。”其实他是怕我担心。

1999年夏天所发生的一切，永远令我难忘，那天丈夫有新机试飞任务，早晨吃完饭他还像往常那样，回家看看我和孩子，然后开始一天的工作。下午我刚上班不久，机场的轰鸣声忽然停止了，我似乎预感到了什么，就在这时办公室的电话突然响了，电话里是丈夫平静的声音：“我跳伞了。快通知领导和团里。”我不敢相信自己的耳朵，意识一片空白。当我清醒过来奔向医院，我看见了一列车队急速地驶来，停在了医院门口。我看见我的丈夫满身鲜血，被人从车上慢慢地抬下来。我无法想象电话里平静的声音是身负重伤的丈夫发出来的。面对如此坚强的丈夫，我只有坚强地站起来，再大的风雨，我们一起承受。

“飞机一起飞就着火，仪表的显示全部消失，40 秒后飞机失控了直往下栽，我已经尽了全力，我问心无愧。”这是丈夫事后告诉我的。我还了解到，是意外的大火烧断了操纵系统连杆，致使飞机失去操纵，而且由于他将空中重要的数据清晰地记忆下来，为查找故障原因提供了第一手资料。为此他荣立了一等功。

他的伤主要在腰部，虽然没有伤及骨头，但非常严重，这一切对他对我都是至关重要的，因为从他的眼睛里我读出了一切——他要重返蓝天，我们必须战胜伤痛。

一个星期后他艰难地下床了，一个月后他开始散步，两个月后他开始慢跑，四个月后他勇敢地重返蓝天。一年后，因事故而停飞一年的某新机首飞是他完成的。这就是中国的试飞员。

我们共同的事业继续着，过去的一切变成了回忆，而我也变得更加坚强。一位老试飞员的妻子曾说过，再脆弱的女人，只要嫁给试飞员，都会变得坚强。人生的旅途总会有风雨，但歌里唱得好，不经历风雨怎么见彩虹。一天下午，他下班后面带笑容地对我说：“今天我首飞新机成功，咱们上街庆祝一下。”这是我们家的节日，当然值得庆贺一番。生活就是这样，有付出就有回报，有苦就有甜。

以上这些内容是试飞员妻子的真心话，我没有写出她们的姓名，是因为每个试飞员妻子的身上几乎都有相同的故事。她们的故事没有惊天动地之处，但却深深地打动了我。试飞员的事业是令人向往的，他们在蓝天里的英姿总能吸引人们的目光，而这所有的目光里，“望天族”的目光才是最深情、最牵挂的。让我们记住她们吧，祖国的蓝天里将永远飞扬着她们的绚丽。

# 七、思想碎片

# 空军节感怀

11 月 11 日，是一个永远也不能被庸俗化的日子。5 年前的这一天，北方的天空中，西北风夹裹着芦花似的雪片扑面而来，我和战友身着单薄礼服，冒着零下十几摄氏度的低温来到升旗广场，伴着激昂的国歌声，国旗高高地升起，我们昂首注视着国旗，向它行庄严的军礼。当兵 30 年，这是我记忆中第一次以如此隆重的仪式纪念我们空军自己的节日，那一年，年轻的中国空军刚好成立 60 周年。

还是在前些年，通过电视媒体我了解到，西方人每年的 11 月 11 日也要举行隆重的纪念仪式，他们称之为“阵亡将士纪念日”的这一天，是第一次世界大战结束的日子。100 年前西方人设立这样一个日子或许是因为一个美好的愿望，祈望世界和平，因为第一次世界大战尽管没有现代高技术武器的参与，但其惨烈程度却是空前的。因为在那场战争中，一种发明还不到 15 年的东西——飞机参与了战争，尽管在第一次世界大战中飞机还不是决定性的武器，但像里希特霍芬这样击落 80 架战机的飞行员，依然成为人们心目中的战神。那时，人们或许还没有预料到短暂的和平，将被一场更加惨烈的全球战争所撕碎，那时，哪怕是军事战略家和飞机设计师也没有想到，一个全新的力量将会在第二次世界大战中彻底改变人类战争的形态，无论是在欧洲战场还是在亚洲、太平洋战场上，空中军事力量不仅扮演着制空者的角色，惨烈的轰炸更是将无数生命瞬间化为灰烬，而空中力量对于战争的深远影响和巨大作用也日益成为人们的共识。

1918 年 4 月 1 日，人类历史上第一个独立成军的以空中作战为使命的军种——英国皇家空军成立了，那也是世界上第一支独立成军的空中力量，那时离第一次世界大战结束还有 7 个月的时间，皇家空军初创期的箴言是：“逆境中的明星”，似乎从一个侧面反映出空军在那个年代的尴尬局面，因为即使是像美国这样的军事大国，空军的独立成军也是第二次世界大战以后的事情了。在第二次世界大战之初，面对希特勒德国强大空军的狂轰滥炸，如果不是英国具有皇家空军这样一支能够与德国空军相抗衡的力量，如果德国所发动的“伦敦大轰炸”达到了他们预期的战略效果，如果英国失去了抵抗能力，那么，第二次世界大战乃至人类的现代历史都将可能被改写。1940 年 7 月 10 日至 11 月中旬，那场史称“不列颠空战”的著名战役中，英国皇家空军以损失 995 架战机的代价，击落德国空军 1818 架战机，从而彻底打破了希特勒的西进计划。正如英国时任首相丘吉尔所言：“在人类的战争领域里，从未有过这么少的人对这么多的人做过这么大的贡献。”

1949 年 11 月 11 日，在中华人民共和国刚刚成立不到 2 个月，中国空军正式成立了，中华人民共和国的缔造者从战争的历史经验中，懂得了一支强大的空中力量对于国家安全的重要性，但他们或许当时并没有预料到，年轻的中国空军将成为人类历史上第一次喷气时代战争的参与者，并凭借自己的力量战胜了侵略者。抗美援朝空战中，年轻的志愿军空军的飞行员，参战时的平均飞行时间还不足 200 小时，有些人升空作战时飞喷气战机的时间只有 20 小时。抗美援朝战争中如果没有我们自己空中力量的参与，结果是不可想象的，光荣的人民空军用他们的勇气和力量为保卫祖国和人民的安全做出了他们应有的贡献。今天那场战争已经过去 60 多年了，而他们所创造的辉煌战绩和镌刻在那片天空中的不灭精神，成为中国空军的永恒精神与价值丰碑。

每年的 11 月 11 日，不知为什么总有一种情怀在我的胸中激荡，那是一种自豪，也是一种淡淡的忧伤，我会想起那些牺牲的战友，他们为了祖国的航空事业，为了中国空军的强大，把自己的鲜血洒在那片蓝天。这一天我无论多忙都会抽出时间让自己安静一会，我会仰望蓝天，用我自己独有的方式缅怀我那些逝去的亲密战友。我会在胸中把一段诗句默默地吟诵：

河川奔腾白云驻 英魂飞渡，顿觉秋山穆
雄心感天星垂雨 豪情动地花凝露
青春做伴凌霄舞 试剑苍穹，铺就通天路
群山尽染花千树 黄河涛起英雄赋

# 灵感突发

由一群年轻人的拓展攀爬，想到一门学科的创立，这绝不是故弄玄虚。

一个苦苦思索很久的问题，一直困扰着我，做了一辈子飞行才发现，自己所从事的职业居然没有专业学科。中国人民解放军空军航空大学上午的讨论会上，那些飞行教育专家提出了同样的问题，为了飞行员本科教育的专业设立，这些专家绞尽了脑汁。飞行学、航空理论、空中作战似乎沾边，但显然定位不准确，作为一个兵种必须有一个能够充分体现行业特点的专业学科，但我们没有，连名字都想不好。

下午的考察项目是观摩飞行学员的体能训练，阳光下的少年透着一脸稚气，一个需要集体配合的攀爬项目中，生龙活虎的学员合作得像一个人，几秒钟的工夫，两个人都爬上了十几米的架顶，这种颇具军事功能的体育项目，其锻炼的效果显然要优于简单的力量练习。军事体育，一个词突然就蹦了出来，体育有军事，空军的作战飞行不也是军事吗？一个苦苦追寻的学科名称就这样灵光一现，浮现在我的脑海。

我仿佛发现新大陆一般喜悦，拿出手机向我能找到的所有军事理论专家发了短信："我找到了，军事飞行学的创立需要大家的支持！"

而我收到的回复也是同样热烈："创立一个学科，其重要性不亚于你曾经试飞过的新机！"

灵感就这样说来就来了。说到灵感似乎有些玄奥，有些人说灵感与我无关，那是思想家和天才该干的事。然而据我所知，那些在创新领域颇有建树的人，大都是平凡人，有些人甚至有点木讷。美国空军飞行员博伊德，后来成为一名空战与装备技术的专家。据说博伊德的智商不到 90，朝鲜战场上心高气傲的他尽管谁也不服，但在空战中却毫无建树，可就是这样一个有点笨的“菜鸟”，却痴迷于飞行，并为之不管不顾。如果说勤能补拙，天道酬勤，博伊德顶多能成为一个空战高手而已，实际上他做到了，而且超乎想象！灵感就是眷顾执着者，这个将仕途视如粪土的人，在 34 岁的高龄开始学习工程，他将空战战术中的能量机动理论与飞机工程结合起来，提出了三代机的设计理念。更加出乎人们意料的是，博伊德由空战理论推而广之，发明了管理学领域的 OODA① 环理论，他也由一个技术专家转而变为一个战略专家。

“你想成为中国的博伊德吗？”自从我提出“目标跟踪”“区间变向”等飞行理论后，时常有人问我这样的问题。我说我不想成为博伊德，我只想做好我自己，因为这些理论的提出并非功利心驱使。记得我第一次和俄罗斯试飞大师科沃丘尔飞任意机动时，我连飞机处于什么状态都弄不清楚，但疑惑并不一定是坏事，对于疑惑的探究就贯穿我整个飞行生涯。一次，在看到 2002 年乌克兰苏 -27 表演空难的视频后，我从飞行员所做的“越肩机动”动作中突然领悟到“区间变向”机动。当时的那份喜悦真是难以言表，因为这绝对是中国原创！

追寻灵感的过程有时是痛苦而漫长的，而相对于灵感带给你的喜悦，所有的付出都是值得的。作为一名中国飞行员，能否成为博伊德那样的名人其实并不重要，重要的是如果你想要做一件事，就一定要把它做成。此时，就有这样一件事摆在我面前，那就是创立和完善军事飞行学理论。要完成这项工作光有努力是不够的，更重要的是灵感！

---

① OODA指观察、判断、决策、行动。

# 让思想飞翔

很久没有被文字如此打动了。那天，在《世界军事》杂志上读到一篇《谁是博伊德》的文章，泪水不知不觉地流淌而下。作者黄春一是我的挚友，我第一时间拨通了他的电话，我感谢他精美的文字，并告诉他是博伊德的思想与追求感动了我。这位提出“能量空战”和“OODA 环”理论的美国飞行员，既是一位飞行者，也是一位思想者。

令我感到幸运的是，我不仅从文字上感受了“思想的力量”，也在自己的飞行生涯中，多次与博伊德这样有思想的飞行家不期而遇。

1987 年夏天，我来到了山清水秀的川东县城——梁平，在那里我第一次体会到在雾都的天空中飞复杂气象的难度。带飞我的教员是大队长王晓华。这位来自苏南的小个子大队长，因为严厉与聪慧在所在部队被誉为“二华”之一。在穿云下降飞行中，其他教员都在过远距后让学员早早地打开暗舱罩，可王大队长在模拟地平仪故障的飞行中，过了近距才让我开罩。比飞行更严格的是，在地面演练中，一次在飞行前准备过程中，因为准备不到位，我的两名战友被王大队长“把关”了，我至今还记得他下完罢飞令后的一席话：“飞行是强者的职业，在这里凭实力生存，不努力的人只有一条路——走人！”

多少次在深夜的过道里，透过大队长的门窗看见他挑灯学习的身影，多少次在下达任务中聆听他极具专业水平的技术讲解。他是我飞行人生中第一个令我崇拜的教员，在我心目中他是用思想在飞行的人。

乌拉尔是在俄罗斯试飞员学校第一个带飞我的人。这位曾经的俄罗斯航天英雄，因为身怀飞行绝技，性格中有一丝桀骜不驯的劲头。

每次飞行乌拉尔都会呼啸着口哨，招呼我上飞机，而此刻他向一侧潇洒摆头的姿势，是他独有的标志性动作。就是这样一位在地面上总是表现出满不在乎姿态的人，一到空中却变成了一头敏捷的豹子，而他的拿手好戏是充满震撼力的“7g 方块筋斗”，以及惊世骇俗的“筋斗着陆”。真正令我钦佩乌拉尔的不仅是他空中的飞行技能，在上苏 -27 飞机开车与飞行程序课时，乌拉尔只带了一支粉笔。他举止潇洒地讲了 2 个小时，当我课后将他的上课笔记与俄罗斯飞行教范一比对，我才彻底服了，十几页的开车与飞行程序居然一条不差。我真正领教了“王牌教官”的魅力。

在对这些飞行专家充满钦佩的同时，我并没有迷失自我，我知道人生的“功力”都是日积月累锤炼出来的，只要努力每个人都能成为各自行业的专家。在以后的飞行生涯中，我试图从每一个令我钦佩的飞行前辈身上汲取更多的滋养，更重要的是要保持自己独立思考的能力，让自由的思想伴随自己在天空翱翔。我把每一次飞行的经历都当成最宝贵的人生财富，坚持记录飞行中察觉到和体会到的每一个数据和飞行感悟。特别是关注飞行中遇到的每一个疑点，因为我知道所有的思想飞跃都是从疑问中获得的。

仿佛是一种潜移默化，经过十几年的飞行积累，那些曾经让自己吃尽苦头的飞行数据，突然间都变成了成竹于胸的“永恒记忆”，我可以不假思索地说出歼 -10 飞机试飞中遇到重大险情的详细数据，也可以轻易地将自己撰写的论文倒背如流。而当我真的第一次站在讲台上，充满自信地对自己的学员侃侃而谈的时候，我知道自己以往的每一滴汗水都没有白流。

就像无垠的天空一样，关于飞行的学问是深邃而博大的，作为一个飞行者，我知道思想的伟大，更知道学无止境的道理。

此刻，我脑海中突然闪现俄罗斯航空之父茹科夫斯基的一句名言：“使人类飞翔在天空的不是肌肉的力量，而是智慧与思想。”

# 注视前方　成就梦想

“注视前方，顶住杆！”

后舱试飞教员王光耀坚定的声音，至今依然如在耳边，振聋发聩。

1992年，在贵州的崇山峻岭之间，试飞大队长王光耀带着我，不厌其烦地一遍遍重复着低空倒飞、横滚动作，这些动作我总是做不好。当地面景物扑面而来的时候，我总是犹豫甚至松杆，低空飞行的恐惧感始终摆脱不掉。

王光耀的一席话点破了我对低空飞行的所有疑惑。“导致你动作失误的最主要原因，恰恰是因为你看地面了。只要你目视前方，眼前大地景物就不会干扰你的视线，你就能集中精力做好动作要领。”

这一招果然太灵了，我对低空飞行的恐惧感一下子就克服了，可是真正使我明白“注视前方”的道理还是十年后的事情。在心理学专著中我看到了“应激反应”这个词，当外部事物通过视线强烈地刺激你的时候，“应激反应”会令你做出条件反射动作，只有通过减小视觉刺激的方法，才能克服“应激反应”的影响。

空中加油飞行中飞行员会遇到同样的问题，当我们注视锥套时，就会不由自主地跟着摇摆的锥套“跳舞”，一次次地对接失败，而当我们把视线放远，与加油吊舱编队时，飞机反而稳住了，对接也就平稳多了。

“注视前方”不仅是飞行注意力分配的要领，生活和工作中不拘泥于眼前事物，而把目光放远能使我们很好地调整心态，以更好的状态投入工作和生活。在2009年的莫斯科航展上，俄罗斯勇士表演队发生了飞行事故，这说明在低空以机群活动为主的表演中，稍一疏忽就有可能发生严重问题，反思我们在低空训练中发生的一些问题，我们应当从两个方面进行思考。第一，风险总是与飞行相伴，发生问题不是由于我们的无能，而是由疏忽导致的；第二，对待问题我们要冷静地思考破解问题的方法，而不能只专注眼前，堕入自责的泥沼。把目光放远是一种境界也是一种状态！

阅兵是国家尊严的体现，也是彰显军人魅力的最好形式，在中华人民共和国的蓝天飞翔，成为万众注目的焦点是何等的荣耀，为了这份自豪感我们每天训练流下的汗水都是值得的。完成好这一光荣而神圣的任务就是前方的目标，相信自己，只要我们“注视前方”、顽强拼搏，就一定能在中华人民共和国的天空成就军人的辉煌。

# 人机一体快乐无比

在学飞行初期我差点被技术虚无主义给骗了。那些关于空战的似是而非的文章，还有少数飞行教员对于自己“超一流技术”的吹嘘，让我以为人机一体就是一种形而上的感觉，是一种与生俱来的飞行天赋，与技术的探索和自身的努力无关。

好在我没有被这种欺骗迷惑，我用一种最笨也是最有效的方法学习飞行，那就是对于飞行的每一个动作都要进行揣摩和反复演练，我变成了一个虔诚的飞行求道者，我发现了飞行中难以察觉的奥秘。此时我才知道那些书本和个人的吹嘘都是在骗人。

“人机一体”说起来玄奥其实就是悟性加勤奋。对于飞行的专注是获得这种飞行灵感的基础，而良好的悟性是获得这种感觉所必需的天赋。但这种天赋与其说是与生俱来，还不如说是专注与坚持的结果。在飞行这个行当我不相信所谓的机缘，我相信执着的力量。

就像一个人练习武功一样，要获得身体各部分的协调，需要基本功的训练，更需要反复的练习和揣摩。为了了解飞机的爬升性能，我苦苦研究了 5 年的时间；而当我终于发现区间变向理论的时候，我已经为研究机动飞行耗费了 10 年时间；我记得为了获得一个别人的着陆飞行数据，我在飞参数据处理室里一干就是半夜；为了获得空滑迫降的数据，我把自己关在小屋里，用卡尺和计算器整整计算了 18 天。我了解了那些空战格斗高手是如何炼成的，三代机蓝军第一任队长王刚，为了读外文空战理论原版书，愣是通过刻苦自学掌握了英语，听他聊空战你感觉到他不是在谈技术，而是在谈自己心仪已久的情人，那份执着和投入真的令人感动。

通过艰苦的探索和积累，当你对飞机的脾气了如指掌的时候，还不能说已经达到人机一体的境界。因为这还只是座舱内的感觉。人机一体的第二层境界，是对于空间态势的感知：要知道你所处的状态，敌人的位置和状态，甚至在被追击的时候，知道此刻敌人是否具备发射条件。这种感觉要靠反复的对抗训练获得，那些只经过单机空战训练的飞行员，永远无法获得空间态势感知的那份洞达和明晰。

人机一体的最高境界，是需要顿悟获得的。人对于机械的无知与恐惧是天生的，无论你对飞机了解多少，内心总有一种“虚”的感觉，你不知道飞机真正发脾气时是什么样，这种没有着落的感觉会干扰你的判断和决策，使你无法在空中尽情发挥。只有你了解了飞机的各种边界性能，并遇到过各种险情时，你才能彻底摆脱对那个铁家伙的神秘感觉。你不仅知道飞机能干什么，而且知道身处危机时它不会发生什么；你知道无论飞机在空中怎么咆哮，你都是自由的，因为你对它的一切了如指掌。到这个时候，你才能真正说与飞机浑然一体，做到了人机合一。

从来没有人能随随便便成功，在飞行这个行当里你别想做一个偷懒的超一流选手。心无旁骛、心静如水，让飞行进入一种禅的境界。飞行是如此奇妙，值得我们迷恋，因为，当你体验到人机一体的感觉时，才能真正感受到飞行的无穷快乐！

# 身临其境

在一次歼-10飞机理论教学中，一位学员问我这样一个问题，发动机振动如何处置，我说不用处置，如果在地面的话，发动机振动飞行员只需下飞机即可。这样的回答绝非戏谑，因为任何故障只有在真实的飞行场景中才有意义。

在飞行界，我们形象地把那些可能导致颠覆性事故的重大飞机故障称为“顶级故障”。例如，操纵系统失效、发动机停车、全姿态显示失灵。飞行中谁都不愿意遇到顶级故障，但有时故障说来就来了。

2001年冬天发生的一场虚惊令我记忆犹新。那天，我驾驶着投入试飞不久的歼-10试验机进行一项性能试飞科目。突然告警灯盒中顶级故障栏里的“降转”灯亮了，这意味着发动机出现了紧急故障，必须进行处理。好在我没有被突如其来的故障闹懵，我开始按照无数次背诵过的故障处置方法进行操作：收油门到转速85%以下，对向机场，做好迫降准备。我看了下高度4500米，而当时我距离机场还有50多千米。我预计即使发动机故障进一步加剧，返回机场还是有把握的，我开始紧张的心情渐渐平静了。可是随着距离机场越来越近，我发现飞机下降高度的速度大大出乎我的意料，当距离机场10千米时，飞机的高度只有400米。我意识到必须增大发动机推力，否则，我根本不可能飞回机场。我缓慢而小心地向前推油门，并在心里暗暗祈祷，发动机此时绝不能停车。不该发生的事情没有发生，我最终驾机安全着陆了，但顶级故障带给我的紧张与疲惫，还是让我几天都感到浑身无力。

这次故障给我的教训不仅是对顶级故障的亲身体验，而且我还在思考这样一个问题，按照飞机驾驶手册条文背诵特情的方法是飞行员提高特情处置能力的最好方法吗？导致这次故障处置中高度过低的原因不就是我盲目背诵条文的结果吗？用一成不变的故障处置程序来应对不同场景中发生的飞机故障，会不会导致严重后果呢？

这让我想起了20年前在《航空知识》上读到的一篇文章，文章中一位波音公司的模拟机教员说，所有故障都不是孤立的，而是与真实的飞行环境结合在一起的，因此，特情模拟训练必须设置特定的场景，没有身临其境的场景训练，特情处置训练就没有意义。当时，我并不能很好地理解这段话的深刻含义，20年后，这次意外的重大故障使我茅塞顿开。

2005年7月，歼-10飞机发生了第一次停车坠机事故，在空军工作组组织的航理考试中，我在发动机故障处置的问题后面，写出了4个答案，分别描述了4种不同场景中遇到发动机故障的处置方法。在某些场合发动机故障处置的方法与飞机驾驶手册的条文截然不同。在这个问题上，飞行界的好友李克强与我不谋而合。

2009年3月，在李峰成功处置空滑迫降故障后不久，我见到了李峰所在部队的首长李克强，在他的办公室里他拿出一份厚厚的歼-10飞机发动机故障处置预案，这是李克强带领他的飞行团队，在事先开展的发动机故障处置研究中获得的理论成果，李克强开玩笑说，这可不是我事后做的假。预案中用三维图像描述了不同场景、不同空域中遇到发动机顶级故障后的处置方法。我意识到李峰的成功并不是偶然的，平日里身临其境的特情研究与训练，使他练就了过硬的驾驶技术和心理。在李峰的成功处置中，最关键的环节是在发动机第一次告警之后，他没有按照飞机驾驶手册条文的要求收小油门，而是按照最佳的方法维持发动机转速87%，尽可能地使飞机少下降高度，这为他最后成功迫降创造了条件，这也是李峰成功迫降最宝贵的经验。

如今，模拟机为飞行员特情处置训练提供了身临其境的最好方法，为了给飞行员营造逼真的飞行环境，模拟机教员应该把特情模拟训练结合到飞行程序中，在起飞着陆、特技编队、超低空飞行、复杂气象环境、武器攻击等不同飞行状态中设置突发故障，训练飞行员随机应变处置特情的技能，从而提高心理承受能力。

# 距离产生美

每年的航展都是空军的节日。每当这时军友的热议总是充斥网媒间，而好友的话题也汇聚在航展的热点上了。

只要关注航展的人都会发现一个问题，此次亮相空军飞行表演大队，除了表演机由歼-7G变为歼-10以外，表演本身给人的感觉也与以往不同。细心的观众对比2009年11月空军建军60周年的表演，感觉2010年的表演更加刺激、更加精彩，其实其中所有的奥秘就在于距离。

记得是在20世纪80年代中期，美国雷鸟表演队第一次到中国来，中国的许多飞行爱好者第一次感受到了超密集编队的震撼。编队的队形能够小到几乎彼此都贴上了，这在以往是不可思议的。飞行专家除了惊奇之外，第一个疑问不是如何实现超密集编队，而是这样小的编队距离安全如何保证。

疑问只能通过尝试才能得到解答。中国空军的飞行勇士蓝天亮剑，很快就突破了编队飞行的难关，超密集编队的距离由以前的5米缩小到1米。开始飞超密时的距离恐惧很快就突破了，飞行员感受到了几乎零距离飞行的快乐体验。

看似不可逾越的飞行禁区就这样被轻易地突破了，然而随之而来的既有赞叹也有质疑：这样的“花拳绣腿”在作战中有什么用？飞行员是战斗员而不是演员！质问看似合理而务实，却并未触及飞行的实质。1989年，空军沧州基地的王铁翼带领的团队就用超密集的加油编队试飞，对这个问题给予了最好的回答。从严格意义上讲，加油对接时加受油机之间的距离已经是负的了，彼此互相是“咬合”状态，飞行员如果不能突破距离恐惧，就无法完成加油。飞过空中加油的飞行员都有这样的体会，对接时最大的技术难点不是距离的控制，而是如何突破近距离的心理恐惧。没有超密集编队的过硬心理和高超的驾驶技能，空中加油是一件不可想象的事情。

像超密集编队一样，许多看似“无用”的飞行动作，如超低空倒飞、区间变向的任意机动、大迎角小速度通场、双机密集队形起飞着陆，考验的是飞行员的心理和技能，不经过严格的训练飞行员是难以掌握这些飞行动作的。随着飞行员攻克一个个高难技术动作，他获得的是技术上的飞跃，这种飞跃是常规训练无法达到的。

飞行的魅力就来自挑战，而敢于迎接挑战的飞行强者也一定会在战场上成为“王者”，这就是飞行精神，这就是军事飞行文化的精髓！

八一歼-10飞机表演队的领军人物是严锋，这位军迷心目中的“超酷勇士”恰是我的好友，在西南某机场我亲眼见过严锋为了打磨一套表演动作，在空中一次次地锤炼着，每次飞行后的交谈中，我都能从他汗涔涔的脸上读到难以抑制的自豪与欣喜。这样的飞行员在我心目中是最美的，我为有这样的飞行同行而感到骄傲！

曾几何时，我们只能仰望天空为异国空军的表演而赞叹，如今，红蓝相间的中国“猛龙”在珠海的天空展示了中国力量。尽管与以往的表演距离的差别只是区区几米，但距离的缩小展示的却是一种前所未有的美，它所展示的不仅是那些飞行家的技艺和魅力，更重要的是它展示了中国人打造大国空军的勇气和自信。

# 升腾的力量

年终将至，纷杂的事物让人难以理出头绪，与此同时，好消息也纷至沓来。李刚荣立一等功的原因成了公开的秘密，而八一飞行表演队的荣誉也实至名归。军迷的祝福多得难以招架，我也将所有的赞美向八一飞行表演队队长曹振转达。网上关于歼 -7 即将退役的消息，引发了军迷的各种猜测，而我看到这则消息的第一反应，是想起了 20 年前第一个带飞我歼教 -7 的试飞大队长王光耀，电话的那头，61 岁高龄的老大队长，还在忙着通航的飞行业务，他爱这一行，怎么也放不下……

贾平凹曾经说过："人生总要有一种升腾的力量，才叫有境界！"这或许就是所有飞行员热爱蓝天的精神动力。有人问我飞行员在起飞那一刻，是怎样一种心境？我回答四个字："义无反顾！"

都知道飞行很难，可是第一次的蓝天经历却让我自信满满。带飞我的滑翔机教练是个高大英俊的山东汉子，他的名字我已经忘了，只记得他俊朗的外表和美妙的歌声。飞行中他的笑声在空中回荡："小徐，你看我松手了，现在你是自己在飞！"

我自己也能飞了？飞行原来如此简单。

带着这样的自信我来到了飞行学院，不出所料我成了学员大队第一个上天的学员。我有滑翔机的经验，飞行不就是卡好天地线吗？可是当我和教员布天河驾驶初教 -6 上升到 1500 米的空中，我才发现哪有什么天地线呀？我看见的是不规则的云团和昏黄一片的雾气。一身汗湿的我垂着头走下了飞机，我在心里对自己说：这是不可能完成的任务，我几乎不相信自己能够学会飞行。

几个月的训练，我都不知道是如何闯过了初教 -6 飞行的第一关。

第一次放单飞前，我的心中不停地打鼓，我是同期学员中第一个放单飞的。但是说实在的，我心里一点自信都没有，直到我在北方碧绿的草地机场上轻盈地降落，我才知道只要自己努力什么都能做到。

第一次远航的情景历历在目。去一个远在几百千米外的陌生机场，这份挑战令我的肾上腺素不停地分泌。新婚宴尔的我成了领导特殊的照顾对象，其他战友都是单飞远航，而我的后舱却“绑定”了副团长。起飞后的忐忑很快就被远航的新奇感替代，按照事先准备好的数据保持航迹，不一会降落机场就隐约从云层的夹缝中显现，而着陆也就成了一件快乐的事情。

无数次的起飞，最令我难忘的还是 2000 年 5 月的那次。一年前的我从燃烧的座舱里蹦了出来，看着满身伤痛的我，妻子迟疑着问道：“还飞吗？”我笑着告诉她：“我仿佛对于死神的恐惧有天生的免疫力。”事故整整一年后的那个飞行日，曾经坠落的那型飞机第一次重返蓝天，我说我来飞，问自己为什么，脑海中浮现的还是那四个字——“义无反顾”！征服是快乐的，因为不是死神与恐惧征服了你，而是你用淡定征服了它们。

有人曾经问我，你会被自己感动吗？我说不会，我只会为我战友的热情豪迈而感动。2009 年的空军节上，中央电视台直播了歼 -10 飞行表演队的第一次公开表演，担任飞行解说的是我最好的战友李中华，而参加表演的飞行员中就有我曾经带飞过的飞行员。谁又能想到就在当年的 4 月，歼 -10 表演机的涂装与拉烟设备还未最后敲定。能赶得上吗？从事多年试飞的我也在心中打上了深深的问号。而那一刻，当歼 -10 四机编队排着密集的队形一飞冲天，泪水不听话地从眼眶流下，曹振好样的！战友好样的！那一刻，脑海中回忆起的是 7 年前我和他一起驾驶歼 -10 飞机起飞时的情景，还有德州上空表演队战友一次次逼近编队队形极限的艰苦训练。

2010 年的珠海航展、2011 年的长春航空节和潍坊的感恩之旅公开表演，年轻的战友不仅用挥洒蓝天的诗情舞动打动了观众，也用他们的酷与炫塑造了中国空军的新形象。八一歼 -10 飞行表演队领导严峰，早就是军迷眼中的真汉子，他单机表演的一飞冲天，身着表演飞行服回眸挥手的那份洒脱，不知打动了多少军迷。我的好友上海的蒋永伟不知有什么神通，居然收藏了印有表演队标志的飞行手套。

其实，并不是所有的起飞都是酷与炫的。2004 年的夏天，我第一次驾驶歼 -8F 满载起飞，感受到的是从未有过的沉重与艰难，发动机的轰鸣仿佛也因为不堪重负变得沉闷而嘶哑，当飞机在即将到达跑道的尽头低着头离陆时，我悬着的心终于轻轻地落下。2003 年 8 月，经过一个月加油试飞的坎坷，我隐约看到试飞成功的曙光，当我驾驶战鹰与初升的旭日一起升腾的时候，我并不知道今天的试飞是否会成功，此时，是温暖的阳光给了我动力，使我有了义无反顾的力量。试飞成功走下飞机的我，对海明威的那句名言有了更深的感悟："每天的太阳都是新的！"在人生与事业的道路上，遇到再大的困难，只要我们有勇气就一定会有希望!

# 时代唤出技术英雄

1989 年，当我怀着对试飞的憧憬来到试飞团时，我心目中的试飞事业是与黄炳新、王昂、滑俊等英雄的名字联系在一起的，还有英气逼人的新型战机，以及那些英雄历险的精彩故事。2005 年，当我离开试飞团，试飞生涯留在我记忆里最深的，不是一次次历险的经历，也不是手捧立功勋章的那一刻，而是为攻克新机试飞技术难关，与试飞团队一起度过的艰难岁月。尽管那时他们依然默默无闻，但我知道早晚有一天这个团队会向我们的时代发出振聋发聩的声音。

要认识一个团队离不开他所处的历史坐标，一个是国家航空科技发展的坐标，另一个是试飞员成长的坐标。20 世纪 50 年代中期，当试飞团队初创之际，中国还不具备独立研发和生产军机的能力，仅有一个具备简单维修能力的航空工业体系，我们与世界军事航空科技的差距足有 40 年，从 1956 年吴克明驾驶国产歼 -5 飞机首飞，到 1965 年拓鸣凤驾驶第一款自主研发军用战机强 -5 的首飞，再到 1998 年雷强驾驶中国自主知识产权的三代机歼 -10 首飞，航空人用 50 年的追赶，使中国加入了航空大国的行列，而在歼 -10 的基础上，中国航空人由追赶之路踏上了腾飞之路，十几年的时间里自主创新如井喷式爆发，五代机、舰载机、大型运输机全面开花，使我们与航空大国的技术差距缩短到了 15 年。更为难能可贵的是，这一超凡业绩的创立过程中，中国人没有走西方航空大国高损耗高风险的老路，中国第一代空中加油机的试飞成功，我们只付出了八根加油探管折断的风险，在攻克失速尾旋禁区试飞中我们确保了试飞安全，在歼 -10 三代机的试飞中我们创造了零事故定型的世界纪录。60 多年来，我们在所有新机试飞中所损失的飞机还不及航空大国一个型号试飞中的折损。

60 多年来，中国试飞员团队从初创期的 3 人小组，到 20 世纪 80 年代初的集中选优，以及 90 年代的大学生试飞员选拔，再到 21 世纪试飞员专业化培训机制的全面建立，走过了一条探索、发展、壮大之路。今天，我们的试飞员队伍中不乏国际级高水平的金牌试飞员，如实现三代机首飞的雷强、攻克三角翼尾旋难关的李中华，横跨军民体系的全能试飞员张景亭，创立“军事飞行学”的歼 -10 战机首席试飞员徐勇凌，舰载机试飞团队的领军人物邹建国等，国内民机试航与军用大飞机试飞第一人邓友明。从这些试飞员身上我们看到的不仅是敬业奉献的职业精神，更有精湛睿智的高技术素养，他们身上体现着工业时代技术英雄的四大素质：

一是献身技术的自觉精神。工业时代需要从业者的高度自觉，这种自觉建立在知识与理念的基础之上，是一个国家工业化发展的最大凝聚力，它不同于农耕时代以纪律约束为标志的团队服从，而是个体在对工业化秩序高度认同的基础上建立起来的一种职业道德。

二是甘于奉献的工蜂精神。试飞员了解和明确自己在国家和行业体系中的位置，并在自觉的基础上用一种近乎殉道的热诚奉献着自己的才华，他们知道唯有在这个岗位上把技术做到极致，团队的利益才能有保障，国家的技术腾飞才能实现。在一个真正的工业化国家里，工蜂精神会得到团队最大的奖赏，而作为工蜂个体他们所要做的就是把奉献的果实做得尽可能的完美精致。

三是创造完美的技术精神。追求完美是试飞行业的最高价值观，这种精神不仅体现在飞行的具体动作上，更体现在技术攻关的艰难跋涉中。每一个试飞科目似乎从没有一帆风顺过，难题几乎就是试飞的同义词，然而，对于试飞员而言难题是挑战更是诱惑，正是因为难题的存在才使试飞充满着魅力，正是攻克难关的那份幸福，带给试飞员前行的巨大动力。没有创造完美的精神就没有空中加油惊心动魄过后意料之中的成功；没有创造完美的精神，就没有歼 -15 闲庭信步般的首次成功着舰。

四是看淡死神的忘我精神。风险与牺牲永远都伴随着试飞事业，战机的残骸没能在试飞员心中掀起波澜，他们仿佛永远那样淡定，战友的牺牲只会勾起试飞员浓浓的惜别之情，却不会在他们强大的内心传递恐慌。没有从事过试飞的人很难想象从试飞员口中说出的不怕死是什么意思，那是一种真正的无畏，那时一种超越死神的豪迈。

1993年的秋天我来到俄罗斯，我既看到了试飞员公墓中一座座灰色肃穆的墓碑，也看到了中央大街上矗立的一座座国家英雄的丰碑，那是俄罗斯人为纪念那些创造了工业奇迹的技术英雄而建立的。在工业时代一个国家不仅要崇尚道德，更要崇尚技术。今天试飞团队用他们的智慧与勇气创造的试飞奇迹，为我们矗立起了一座足以令国人骄傲的技术英雄的丰碑。我想如果在我们国家和我们的人民心中，能够不断矗立起这样的技术英雄的丰碑，伟大的中国梦就不会遥远。

# 我为北航骄傲

北航的老师和同学，此刻我最想对你们说的是：我为北航骄傲！

我为北航骄傲，尽管相比那些老牌的兄弟综合大学上百年的建校史，北航是年轻而稚嫩的，但我依然为北航而骄傲。

这份骄傲不是因为在1980年的今天，我用自己的努力考上了北航，也不是因为这所有着60多年历史的大学，从当年的一所专业相对狭窄的航空院校，发展成为具有多学科开创型的综合性大学，甚至不是因为我们有如此多的为国家航空航天及其他科学与社会发展做出突出贡献的毕业生。人类航空走过了百年的历史，在近代人类文明发展中航空科技成为托起人类文明前行脚步的最重要力量之一，作为北航人我们曾经为这一伟大的文明进步做出了自己的努力与贡献，特别是当这份贡献成为我们国家崛起的重要支撑，我觉得我们应当为我们曾经做出的努力而骄傲。

我是北航人我骄傲，但我想要向同学表达的是：有时候找到人生的方向或许比骄傲更加重要，尤其是对我而言，因为我知道自己直到38岁才真正明确自己的人生目标，而骄傲甚至差点毁掉我的人生。

2016年6月，大家或许从网络及各种媒体听说我寻找当年的恩人——雷稿村小孩尹正海的故事。大家或许会说那个故事很感人，但要知道1987年2月19日的那次事故，恰恰是因为我自己的骄傲。因为过于相信自己，我听错口令与长机发生了相撞，好在我跳伞成功并得到了好人尹正海的相助，从而使我走出了那段令我刻骨铭心的人生低谷。

有时候，一个简单的故事告诉我们的却是人生的大道理。就在那次跳伞前的1月1日，我在元谋的大东山完成了一次野外生存训练，在6个小时的雨中山地穿行中，我总结出了走出大山的有效方法，而这恰恰是我2月19日跳伞后，得以走出大山得救生还的关键所在。如果把我大东山的生存训练比作我们的大学阶段，那么跳伞后大山中的自我救赎就是我们走出校门后的生活写照。人生不可能没有荆棘坎坷，你也不可能凭借大学优异的成绩令自己的人生一帆风顺，但大学的学习经历，的确可以提升我们社会生存的能力，为我们的成功铺垫坚实的基础；而当我们面临困难的挑战时，当我们的事业面临绝境时，唯有靠自己坚韧不拔的努力才能走出困境赢得成功。就像我在1987年的那场事故，如果不是我有曾经的训练，如果我不能在那个渺无人烟的绝境之中勇敢跋涉，我也不可能遇到我的救命恩人尹正海，更不可能有我38岁以后的成功——因为我找到了人生的方向，并为之付出了努力，所以，我成为歼-10试飞架次最多、完成重大试飞课题最多的试飞员，也因此获得了国家科技进步特等奖的荣耀。

有人问我，你最值得骄傲的一定是那份努力之后赢得的奖赏吧？我说不是，我最值得骄傲的是我为歼-10试飞写下的300个飞行日的日记，以及我试飞人生所记录的2000多万字的笔记，这包括我发表的几百篇学术论文和歼-10飞机试飞2000多次的故障记录。

是的，成功来源于激情与天赋，但更来源于勇敢与坚持，而骄傲则来源于我们曾经付出的努力，尤其是当我们面临艰难与挑战之时。让我们少一点“最好别让我碰上”的侥幸，多一些我“终于闯过来了”的庆幸，而当成功真的来临，那一刻再让我们对自己说，我骄傲，我曾经努力过，也为时不晚。

同学们，我为北航而骄傲，不仅为我自己，更为今天的你们，因为同学们，你们一定会用激情与坚韧谱写中国科学更加美好的明天，也一定会为推动中华文明和世界文明的进步做出更大的贡献。我相信你们，更祝福你们！

# 知识供养人生

说来惭愧，大学毕业后的头10年，我依然没有养成有规律的学习习惯。说到看书、学习、做研究，总是三天打鱼两天晒网。工作学习压力大时就抓紧学习，一旦没有了压力，就会找各种理由放任自己。那时，不要说做研究、写文章，就是自己的业余爱好——书法，也是练一阵荒一阵，练了几年了却进展不大。

然而，一次参加书法大赛意外的获奖，居然让我获得了关于学习的第一次顿悟。一位书法老师借给我一本颜体字帖，要求我每天坚持练习2个小时。以前我练习书法都是今天临一个帖，明天临一个帖，照着一个帖练半年真的有效果吗？碍于老师的面子，我只好坚持下来了，没想到半年后的一次书法大赛，我用颜体笔法写的一幅中堂，居然得了第一名，要知道那些获得二等奖的有些都已经练习书法20多年了。

这次意外的获奖让我开始思考我以往的学习习惯，我发现，这么多年来学习虽然一直坚持着，但总是蜻蜓点水走马观花，因此学了就忘一到用时就抓瞎。而专注地研习颜体书法只有半年，却让我的书法技艺突飞猛进，我懂得了专注与坚持对于学习的重要性。

1994年底，经过几年的试飞员学校的学习，我终于有机会第一次改装新机。常庆贤是我们的歼-8教员，因为知道他是中国空中加油第一人，因此，我对老常的飞行技艺和学识都崇拜不已。一次在课间，我无意中打开了老常的授课笔记，我被笔记本上的图文惊呆了，那工整的笔迹，精美的插图，还有如印刷般清晰的飞行原理公式，我仿佛突然明白要成为一名优秀的试飞员应该怎么做了。回到宿舍我就开始寻找以往的学习笔记，印象中在飞行学院、训练团和作战部队记了很多笔记，可是我能够找到的却是一本本记了一半甚至只有开头的笔记本，再看看自己的笔记内容，潦草的笔迹甚至连自己都认不出来了。曾经一直为自己是名牌大学的毕业生而骄傲，而此刻，我却为自己的荒疏而羞愧。我决心从明天起一定要从点滴开始养成自己的学习习惯。那就从歼-8的学习笔记做起吧！

说起来容易做起来难，认真地誊写笔记是一件非常费工的事情，我一度甚至想要放弃，可是想想自己以前那些凌乱的笔记，还是坚持下来了。从此，每天晚饭后，我都会将一天学习的笔记再次认真地抄写在硬皮本上，歼-8理论改装结束了，回过头来看看那本厚厚的笔记，真觉得这份功夫没有白下。

1993年秋，我和战友来到俄罗斯试飞员学校学习，在异国他乡寂寞的夜晚，我基本都是用抄笔记来度过的，回国后，我带回了近200万字的笔记。那时，我仅仅是因为严格要求自己才这样做的，如今回顾自己的试飞生涯，我才真正体会到那份沉甸甸笔记的弥足珍贵。

有规律的学习习惯，不仅提高了自己的学习效率，而且对于后来的试飞工作帮助巨大。我按照统一的格式，把每个架次的飞行情况都记录在飞行日记里，包括试飞情况、数据，还有飞机号、指挥员、意外情况等飞行细节。每飞完一个科目，我都会把试飞数据按照性能、品质、飞机设备、使用效能、安全性等分类整理成阶段性试飞报告，每个机种试飞结束后，我就会根据飞行日记和阶段性报告，详细编写试飞总报告。说来奇怪，有规律地学习和研究，非但不会使人疲劳憔悴，反而能够滋养自己，随着不断的积累，自己的能力也得到了不断地提高。根据平时的积累，我把自己在工程研究中的所得撰写成论文，在军内外的科技及军事杂志中发表，以往颇感压力的写作也仿佛变得简单了。几年下来不知不觉发表的文字也有近百万字了。

几十年的试飞科研工作，使我对学习和研究充满了兴趣，我发现知识不仅能够丰富自己的头脑，更能供养自己的人生，使自己变得更加豁达、理性而敏感，也使自己更多地体会到了生命的快乐。

# 八、回眸与展望

好在这个梦并不遥远，因为一个伟大的时代就要到来了。随着中华人民共和国的建立，工业文明的曙光终于照耀在中国这个古老的农耕古国，等待它的必将是无数的艰辛与前所未有的辉煌。

## 历史的阵痛——一个民族的航空梦

回顾20世纪的中国航空史，前50年的悲惨经历令人扼腕。我们不乏冯如这样的航空探索者，也不乏高志航这样的空中勇士。然而，当全球航空时代的浪潮席卷而来，当人类不可避免地进入空战时代，我们却没能建立起自己的航空工业体系，更没能建立起足以与强敌抗衡的空中力量，我们为此付出了沉重的代价。反思历史，我们不禁要问，我们为什么曾被航空时代所抛弃，是历史的轮回还是我们自己的不争？

在阿联酋迪拜博物馆的一个橱窗里，两艘木制大船被奇怪地放在一起，如果不看说明你也许无法猜测布展者的意图。这两艘船，大的那艘是600年前中国人郑和七下西洋的“宝船”，而另一艘是比郑和宝船晚70年出现的哥伦布的“圣玛利亚号”。不用看船载重量的数据，仅从外形就可以看出郑和宝船比哥伦布的船至少要大3倍。有人说中国近代的衰败是因为与海洋文明失之交臂，但早在600年前，中国的造船业和远洋能力早就超越了西方国家，而在西方国家，东罗马帝国正摇摇欲坠。

一提起航空百年历史，人们总会想到美国人莱特兄弟。其实，人类现代意义上的航空实践，早在200年前就已经开始了。1809年，英国乔治·凯利制造了他的第一架滑翔机，并在1847年完成了人类的首次滑翔飞行。后人是这样评价他对世界航空的贡献：“凯利对飞行原理、空气升力及机翼的角度、机身的形状、方向舵、升降舵、起落架等都进行了科学的研究和试验，他首次把飞行从冒险的尝试上升为科学的探索。”

1891年，德国人李林塔尔身背着一架翼展5.5米的“大鸟”，完成了他的第一次成功“翱翔”。从某种意义上讲，李林塔尔的作品依然是滑翔机，但他的贡献在于他寻找到了获得最佳升力的方法。我没有用滑翔这个词来描述他的首飞，是因为在这次飞行中李林塔尔借助于风力，首次飞翔到了比他腾越之处更高的空间。是他真正解决了现代飞行最关键的升力问题，甚至比俄罗斯人儒可夫斯基发现升力公式还要早至少10年。而他用心血写成的《鸟类飞行——航空的基础》几乎成为未来飞行者的“圣经”，美国人莱特兄弟正是借助于李林塔尔的理论，幸运地完成了人类的第一次真正意义上的有动力可控飞行。

其实，与乔治·凯利和李林塔尔相比，莱特兄弟并非举足轻重的人物。人类的航空赛跑早在莱特兄弟之前100年就已经开始了，他们只不过是幸运的撞线者。巴西人、法国人、俄罗斯人都在为飞机的诞生而冲刺；即使在美国，莱特兄弟的地位直到1945年才被权威机构所认可。

技术革命只能创造历史，而真正改变历史的是由这些技术所产生的伟大变革。

近代空战史上第一个王牌飞行员是法国人罗兰·加罗斯。1915年4月，他驾驶莫拉纳·索尔尼埃战机在空战中击落了5架德国飞机，“王牌飞行员”的标准也由此确立。但创造王牌奇迹的不仅仅是罗兰·加罗斯的威猛，一种叫作“偏导钢板”的技术解决了机枪与飞机螺旋桨之间的干扰问题，运用这项技术制造的“航向机枪”在空战中发挥了巨大的威力。然而，4月18日发生的一次不幸事件，却彻底改变了近代空战的历史。那天对于罗兰·加罗斯而言是不幸的，他的战机在空中意外停车只好迫降在德军控制区。德国航空设计师安东尼·福克，认真研究了法国人的机枪协调系统，据此研究出了更为先进的专用机载机枪，由此，诞生了人类历史上第一架专门为空战设计的福克-E1飞机。此后，福克不断地改进他的设计，制造了更为先进的福克-DR1三翼机，它给协约国制造了著名的“福克灾难”。德国人里希特霍芬更是借助于先进飞机的威力，创造了第一次世界大战中击落 80 架飞机的奇迹。

随着人类进入空战时代，航空技术由发明家的游戏变成了大工业时代的尖端武器。回顾两次世界大战，不是那些伟大的冒险家，而是大工业所创造的庞大空中战争机器——飞机，改变了现代战争的形态。没有伟大的工业革命就没有 20 世纪规模宏大的现代空战。

还是让我们将视线拉回到 600 年前。明朝永乐年间，中国的农耕文明发展到了巅峰。伟大的航海奇迹不是由西方人，而是由东方人来首创绝非偶然。以集权力量组织起来的大型手工作坊，加上当时中国的科技实力，我们的前辈创造了伟大的航海奇迹，也因此写下东方文明与世界其他文明交流的伟大历史。进入 19 世纪，工业文明由蒙昧期走向了飞速发展的时代，航空作为工业文明的产物，其发展必然需要工业实力的支撑。回顾 20 世纪世界航空发展的历史，我们不禁要问，为什么是美国、欧洲、俄罗斯、日本顺应了历史的潮流，引领着航空技术的发展与前行，而所有非工业国家无一例外地被排斥在“航空俱乐部”之外？这一事实是所谓的文化形态、宗教思想、社会制度无法解释的。

工业革命是近代最伟大的革命，也是“近代化”最重要的标志。中国，这个曾经引领世界文化、科技、经济乃至社会制度发展的“先进国家”，尽管在 19 世纪同样产生了许多伟大的思想家，但当工业文明的浪潮席卷而来的时候，国家的动荡和衰败，使我们错惜了这一伟大曙光的照耀。尽管 19 世纪末 20 世纪初，我们有了自己的造船业、二商业等垄断实业和民族工业的发展，但我们的早期工业还停留在纺织、医药和日用消费品的层面上，大工业时代的大型机电产业在中国几乎处于空白的状态。20 世纪上半叶，航空制造业没有在中国这块土地上兴盛绝非偶然，我们因此在自己的国土上空遭受日本人的空中打击，日本人轻而易举地制造了“重庆大轰炸惨案”。尽管我们的国土上上演了“马特霍恩计划”和“杜立特轰炸”这样恢宏的空中战役，但翱翔在这片空中与日本人抗争的主力却是美国人的空中力量。

总之，整个20世纪的前50年，中国人不乏追逐航空梦想的英雄，但在农耕文明走向没落的时代，因为没有工业革命的兴盛，中国的航空梦只有等待下一代人来实现了。在追逐航空梦想的道路上中国人无可回避地承受着阵痛。好在这个梦并不遥远，因为一个伟大的时代就要到来了。随着中华人民共和国的建立，工业文明的曙光终于照耀在中国这个古老的农耕古国，等待它的必将是无数的艰辛与前所未有的辉煌。

英雄的背影渐渐远去，而回荡在空中的呐喊依稀嘹亮。

## 回荡在空中的呐喊

对于中国空军而言，一场空战的历史是永远绕不过去的，那就是抗美援朝空战。如今，这场战争已经过去了 60 多年。那些在我少年时代就耳熟能详的空战故事，那些记忆犹新的空战英雄的名字，曾经召唤我们这一代人加入航空和空军的行列。60 年多后的今天，我突然想起李汉第一次击伤、击落敌机，就在 1951 年 1 月 21 日和 29 日。在这样一个日子里，作为一名中国空军的飞行员，我觉得必须留下一些文字，以纪念那场战争，纪念那些空战中的中国英雄，纪念那些为了保家卫国付出生命的默默无闻的中国飞行员。

### 喷气时代的第一场空战

出于职业的原因，我对那场战争的解读更多的是从技术的角度。朝鲜战争爆发之时，第二次世界大战的硝烟才刚刚散去。活塞时代的空战摧毁了无数的城池和防线，无数的生命在爆炸的轰鸣声中灰飞烟灭，空中的战争机器留下了人类历史上前所未有的惨烈场景，同时也造就了无数的空中王牌。就在第二次世界大战行将结束之际，德国人发明了一种更为强大的战争机器——喷气战机，尽管它最终也没能拯救德国法西斯覆灭的命运，但谁又能想到人类第一场喷气时代的战争会来得如此迅速。1949 年，中国空军刚刚建立，他们学习飞行的工具大多是美国人和日本人遗留下来的。一个刚刚从战争的硝烟中站立起来的国家，还没有能力自己制造飞机，谁又能想到一年以后中国空军会成为喷气时代第一场空战的主角。

经过第二次世界大战洗礼的美国人来到了朝鲜半岛的上空，他们从第二次世界大战的反思中，明白了空中力量对于战争的重要性。因此，美国人一参战首先就发挥其空中优势，夺取了朝鲜上空绝对的制空权，并把这种优势扩展到鸭绿江的北岸。1950 年 10 月，当毛泽东做出出兵朝鲜的决定后，就已经料到鸭绿江上空的空中对决将不可避免。这是一场力量悬殊的对决，一方有着上千架战机，而另一方才刚刚装备喷气战机，那些驾机升空的飞行员有些甚至只有 20 小时的喷气飞行经验。中国军队参战已经过去了几个月，而年轻的中国飞行员还需要在友军带领下学习空战。

喷气时代空战与第二次世界大战期间的空战最大的区别在于，空战的队形由大规模集群作战变为以四机、双机为主的编队作战，空战一旦进入胶着状态，缠斗往往在双机编队间展开。活塞空战时代的规模优势在喷气时代空战中的搏杀中难以显现。经过空战的历练，双机编队作战的战术不断发展提高，讲究双机配合的战术在空战中取得了优异的战果。如果说活塞时代空战更多的是靠王牌飞行员的个人能力和空战经验，喷气时代的空战则更多的是靠战机的性能和技术的发挥。尽管美国飞行员大都有着第二次世界大战的空战经验，但喷气机的空战对于他们也是全新的体验。年轻的中国飞行员在初期的遭遇中付出了缺乏经验的代价，但他们很快从失败中学到了很多。1951 年 1 月 21 日，经过多次空战的无功而返，英雄李汉终于打破了美国空军不可战胜的神话，而胜利者的经验很快在中国飞行员中传播。抗美援朝空战最宝贵的经验就是从战争中学习战争，一批批新飞行员在聆听了空战英雄的成功经验后，奔赴前线升空作战，并很快在空战中取得了更加辉煌的战功。

谈到抗美援朝空战的辉煌历史，就不能不提那些空中勇士的英勇精神，因为，他们所面对的对手足够强大也足够勇猛。那是一支在太平洋战争中遭遇毁灭性打击而又奋起反击，并最终用勇气和力量战胜疯狂的日本人的军队；那是一支在中国战场上牺牲上千名飞行员，建立驼峰航线投送大量战略物资，并对日本本土进行大规模轰炸的军队。战争是两个阵营的较量，我们不能无视对手的存在，更应该尊重对手的强大和勇气。要与这样的强敌对抗，没有压倒敌人的超凡勇气是不可想象的。在阅读王海、刘玉堤、林虎的回忆录时，从那些渗透着血迹的文字里，我读到的不仅是英雄的豪迈，还有军人的诚实。“9机王牌”赵宝桐在接受采访时谈到他曾3次被敌机击落，王海在回忆录里毫不避讳地详细记录了被敌机击落的经过。当我读到孙生禄在被击落后独自步行回到部队，并在第二天再次升空杀敌，在击落敌机后被敌机击落壮烈牺牲的时候，我终于明白了我们为什么会赢得那场空战。

朝鲜战争最终以和平的方式结束了，经过那场战争的历练，中国空军获得了宝贵的经验和精神财富。中国人用自己的力量为国家赢得了长期的和平，而抗美援朝空战也成为中国空军永恒的精神和价值文本。

**谁的亚洲?**

人类历史上的第一场喷气时代空战，留给我们的财富是巨大的，然而每当我回首那段历史，在为我们的民族英雄感怀的同时，一个疑问却始终无法回避：为什么是我们？为什么是在亚洲？为什么对手是美国人？我不会像有些人，总是用结果论的方法去反推历史，我们可不可以不参战？如果不参战结果会怎样？我们可不可以不与美国这样的强国为敌？类似的看似客观而充满辨析的反思，最大的问题不在于反思的结论，而在于他们的反思总是无法跳出“本我思维”的窠臼。在我看来19世纪以后的所有亚洲战争，都是一场世界战争。如果不能跳出以我为主的思维定式，从全球的高度去解读亚洲战争，我们就永远也无法逃脱自责的深渊。

2009年中央电视台《探索发现》栏目，播放了四集专题电视片《穿越陕甘》，中国探险家李炬重走美国探险家克拉克100年前的探险之路，用时代的镜头拍摄下那些曾经留下克拉克足迹的地方。2010年10月，我踹着笔记本电脑驾车踏上了甘陕公路，在这个缅怀之旅的开头，我和李炬一样对克拉克充满着深深的敬意。当我攀上彬县大佛高高的洞窟，我被唐代艺术的博大雄浑震撼了，当年的克拉克面对彬县大佛发出了与我一样的赞叹。当晚，为了撰写纪念抗美援朝战争的文章，我打开了电脑，从网上搜集关于朝鲜战争特别是空战的资料。我无意中搜了一下克拉克，我在网上看到了令我震惊的文字。我忽然清晰地看到了克拉克在亚洲的人生轨迹，并通过这条轨迹窥探了亚洲历史的一角。1898 年，从耶鲁大学毕业的克拉克加入了美国陆军，来到了与西班牙人作战的菲律宾，美国人最终赢得了战争并从西班牙人手中接过了菲律宾的统治权。两年之后的 1900 年，克拉克作为美国军队的一员，加入了八国联军的队伍，对行将覆灭的大清王朝进行了一场充满罪恶的征服和掠杀。对于美国人而言，1898 年是一个具有特殊意义的年份，在美洲的古巴，美国人利用“缅因号事件”，与西班牙人燃起了战火，最终不仅获得了战争的胜利，而且占有了西班牙人的领地——古巴。在太平洋上的夏威夷，美国人在与日本人的角力中先下手为强获得了统治权，这两起看似孤立的事件与菲律宾战争一起，记录了美国人称霸图强的轨迹。

亚洲从来就不是一个平静的大陆，随着大陆的衰败其被征服的命运似乎不可避免，问题是随着 19 世纪末美国人的到来，亚洲的战略版图彻底改变了，而亚洲也迎来了一个更加屈辱与苦难的世纪。当我们把英国人在西藏的征服之战、八国联军在北京的杀戮、日俄在东北的搏杀、第二次世界大战中美国在亚洲和太平洋与日本人的最后决斗放置在历史的坐标中，就不会对 20 世纪中叶的朝鲜战争感到迷惑了。

当然，20 世纪的亚洲最大的变数不是美国人的到来，而是中国的崛起。亚洲这片充满苦难的大陆，一刻也没有停止它对梦想与光荣的追逐，当中国这个东方巨人真正站立起来的时候，亚洲第一次看到了未来的曙光。亚洲是亚洲人民的亚洲，它不会因为美国人的到来而放弃自己独立崛起的梦想。这才是抗美援朝战争背后真正的答案！

**英雄远去的背影**

为了追寻抗美援朝英雄的足迹，我开始大量阅读记录那段历史的文字。一天，我忽然在一个很普通的部队宾馆里，与一群人不期而遇，在这个陌生的人群里我忽然看到了一双湛蓝的眼睛，那是林虎将军。20 年前在阎良试飞团的宿舍里我曾见过他英俊的面容和伟岸的身躯，当我忽然回过神来时，林虎将军已经上车了，看着他略显苍老的背影，我忽然意识到，那些伟大的英雄留给我们的背影已经不多了。

在撰写一篇关于歼-6的纪念文章时，我从我的恩师吴国良的口中听到了邸宝善[①]的名字，而他就曾经是我们沧州部队的一员。吴老告诉我邸宝善已经于1967年在试飞中牺牲了，而邸宝善不仅是中国第一代强-5战机试飞的功臣，而且是参加过抗美援朝空战的英雄。回到沧州后我第一时间打听到他的家就在沧州部队的大院里，当我来到邸宝善的家里，见到了他的老伴张阿姨，邸宝善的儿子和她住在一起，英雄的家里极为普通，而张阿姨对老伴的过去已经记忆不清了。从英雄的儿子口中我只了解到，他父亲和一个叫何亚雄的人曾经在1953年的青岛上空，击落过一家美国的F-4U飞机。

后来我把邸宝善的故事写进了怀念歼-6的文章里，一天一个叫溪溪河的女士，在我的信箱里留下了一段文字，她告诉我她就是何亚雄的女儿。经过一次次的联系我和她错过了好多次见面的机会，2010年10月，我终于在北京见到了溪溪河，而她的父亲何亚雄已经于前几年去世了。在溪溪河的家里我见到了英雄的老伴罗阿姨，罗阿姨身体非常好。在与罗阿姨的聊天中，她一直在念叨着老伴，他的英俊、正直和聪慧……令人兴奋的是，我在她家的书柜上看到了林虎将军送给何亚雄的礼物——几个小石雕。那是林虎将军在撰写《保卫祖国领空的战斗》时采访何亚雄后的馈赠。翻开何亚雄的相册，英雄的容颜令我感佩，一本本装帧精美的相册都是女儿溪溪河和妈妈一起整理的。在书架上英雄生前读过的中文和俄文书籍依然按照当年的位置摆放着，溪溪河从一个夹子里小心地取出了一张已经有些残破的证书，那是何亚雄入朝参战的证明，而她珍藏在地下室里父亲的学习笔记，摞起来足有半米多高。溪溪河告诉我她父亲退休后热爱生活，钓鱼和散步是他最大的爱好。

像邸宝善和何亚雄一样，许多抗美援朝的英雄已经离开我们远去了，他们远去的背影带走的是一个辉煌的时代，留下的却是永远的怀

---

① 邸宝善，抗美援朝空战英雄，中国第一款强击机强-5战机首飞指挥员，1967年在试飞中牺牲。

念。在与那些空中英雄家人的交往中，我发现英雄的至亲与后代，都对自己的亲人充满着深深的眷恋，那段父辈创下的历史和伟大精神，也在他们身上刻下了深深的烙印。

抗美援朝空战是一段永远无法忘怀的历史，它是我们民族的精神丰碑。当我们追寻着何亚雄们的足迹时，又有多少无名的英雄消逝在历史的长河中。英雄的背影渐渐远去，而回荡在空中的呐喊依稀嘹亮。

愿我的文字能够传递对英雄的缅怀之情，因为这是我们对民族英雄最好的祭奠……

# 光荣的背影——由歼 -6 退役引发的随想

2010 年 6 月，一款有着卓越战功的飞机——歼 -6 战机，从中国空军的装备序列中退出现役。随着歼 -6 飞机光荣地退出历史舞台，宣告了一个时代的结束，尽管中国空军的现役飞机队伍中，依然有歼 -7、歼 -8 等二代机，但随着国产三代机的大量装备，由二代机主导中国空军装备的时代已经结束了。在这个值得纪念的时刻，作为一名空军飞行员，对曾经驾驶过的歼 -6 战机的感慨和由此引发的随想是丰富的。远去的历史留给我们的是光荣的背影，而尊重历史、客观地解读历史对于后来者而言是极为重要的，因为历史留给我们的不仅仅是教训，更重要的是启迪……

**从喷气时代到超音速时代——中国空军的第一次飞跃**

1986 年的秋天，我从中国空军飞行学院毕业来到了航空兵作战部队。对一名从事飞行事业的军人而言，这是我军旅生涯的第二次重大转变。如果说由一名学生转变成一名军人经历的是专业的转型和人生的磨炼，那么从一名飞行学员转变为一名空中战斗员，等待我的将是无数的考验。歼 -6 飞机就是我遇到的第一次考验。

记得第一个带飞我歼 -6 的飞行教员是朱永昌，对已经习惯了歼教 -5 飞机的我而言，歼 -6 飞机的确很有个性。双发操作就很不习惯，尽管教员在地面教学中反复强调双发剪刀差很难把握，要飞好歼 -6 首先要使用好油门，可是一到空中我才体会到使用双发油门的手忙脚乱。整个飞行架次中我都在摆弄油门，等到飞机返回机场即将下滑着陆时，已经疲惫不堪的我根本无法控制飞机的着陆速度，我唯一记得教员飞行前的协同要点：一定要控制好飞机的下滑方向。当朱教员发现我的着陆速度大时已经晚了，他一把收光了油门，飞机还是以比正常着陆大 20 千米/小时的速度接地了。当我按照操作程序在接地的同时放出减速伞时，伞绳显然难以承受如此大的着陆速度，伞一张开绳子就断了，我只听见朱教员一个劲地喊："我来！我来！"手足无措的我眼睁睁地看着飞机在即将冲出跑道的一刻停在了跑道的端头。

尽管，歼 -6 飞机给我的"见面礼"显得不太友好，但我还是很快爱上了这款飞机。我的同屋教员朱明告诉我，我们比他们幸运得多，因为在他们到部队时第一个接触的依然是飞行学院已经飞过的歼 -5 飞机。我到部队那会儿，歼 -5 正逐步从部队淘汰，就在我来到部队的半年前，我的飞行学院教员就刚刚从部队接回了歼 -5 飞机。对于每一名刚到部队的新飞行员，怕的不是飞行难度大，而是飞不上好飞机。而新飞行员心目中的好飞机就是能飞得更快、更高的飞机。歼 -6 显然比歼 -5 飞得快得多。记得在飞机特技科目时最大的感受就是垂直向下机动的压迫感。对于刚刚掌握特技驾驶技能的飞行员来说，垂直机动是最刺激的飞行动作，向上机动时飞机高昂着头一下就翻过了筋斗，向下机动时大地扑面而来但很快就转入上升。然而，说实在的当朱明教员第一次带飞我垂直特技时，我真有一丝丝的害怕。歼 -6 的速度实在太快了，当垂直向下机动大地扑面而来的时候，我感受到的不是刺激而是恐惧。当我慢慢适应了歼 -6 的大速度特性时，我才真正进入了高速歼击机的门槛。有意思的是，我飞行人生的这次转型恰恰是中国空军早期装备发展的一个写照，而此时距中国空军第一款国产歼击机歼 -5 的诞生刚好过去了 30 年。

一提到歼 -5 和歼 -6 飞机，有一个人的名字不能不提，他就是人们空军第一代试飞员——吴克明，他是我的杭州老乡，也是歼 -5、歼 -6 飞机的首飞试飞员。吴克明的飞行人生充满了传奇，而他试飞国产第一代喷气战机的经历，使他成为中国空军装备发展的标志性人物。

1955 年，经过抗美援朝磨炼的中国空军迎来了一种更为先进的苏联战机——米格 -17F，吴克明有幸成为第一批驾驶这种新型战机的中国空军飞行员。当年 12 月，已经承担了多款苏式飞机维修组装任务的沈阳飞机制造厂，开始组装最先进的苏制米格-17F，而此前空军装备的飞机都是由苏联整机引进的。或许是一种巧合，吴克明奉命到沈阳去接第一批中国自己组装的米格-17F，更为巧合的是就在他接飞机时正好赶上刘少奇和邓小平同志到沈阳飞机制造厂视察。根据空军的指示由吴克明为首长做飞行表演，精彩的飞行表演过后吴克明得到了首长的亲切接见。令吴克明没有想到的是，半年后的一个调令把他调到了沈阳飞机制造厂任试飞主任。1956年7月19日，他驾驶第一架由国产件组装的米格-17F（后来的歼-5飞机），因此荣幸地成为第一架国产喷气战机的首飞试飞员。

歼-5飞机的首飞是吴克明精彩试飞人生的起点，更是中国空军和航空工业发展的一个关键时刻。毛泽东在听到第一架国产喷气战机上天的喜讯后不无感慨地说："过去我们不会造汽车、飞机，今天我们都有了。"因为就在几天前的7月13日，第一辆国产汽车——解放牌卡车刚刚建造完成。毛泽东的感慨是由衷而欣慰的，因为中国的航空工业的梦想正在按照他胸中早已规划好的蓝图一步步地变为现实。

1949年12月6日，年轻的中华人民共和国刚刚成立两个月，毛泽东就踏上了前往苏联的火车。毛泽东最清楚中国的现状，也最清楚中国未来发展最迫切的需求。对于这个有着5000年历史的农业国家，要实现国家和民族的振兴，唯一可走的道路就是工业化。但对于一个饱受灾难和战乱的国家，实现工业化谈何容易，满目疮痍的国土、薄弱的工业化基础、落后的工业生产能力就是中华人民共和国缔造者面对的现实。更不要说西方国家对于年轻共和国的敌视和封锁了。随着1950年2月，《中苏友好同盟互助条约》的签署，一系列的经济合作协定相继签订，特别是苏联援建的156个重大工程的逐步展开，中国的工业化发展终于迎来了曙光。沈阳飞机制造厂、哈尔滨飞机制造厂、南昌飞机制造厂就在这156个重大项目中。

在中国航空工业初创期的那些元勋胸中，建立航空工业体系只是远大抱负的第一步。由于中华人民共和国成立前的航空工业几乎没有任何基础，我们唯一可以走的道路就是从维修、仿制逐步走向自主生产。歼-5飞机的仿制成功，以及在此之前两年由南昌飞机制造厂仿

制成功的初教 -5 飞机，给中国航空工业的初创者树立了信心。

1957 年 9 月 6 日，以聂荣臻为团长，陈赓、宋任穷为副团长的中国政府代表团赴苏联，同行的有航空工业局的徐昌裕及徐舜寿。代表团此行的目的是谈判米格 -19 歼击机等国防装备的技术转让问题。对于刚刚具备仿制能力的中国航空工业而言，世界航空技术的发展实在太快了。

1953 年 5 月，人类刚刚进入喷气时代不到 10 年，美国飞机就完成了人类首次超音速飞行。在航空技术上与美国并驾齐驱的苏联当然不甘示弱，1954 年 1 月，苏联人研制的米格 -19 试验机就首飞成功。1955 年 3 月，苏联空军装备米格 -19 飞机，第二年中国就开始考虑引进米格 -19 的生产技术。对于中国空军和中国航空工业而言，这是一个千载难逢的机会，一旦成功引进米格 -19 的生产技术，中国航空工业追赶的步伐就会大大加快，自主研制飞机的目标就能提前实现。

中国航空人太过急于实现自己的梦想了。1958 年，在没有完全吃透米格 -19 生产技术的情况下，我们就急于按照自己的思路和生产模式去制造飞机，羽翼未丰的中国航空工业显然还不具备这样的实力，米格 -19 的试制由于一系列的技术问题难以解决，只好暂时搁浅了。3 年以后，逐渐清醒过来的中国航空人懂得，搞航空来不得半点的急躁，唯有一步一个脚印地追赶才是最佳的道路，贪图走捷径只会走更多的弯路。1964 年 3 月，随着完全仿制苏联米格 -19S 的歼 -6 飞机装备部队，中国空军终于赶上了超音速时代的脚步。中国的航空工业从维修起步，并通过仿制苏制飞机，逐步掌握了飞机制造技术，也由此迎来了自主研发的最佳机会。

### 从歼教 -1、强 -5 到歼 -8——中国航空的研发之路

在西安阎良中国第一个飞机设计室内，矗立着中国航空的一代宗师——徐舜寿的铜像。徐舜寿的家族充满着传奇色彩，其父亲是中国近代体育教育第一人徐一冰，中国现代散文大师徐迟是他的哥哥。这位早年毕业于清华大学机械工程系的航空专业高才生，1944 年曾留学美国学习航空专业，1949 年初，随着国民党的溃败，航空工厂要

搬迁往台湾，但徐舜寿却选择了投奔解放区，成为空军科研队伍中的一员。1956年秋，中国第一个航空设计研究室成立，徐舜寿任主任，上任伊始徐舜寿就提出设计我国第一架喷气教练机——歼教-1的建议。第一次开始设计飞机不从螺旋桨飞机入手，而是直上高起点的喷气飞机，体现了徐舜寿的胆识和眼光。1956年尽管中国的航空工业刚刚完成从维修到仿制的第一步跨越，但随着国产歼-5飞机的制造成功，我们已经基本具备了喷气飞机的制造能力，在此基础上展开国产喷气飞机的设计研发，可以大大加快航空工业发展的脚步。在飞机的设计之初徐舜寿就提出了大胆突破的设想，他认为必须摆脱“唯米格论”的窠臼，因为只有自主创新的设计才能锻炼设计队伍，提高设计能力。在飞机外形设计上徐舜寿大胆提出了两侧进气的思路，在座舱人机工程设计上徐舜寿提出根据中国人的生理特点进行设计的理念，这些在当时都是突破传统的创举。1958年7月26日，试飞员于振武驾驶我国第一架自行设计的喷气飞机飞上了蓝天。由于我国军工体制的变化，歼教-1没有成为装备进入空军装备序列，但是歼教-1的设计成功拉开了中国航空工业自主研发的序幕。更重要的是，徐舜寿所带领的设计团队，为我们国家未来的飞机设计培养了大量的人才。强-5的总设计师陆孝彭，歼-8飞机的总设计师顾诵芬，运-10飞机的总设计师程不时，轰-7飞机的总设计师陈一坚都是徐舜寿设计团队的成员，歼教-1的设计为中国航空未来的发展做好了人才储备。

徐舜寿对于中国航空事业的贡献不仅仅是歼教-1，他是中国引进米格-19生产技术的关键人物；是强-5和初教-6最初方案的设计者，是中国吸收剖解米格-21关键技术，发展国产歼-7飞机的重要人物；他在歼教-1飞机设计中提出的两侧进气的气动布局方案，为后来的强-5、歼-8飞机的设计提供了很好的借鉴。

强-5和歼-8这两款飞机，与我的飞行生涯有着一段特殊的缘分，强-5飞机激发了我童年的飞行梦想，而歼-8飞机则是我试飞人生飞跃的起点。

2010年7月，我再次见到了我的试飞恩师吴国良。1995年，我试飞事业遇到的第一架新机就是歼 -8 飞机的最新改型，而吴国良恰好是歼 -8 新机的试飞总师，他也由此成为我试飞人生难得的良师。当我和吴老总聊起当年的试飞时，我才知道吴老总就是当年强 -5 飞机的试飞主管，那时他刚刚从大学毕业不久，强 -5 飞机是他主管的第一架新机。他见证了中国航空工业从强 -5 到歼 -8 的发展历程。

提到强 -5 设计师陆孝彭，吴老总充满着憧憬与怀念之情，陆孝彭总师的严谨、细腻和坚持给他留下了深刻的印象。在吴老总印象中陆孝彭是一个话很少的人，整天琢磨新机的技术问题。从歼 -6 到强 -5，飞机的气动外形改动非常大，可借鉴的东西却很少。每次吴老总来到陆孝彭的家里谈的都是技术问题，记得南昌的夏天很热，但陆孝彭的家里却陈设简朴，连电扇都没有。陆孝彭在生活上要求很低，在工作上却一丝不苟，他经常深入车间和外场，查看生产和飞机准备情况。强 -5 即将首飞前陆孝彭亲自到机库查看，别人都没有发现什么问题，陆孝彭却发现飞机左右机翼小小的不平衡。工人仔细一检查才发现是轮胎坏了。

对于强 -5 首飞的情景吴老总至今记忆犹新。按惯例新机首飞前要进行假起飞，也就是高速滑行抬前轮后终止滑行，目的是检查飞机起飞时操纵系统工作情况。由于南昌飞机制造厂的跑道返修，首飞在附近的樟树机场进行，机场跑道条件不太理想，假起飞的风险很大，要不要实施假起飞大家都拿不定主意。主管装备的空军副司令曹里怀在听取了技术人员的建议，观看了歼 -5 飞机的假起飞后，大胆拍板强 -5 飞机直接首飞。1965 年 6 月 4 日，吴老总记忆中当天细雨霏霏，机场跑道非常湿滑。一颗绿色信号弹腾空而起，在空中画了一个大大的圆弧后向下坠落。承担首飞任务的试飞员拓凤鸣在绵绵小雨中起动了发动机，强 -5 飞机在轰鸣声中滑行到起飞线前。随着邸宝善在指挥塔里下达“同意起飞”命令，强 -5 飞机开始徐徐滑动，开始加速。当高速滑行到跑道中段时，强 -5 飞机拔地而起。接着，迅速拉起爬升，转眼间升入云空。强 -5 飞机在机场上空盘旋了一圈后，开始降低高度，最后平稳地停在了起飞线旁。走下飞机的试飞员与设计师紧紧拥抱，激动的泪水夺眶而出。现场的所有人都欣喜若狂，振臂欢呼

强 -5 飞机首飞成功！

吴老总对当年的试飞员团队印象特别深刻，首飞试飞员拓鸣凤虽然文化程度并不很高，但艺高人胆大。飞机改动如此之大，首飞的风险很高，原先安排在第二梯队的拓鸣凤对强 -5 充满信心，而且有强烈的求飞欲望，在飞机即将首飞之际，领导终于临时更换队员，由拓鸣凤实施首飞。首飞的指挥员邸宝善是空军从十一航校挑选的，他有丰富的组织试飞的经验，严谨而细致。每次飞行员上机前邸宝善都要检查飞行员的准备质量。一次，一名飞行员由于准备质量不过关就被邸宝善严格把关了。值得惋惜的是，邸宝善在后来的试飞中为挽救国家飞机和人民的生命财产，光荣地牺牲了。1969 年 7 月 16 日，邸宝善驾驶歼 -7 飞机完成试飞任务后，在起落航线上突遇发动机压缩器叶片断裂停车的重大险情，此时高度只有不足 300 米，已经低于最佳跳伞安全高度（当时歼 -7 飞机弹射救生系统不具备 0 高度跳伞的性能），在选择迫降场时为了避开田里的老百姓，飞机最终撞在了土坎上。

吴老总谈到歼 -8 飞机的试飞时感慨万千。他说研制出歼 -8 是非常不容易的，歼 -8 不是简单的歼 -7 放大，更不仅仅是追求高空高速。谈到歼 -8 飞机我们有太多的共同话题，1997 年在歼 -8 某新型飞机的试飞中我们密切配合，很好地解决了中国第一代全航电系统飞机的试飞难题，特别在平显和玻璃座舱人机功效及武器使用问题上，提出了“安全、高效、适用”的三原则。记得为了熟悉新机的飞机性能和操作特点，在新机尚未到来之际，吴老总组织我们在歼 -8Ⅱ飞机上进行了大量的试飞训练。我对歼 -8Ⅱ的评价是：该机是国产二代机中飞机性能和操作品质综合评价最高的机种，尤其是它彻底改变了以往国产战机载重量小、腿短的问题，飞机的挂载能力和作战半径大大提高。在歼 -8Ⅱ基础上改型配备航空电子系统的新型战机，其中距作战效能完全可以与早期三代机抗衡。

吴老总说我们在战斗机上采用综合航空电子系统，是航空装备发展历程中的一个巨大的进步。其意义不亚于电传操纵系统在军机中的应用。在歼 -8 早期研制时期，巴西的空军参谋长曾经参观了歼 -8 飞机，参观完飞机后这位参谋长亲口对吴老总说：歼 -8 从气动外形和性能上讲是一架好飞机，我飞过美国的 F-16，很想飞中国的歼 -8，但看了歼 -8 的座舱后，感觉是高级轿车配备了普通吉普的仪表。20 世纪 80 年代，吴老总在美国参观美国的 F-16 座舱后，才真正理解巴西人的评价。从国外先进飞机的座舱吴老总看到了中国军机的巨大差距。可喜的是，我有幸和吴老总等一大批试飞人一起，在我国第一代配备综合航电战机的试飞中取得了技术突破，如今军机航空电子系统的技术几乎两年就要换代，我们的新型三代机也早已配备了最先进的航空电子系统和精确制导武器。回顾历史，如果没有歼 -8 这个优良的平台，没有歼 -8 改型过程中对航空电子和精确制导武器的探索，就没有空军今天的先进装备。

**怀念歼 -6 时代**

张海涛是我西线试飞时认识的好战友。2008 年 6 月在北京我们再次见面了，当我们谈起歼 -6 退役的话题时，他告诉我歼 -6 还在飞。歼 -6 尽管已经退出空军现役装备序列，但在科研试验工作中，作为一个实验平台歼 -6 还会在未来的很长时间继续为空军装备建设发挥作用。歼 -6 的退出意味着中国空军告别了一个时代。但对于每一个曾经飞过歼 -6 的空军飞行员，歼 -6 的情结永远也不会磨灭。

对我们国家而言，歼 -6 是国防工业初创期艰辛与辉煌的一个证明。作为后来者没能够生在那个光辉的岁月是我们的遗憾，因为中国航空工业和空军装备从无到有的光辉历史是我们伟大的前人创造的。中国的航空人在第一个十年完成了从维修到仿制的第一次飞跃，又在第二个十年完成了从研制到创新的飞跃。从今天某些人的眼光看来，我们在中国航空的工业化发展初期可以规划得更加科学，我们在二代机的研制中似乎应该做得更加完美，我们似乎应该紧跟航空科技发展的脚步，早一点开展三代机的研究，等等。然而，评价历史我们不能脱离那个时代，不能漠视中国当时的条件。我认为，在一个一穷二白、百废待兴的国度，在资源极端匮乏的条件下，在敌对国家包围和封锁的大环境下，如果没有断腕重生的气概，没有排除一切困难去争取胜利的伟大精神，中国的工业化进程就不会这样快，空军武器装备的发展也不会如此迅速，那是一段无法复制的辉煌历史。

对于航空武器装备的发展来说，歼 -6 是一个伟大的台阶。正是通过米格 -19 的仿制，中国的航空工业才初步具备了设计和制造能力，才有了后来的强 -5、歼 -8、歼轰 -7 的研制成功。有人认为空军装备建设中没有选择米格 -21，而是选择米格 -19 是一个重大失误。其实从米格 -21 引进的周期我们就可以知道，如果我们把仿制的基础建立在米格 -21 上，中国航空工业实现全面仿制的能力最少要推迟 4 年，国产战机的自主研发也会相应地推迟。在中国航空工业从无到有的发展过程中，速度比什么都重要。

对于空军的作战训练体系而言，歼 -6 作为当时的主战飞机，为空军的战斗力发展起到了关键性的作用。在 20 世纪 60 年代，中国空军的很大一部分战斗机飞行员有幸能够驾驶超音速战机，这对中国空军整体作战能力的提升是意义非凡的。歼 -6 飞机尽管没有像米格 -21 和 F-104 那样具备高空高速的优越性能，但在中空近战格斗中，歼 -6 不愧为二代机中的佼佼者。中国空军航空兵在国土防空作战中的大部分战功都是由歼 -6 创造的就是最好的证明。

对于曾经飞过歼 -6 的飞行员而言，歼 -6 飞机就是我们飞行人生的一个坐标。尽管我已经飞过不少于 20 个机型的各类战机，但飞歼 -6 飞机的每一个细节我依然记忆清晰。我记得我的大队长邵文福，在歼 -6 飞行中遇到单发停车，他机智果敢地利用单发安全返航，我因此对双发飞机的安全性印象深刻。我记得 1987 年 2 月，在我的战机无法操作的关键时刻，歼 -6 飞机当时最新型的弹射救生系统挽救了我的生命，由于弹射系统设计合理、性能良好，我跳伞落地后甚至没有丝毫的受伤。跳伞成功后我来到伞勤室，向每一位伞勤官兵表达我的感谢之情。我记得我曾经驾驶歼 -6 飞机，在气动力研究试飞中勇闯禁区，获得了极为宝贵的试飞数据。我记得我的战友张旭在新型弹射救生系统的试飞中，冒着生命驾驶歼 -6 弹射试验机弹射假人。我记得我的试飞恩师周自全在歼 -6 平台上设计制造了我国第一架变稳飞机，获得了国家科技进步特等奖。

对于中国空军而言，歼-6代表着一种精神。2009年7月，我作为《空军军事飞行学》杂志的编稿人，希望能得到试飞前辈葛文镛的赐稿，可惜他已经在一个月前离开了我们。他留给我们的唯有记录他试飞人生的《试飞札记》。葛文镛是歼-7飞机的首飞试飞员，是歼-8的首席试飞员，但在他的《试飞札记》中并没有记录他首飞的文字，只有各类新机的性能数据和飞行评价。对他而言首飞的荣耀并不重要，飞机的性能数据才是最宝贵的。我和吴老总聊起葛文镛时，这位曾经主管过强-5、歼-8等战机试飞工作的老专家竖起了大拇指，他说葛文镛是中国老一代试飞员的杰出代表，在歼-7、歼-8的试飞中葛文镛勇闯禁区，严谨细致，创造了无数的第一。在歼-8飞机系统工作尚不稳定，性能数据还不明确的情况下，葛文镛在飞歼-8的第六个架次中就将最小表速飞到了194千米/小时。在歼-6、歼-7飞机的失速螺旋试飞中，葛文镛是关键性的人物，他和工程技术人员一起研究出来的“平中顺”改螺旋的方法，是对螺旋理论的巨大贡献，二代机螺旋试飞的成功，为空军的飞行安全做出了巨大的贡献。

一个民族的飞翔历史不是写在书里，也不是写在空中，而是写在每一个眺望蓝天的眼神里，写在每一个飞天人翱翔的轨迹中。

# 从眺望到俯瞰

## ——一个试飞员眼中的国家天空

2010 年 9 月，南昌故地重游令我唏嘘不已，能够与猎鹰再续前缘也给了我意外的惊喜。课间，我向猎鹰总设计师张弘提出一个小小的请求，尽管是第一次相见，他对我这个老乡飞行员总是另眼相看。我说我想了解强 -5 的研制历史，看着他有点茫然的表情，我说："这与我童年的一个梦想有关。"

**儿时的眺望**

儿时，飞翔的梦想就像一枚青橄榄，坚硬、酸涩而又略带浪漫。西子湖畔的天空时常掠过低飞的战鹰，那时，歼 -5 飞机在我儿时的心目中是如此威风，总是吸引我眺望的眼神。20 世纪 70 年代初的一天，一架异样的飞机从天空划过，尖锐的机头，后掠的翅膀，还有呼啸而过的轰鸣都与往常不同，后来我才知道那是强 -5 飞机。我多么渴望那个坐在座舱里的人是我呀。其实，直到我见到张弘总设计师一个疑问一直在我心中凝结：在 60 年代我们为什么会设计出像强 -5 这样别具一格的飞机？张弘为好奇的我找来了强 -5 飞机的设计主管工程师，当他得知我对强 -5 的关注时显得很兴奋，听着他娓娓道来的故事，我仿佛看见当年强 -5 研制的艰辛历程。

中国的歼击机制造史要从 20 世纪 50 年代说起，1953 年，我们开始生产仿造苏联米格 -19 的歼 -6 飞机，1958 年 3 月，国产歼 -6

还没有首飞，空军已经开始考虑自主研发新型战机了。空军司令员刘亚楼提出研制一种比较先进的强击机。借助于歼 -6 飞机的生产经验，设计团队提出了超音速喷气式强击机的设想，并定名为雄鹰 -302（即强 -5）。设计团队是富有创意的，在设计之初他们就摆脱了歼 -6 的窠臼，大胆地提出了锥形机头、两侧进气、蜂腰机身的独特外形。然而这个充满创意的设计还是遭到了非议，有人认为飞机的设计别出心裁、不伦不类。果然，1961 年 7 月的北戴河会议上雄鹰 -302 被判以观察待定。强 -5 研制团队处于极度困难的境地，设计室副主任陆孝彭不愿放弃已经研制 3 年之久的新机，他带着留守的 13 名研制人员继续坚持艰难的设计工作。1963 年 10 月 24 日，空军副司令员曹里怀到南昌飞机制造厂检查工作，当他了解到强 -5 飞机设计团队在如此艰苦的情况下所做的卓有成效的工作，立即表示赞赏和支持，强 -5 的研制工作终于出现了转机。1964 年 1 月，强 -5 研制工作全面恢复。7 月，空军司令员刘亚楼正式签署了强 -5 研制的报告。1965 年 6 月 4 日下午，试飞员拓凤鸣冒雨完成了强 -5 首飞，1966 年 2 月，强 -5 飞机在北京南苑机场为叶帅等中央领导做汇报表演，看完表演叶帅鼓励道："这个飞机是自己设计的，是好的，你们是成功的。谢谢你们！各军区同志谢谢你们！"

1969 年经毛主席批准，强 -5 飞机批生产并装备部队，1972 年 1 月 7 日，强 -5 甲型机由飞行员杨国祥驾驶，在罗布泊成功进行了原子弹甩投，完成了我国第四次原子弹试验。

到目前为止，强 -5 和歼 -8 原型机是仅有的两种我没有飞过的国产战机，然而，作为一名试飞员我对这两款飞机和它们的研制者充满着崇敬之情，因为他们代表了中国航空事业艰难爬升的历程，一个在 1956 年才有能力制造汽车的国家，能够在短短的几年内自主研发新型战机，这份成就值得我们中国人骄傲。没有伟大的航空人当年艰苦卓绝的努力，中国空军今天的腾飞是不可能实现的。

### 发动机与战鹰的命运

对于中国航空事业起飞的那段历史，我始终只有崇敬的份。许多人总是对过去的历史提出反思，我以为这是大可不必的，对于那段历史，后来者是不可能真正理解的。我能够叙述的只是我曾经经历的历史，因为作为一个亲历者我知道其中的艰辛与苦涩。

1983 年，我的飞翔梦意外地“提前”实现了。在青岛郊外的滑翔机学校里，我们这些来自北航的 16 名学生有幸参加飞行夏令营。每天的学习飞行之余，航空学子谈论着国内国外的航空消息，被提得最多的两个名词是“斯贝”和“新歼”，有消息灵通的学生告诉大家，英国的“斯贝”已经引进了，有些同学则透露着杜撰的关于“斯贝”与“新歼”相关内幕消息。十年后，当我成为一名试飞员，我接触的第一台发动机并不是“斯贝”而是“昆仑”——我们国家第一台自主研制的涡喷发动机。

1994 年，刚从俄罗斯学成归来的我和战友一起来到沈阳学习，等待我们的是新机和新型“昆仑”涡喷发动机的试飞任务。发动机试飞让我认识了飞机总师杨凤田和发动机总师严成忠，杨总的果敢泼辣和严总的儒雅严谨堪为师表。1997 年，发动机试飞开始了，迎接我们的是一次次惊险的停车，因为成功处置 17 次空中发动机停车，我的战友邹建国获得了“空中起动大王”的称号。2002 年“昆仑”发动机终于完成试飞成功定型了，它标志着中国成为世界上第五个具有独立研制战机发动机能力的国家，更重要的是中国的发动机研制能力上了一个新台阶。如今国产的涡喷和涡扇发动机已经成为国产战机强大的心脏，有了“中国心”国产新型战机才能够飞得更高。

2004 年配备“斯贝”发动机的国产轰 -7 飞机装备空军部队，为了培训空军第一批轰 -7 飞行员，我成为一名空中教员。为了使飞行员掌握轰 -7 飞机的全部性能，我们为飞行员展示了轰 -7 飞机的垂直爬升性能、低空滚转性能和大速度俯冲轰炸性能，令我感到欣慰的是我带过的轰 -7 飞行员光荣地参加了 2008 年中俄联合军演，他们过硬的飞行素质得到了俄罗斯同行的称赞。尽管“斯贝”发动机是英国 20 世纪 70 年代的技术水平，但由于发动机采用先进的制造工艺和材料，至今轰 -7 飞机还没有发生过因发动机故障导致的严重飞行事故。

并不是所有的飞机都像轰 -7 飞机这样幸运，英雄飞行员梁万俊、李峰、孟繁升都遇到过发动机空中停车的险情。2009 年 3 月，听到歼 -10 发动机停车空滑迫降的消息，我知道那是我带过的歼 -10 飞行员李峰所在的部队，我似乎有一种预感，成功迫降的一定是李峰。果然就是他，3 天后，我来到了李峰所在的部队，因为我研究歼 -10 发动机停车迫降已经半年多，缺少的就是真实迫降的数据。然而来到部队我大失所望，由于电源系统故障，飞机关键的停车迫降参数丢失了，我唯一获得的数据是李峰停车迫降的时间是 87 秒。为了破解这 87 秒数据，我把自己关在屋子里整整 18 天，18 天后我把破解的数据上报空军，这是中国三代机第一份真实停车迫降数据！

**鹰的眼睛**

2009 年 10 月，我在沧州再次见到了彭迪宇，他是我在试飞团的飞行教员，如今已经 60 多岁的老彭身体依然健硕。当年，老彭是试飞团的顶尖飞行高手，和老彭谈起当年的试飞经历，我才知道他是我国第一代空空雷达的首席试飞员。说起当年的雷达试飞老彭感慨颇多，那玩意不好玩，让许多试飞员摸不着头脑，雷达屏幕上目标时隐时现，捕捉目标并不像外行想象得那么简单。

1998 年，我第一次摸到雷达也是同样的感觉，试飞中目标机离我只有 200 米，可是雷达上还是什么都没有。一天，雷达总工程师许剑峰带着一副围棋来到我家，我们摆开棋盘杀了起来，但我心里想的却是雷达的技术难题。许总冰雪聪明、英俊干练，比我还年轻一岁，可是研究雷达不到五年的他已是满头白发，雷达软件的技术难题就像围棋盘上的一个劫，难以解消，为此，许总不停地往返于南京和西安之间，每次从南京回来许总总能找到一个新的解决办法。一天飞行后，我和许总来到机场边的雷达试验室，视频回放表明，由于成功解决了速度门限和杂波滤除技术，雷达的性能达到了指标要求，这是国产机载多普勒雷达第一次获得试飞成功，此时距国产第一代单脉冲雷达试飞成功仅仅过去了三年。如今，超视距攻击、各种精确制导武器已经为航空迷所津津乐道了，可是如果没有中国机载雷达技术的第一次突破，所有这一切都是不可能实现的。

2009 年 5 月，我们驾驶歼 -10 战机在武器实弹攻击中打出了 39/40 的创纪录成绩，三代机的武器威力着实令人吃惊。11 月，我们在地靶实弹中再创佳绩，这看似容易的训练成绩，背后是当年武器试飞探索的艰辛。

1995 年的春节刚过，我和龙林仓、常庆贤一起来到了酒泉基地，西北的寒风刺骨，而试飞的困难比冬天更为严峻。三次进基地试验都失败了，中国第一代精确空空导弹的研制举步维艰。试飞员冯连富为此付出三年的时光，已经到了停飞的年龄，我是顶替老冯参加试飞任务的。两个多月过去了，雷达试飞故障不断，每天的技术攻关会议中，各路老总争得面红耳赤，甚至拍桌子，试飞的挫折让人直上火。雷达被一次次地拆下来试验，试验室里性能优良的雷达，一到空中就掉链子。老总杨凤田作风雷厉风行，下令 4 月必须解决雷达问题，雷达总师立下军令状，最后的任务节点谁拖进度谁负责。

终于等到了靶试的一天，龙林仓驾驶歼 -8Ⅱ迎着晨曦从戈壁机场起飞，“雷达工作正常！”塔台无线电传来老龙坚毅的声音，靶机起飞了，雷达在关键时候出现了异常，13 千米还没有截获目标，此时靶机的油量只够最后一次进入了，再次进入 16 千米目标依然没有发现，按正常情况雷达 18 千米发现不了目标攻击就难以完成，因为从雷达发现到发射导弹最快也需要 6 秒的时间，“15 千米发现！”老龙几乎喊了起来，所有人的心都悬了起来，2 秒后老龙报告“导弹准备好！”指挥大厅发出“发射！”指令，很快无线电传来指挥员的声音：“靶机击落！”指挥大厅雷鸣般的掌声通过指挥员的话筒传到了塔台！这是一个伟大的时刻，中国人第一次实现了空中超视距攻击。

**猛龙飞天**

1994 年春，在俄罗斯试飞员学校，我和雷强第二次见面，在成都歼 -10 试飞员小组会上我见过他。据说雷强很牛，可是他给我的感觉是非常勤奋。经过半个月的理论学习，然后开始上机实习，当我驾驶心仪已久的苏 -27 飞机，那份豪迈不言而喻。其实，我们此次到俄罗斯是为歼 -10 飞机而来，歼 -10 试飞员小组中谁都没有飞过电传飞机，飞苏 -27 飞机是为了熟悉电传飞机的驾驶技术。两个月后雷强完成苏 -27 飞行回到了国内，而我还要完成试飞员培训的所有课程，要到 10 月才能回国。再次见到雷强已经是一年以后了，我们在歼 -10 模拟机上一起进行飞控系统控制率试验，虽然每天的试验工作非常枯燥，但我们都非常投入，由于操纵系统与二代机差别很大，着陆和滑行中经常出现意外情况。通过试验，我们对歼 -10 的控制率提出了几十条改进意见，而这仅仅是几十轮模拟机试验中的一轮。

1996 年后，歼 -10 飞机进入了首飞准备阶段，我作为歼 -10 试飞的第二梯队没有参与首飞阶段的工作，但我还是关注着歼 -10 飞机的研制进度，关心着雷强他们的首飞工作。当我听说飞机滑行出现了问题，似乎很难解决，我为飞机研制进度而担心。1998 年 3 月 23 日，传来了歼 -10 首飞成功的消息，我由衷地为雷强感到骄傲，为我们中国人自己的三代机的腾飞而自豪。

歼 -10 的试飞历程充满艰辛，在极限速度试飞中，试飞英雄李中华在 -20℃的寒冷天气中一次次地俯冲，马赫数每增加 0.01 都要付出巨大的努力，飞机蒙皮飞裂了，然而试飞员没有退缩，2003 年 11 月，李中华终于攻克了极限表速试飞的难关，为了这一天我们已经共同努力了 3 年多，而我们在沙漠戈壁也度过了两年。

2003 年 12 月 25 日，歼 -10 飞机定型试飞最后一个飞行日，我这个当年第一代中距导弹试飞的伴飞者，成为歼 -10 导弹试飞的试飞员。靶机刚一起飞，我就利用雷达的性能迅速截获了目标，即将进入靶区时靶机突然一个机动，目标几乎飞跃雷达的搜索边界，我迅速利用歼 -10 飞机的水平机动性能，一个不规则水平机动紧紧咬住了靶机。导弹解锁、瞄准目标，突然，耳机里传来指挥员的指令："靶机故障，迅速脱离，等待下一次进入。"我意识到，我遇到了十年前同样的境地，靶机的油量只够最后一次进入，留给我的只有最后一次机会了。再次进入，我很快就截获了靶机，就在即将构成发射条件的时候，靶机控制员报告："靶机加力系统故障！"指挥员下达了指令："采用第二方案！""第二方案"是靶机故障时不得已的应急方案，试飞员要在短短的 2 分钟时间内迅速减速 400 千米/小时，然后再加速400千米/小时，并且要在规定的距离发射导弹，导弹攻击的机会瞬间即逝。凭着对飞机性能的高度敏感，我精确地控制了最佳发射时机，导弹离梁的瞬间飞机迅速向右倾斜了一下，浓烈的导弹尾烟遮蔽了部分风挡，我透过缝隙顺着导弹前进的方向看见了靶机，一瞬间导弹遇靶，一团火光闪现，靶机立即解体下坠。靶试成功了，歼-10飞机定型试飞画上了圆满的句号！

2004年1月，我和战友驾机从沙漠基地凯旋，6年的试飞终于画上了圆满的句号。飞机当年就装备部队，定型会议也在那年夏天如期举行。雷强代表试飞员站在领奖台上发言，他说：歼-10飞机的研制成功是我国国防现代化建设的一个里程碑。它凝结了几代航空人不懈努力的心血，它寄托着试飞员激情超越的追求。作为一名空军飞行员，歼-10飞机的试飞员，此刻，我只能用一句话表达我的心情：感谢为我的人生插上翅膀的飞行事业，感谢生命中那些激情燃烧的岁月。

**俯瞰大地**

2004年底，我离开了试飞部队，到航空兵部队执行新的任务，以前以一个试飞员的视角，我更关心的是飞机的性能和系统功能，而到部队后，我更关心的是飞机的作战效能与安全。由于有了带飞歼-10和轰-7飞行员的经历，我更深切地了解飞行员想要了解什么，他们对作战的需求是什么。2006年，一起意外的倒飞尾旋事故发生，为了研究这起事故，我找出了国外倒飞尾旋的资料，编写了一套全新的尾旋教材；2008年在歼-10空中加油训练中，我走遍大江南北，把我当年空中加油的经验传授给飞行员，尤其是关于“平板效应”的理论解决了飞行员对加油动态的疑惑；2010年7月空军某部首次实现了歼-10飞机海上远程加油，我为战友的成功感到由衷的欣慰。通过多年的理论研究，我在国内首次提出“状态控制”“等轨迹爬升”“平板效应”“区间变向”“弱动力飞行”“目标跟踪”等飞行理论，解决了困扰部队多年的难点问题。当然，理论研究只是我的“业余爱好”，真正令我兴奋的还是飞行。

这次到南昌也是了却我的一桩心愿。2004年我入选猎鹰飞机首飞团队，可是因为工作调动，我与猎鹰几乎失之交臂。没想到5年后的今天，我又有机会驾驶猎鹰翱翔了，那份兴奋的感觉只有飞行员才能体会。登上外形俊美的猎鹰，一种飞翔的骄傲油然而生，祖国的航空事业发展太快了，仿佛就在昨天国产三代机才装备部队，今天，我们已经能够研制具有三代机水平的高级教练机了。猎鹰的座舱简捷而舒适，盖上舱盖滑进跑道我对同乘的试飞员阮明说了声："看你的！"飞机轻捷而优雅地起飞了。完成了一套动作，无线电里传来阮明的声音："你来吧！"我接过驾驶杆驾驶猎鹰来到了机场上空。飞机的操纵性能太好了，不亚于我飞过的所有三代机。我简单做了一个盘旋感受了操纵性后，就开始了一套复杂的"区间变向"任意机动，在我的手里猎鹰似乎无所不能。盘旋接240°滚转变向接一个盘旋，小速度筋斗接低空倒飞，斜筋斗接180°滚转接斜半扣……

做完动作，我恋恋不舍地在机场上空盘旋，俯瞰翼下的大地，我感慨万千：当年那个翘首蓝天的少年，如今驾驶着最先进的国产飞机在祖国的蓝天翱翔，我的飞翔人生似乎印证了中国空军新时代的发展历程。我在想，一个民族的飞翔历史不是写在书里，也不是写在空中，而是写在每一个眺望蓝天的眼神里，写在每一个飞天人翱翔的轨迹中。中国空军现代化的腾飞才刚刚开始，未来的路依然艰辛，然而，只要我们有眺望的追求和俯瞰的勇气，中国空军现代化的那一天一定会早日到来。

# 三千六百五十里路
## ——歼 -10 飞机与珠海航展的十年情缘

在我动笔写这篇文章前，我拨通了雷强的电话。对于十年前的那一幕幕我记得非常清晰，但为了准确我还是在电话里一条条地与雷强确认相关信息：2006 年歼 -10 飞机原计划是要参加第六届珠海航展，10 月之前的数次协调会都把歼 -10 飞机的表演作为航展的重头戏，雷强为飞行表演做了充分的准备，歼 -10 飞机甚至做好了转场珠海的各项准备。在第一届珠海航展上，雷强驾驶歼 -7E 飞机表演著名的起飞“旱地拔葱”，成为那一届航展的经典，而此后，无论是二代机还是三代机，“旱地拔葱”已经成为单机表演的保留节目。歼 -10 将要来珠海的消息早已在坊间传开，那些歼 -10 飞机和雷强的拥趸早已望眼欲穿。然而，一些特殊的原因，已经定型、获奖并且公开的歼 -10 战机还是遗憾地错过了第六届珠海航展，人们在珠海的上空看到它的时候已经是 2008 年，而歼 -10 飞机的表演者也由雷强变成严锋。但如果我们回顾歼 -10 飞机的珠海航展之路，别忘了在 2006 年那段错过的回忆，歼 -10 尽管没有来到珠海，但它的魂已经来了，在雷强和他战友的心中，歼 -10 战机已经在开幕式的天空无声地划过……

**空中芭蕾王子——严锋**

2008 年 7 月，我来到了我的老部队——云南陆良的歼 -10 航空兵团，此行的目的是歼 -10 飞机的空中加油训练。授课、研究歼 -10 加油试飞录像、模拟训练直到升空对接，战友为高难度的加油科目进入了攻坚战。然而，作为团队领导严锋却没有参与加油训练。一天午后我照例在机场跟班飞行，午餐时刻我正在空勤饭堂就餐，随着一阵急促而沉重的脚步声，满头大汗的严锋喘着粗气走进了饭堂，顾不上脱去厚重的抗荷服，就一屁股坐在我对面的座位上，小战士迅速端上了餐盘，严锋一边吃一边发出叹息：“强度太大了，持续8.5g过载，拉不到8g过载，飞机的机动性就不能得到最大限度发挥，观赏效果也不会好！垂直向下大山扑面而来，一杆拉下去飞机贴着山谷就出来了，太来劲了！”

我和严锋的相识还是在20世纪90年代歼-10研制阶段，但真正让我了解严锋是2004年。那一年歼-10飞机装备成都军区空军某团。由于机场返修，严锋带着他的队伍来到我所在的冀鲁交界的空军某试训基地。严锋理所当然的是航空兵部队歼-10飞机的首飞者，看严锋飞行特别过瘾，几乎每次飞行科目结束，他都会来一段超低空通场。他说：歼-10战机是进攻型的武器，超低空飞行是低空突防技术基础，紧贴实战的训练就不能缺少超低空。严锋是公认的超低空王者，这或许是空军把歼-10飞机第一次珠海亮相的任务交给严锋的原因。

在云南的大山深处，我亲眼见证了一个痴狂的飞行者是如何锻造他的羽翼的。严锋说：设计师为我们打造了一款高性能的三代机，飞不出歼-10飞机的性能是飞行员的失职！严锋不是一个人在战斗，军区空军的领导在飞行一线，与严锋一起研究表演动作，飞行计划被一遍遍地打磨、细化。经过近半年的演练，严锋承载着首长和战友的嘱托，也承载着雷强的梦来到了珠海。严锋驾驶的歼-10战机在珠海的第一次亮相是第七届珠海航展最亮的亮点，现场的军迷一看到歼-10飞机滑回停机坪，他们的目光就一直追随着严锋，追随着他的小平头、他的白手套和那副酷酷的眼镜……

2009年初春，我来到成都参加与歼-10飞机相关的评审会。歼-10飞机已经定型，为什么还要开评审会呢？因为在那一年的年初，空军首长做出了一个重要决定：空军八一飞行表演队要换装歼-10飞机，这是表演队的第五次换装，但这一次的换装却意义重大。我们要打造大国空军、战略空军，就必须跟上装备技术进步的步伐，世界军事大国早在20世纪80年代就配备了三代表演机，中国也要拥有自己的三代表演机。在项目立项之初空军首长就明确了一个重要原则：我们的表演机必须是战斗机，而不能是拆掉作战部件的飞机道具，与作战相关的所有系统一个都不能拆，而为表演任务安装的拉烟系统必须是世界上最先进的。经过军地双方，航空、兵工、电子等诸多部门数十名专家几天的艰苦研讨，歼 -10 表演机的技术方案终于确定，而改装的任务节点又是如此紧迫，我们瞄准的不是第二年的珠海航展，而是 2009 空军建军 60 周年的大庆。

2009 年 5 月，严锋再次来到了我所在的部队，这次他带来的不是成都军区的歼 -10 第一团，而是八一飞行表演队所在的航空兵师，严锋已经是驻守津门的空军部队长。而他的任务除了率领新飞行员歼 -10 改装训练，更艰巨的任务是后墙不倒的空军节歼 -10 四机编队表演。这一次严锋果断地决定做出大胆突破：与世界一流飞行表演队接轨，直上 1 米间隔的“魔鬼编队”，要知道我们以往的惯例是按 5 米超密集编队实施，直上 1 米编队面临的不仅是技术上的挑战，更是向死神挑战。每当我看着严锋和他的战友驾驶 4 架战鹰从头顶呼啸而过，我都会心潮澎湃，我为有这样的战友而骄傲，更为他们的勇气与胆识叫好。

2009 年 11 月初，一场大雪覆盖了华北平原，连日呼啸的风雪使得空军节飞行表演推迟了，但好戏还是在 11 月 17 日如期上演。在通往沙河机场空军节庆典会场的路上，军迷的车队已经把道路堵塞，得到消息渴望看歼 -10 编队表演的人实在太多了，一些人只好在车窗里看歼 -10 的表演。在中央电视台的转播平台上坐着试飞英雄李中华，他极富专业水平的讲解为严锋团队的表演锦上添花。歼 -10 的粉丝没有白等，沙河机场上空的严锋和战友的表演绝对震撼。

**八一歼 -10 表演队的珠海首秀**

2010 年 11 月的第八届珠海航展上，八一飞行表演队的四机编队经过一年的打磨已经今非昔比，表演队队长曹振是我 2004 年带飞出来的空军首批歼 -10 飞行员，我当时为他的飞行表现打了超过 90 分的高分，曹振能当上八一歼 -10 表演队的队长也是我的荣耀。那一届航展上曹振和他的团队不负众望，为国人呈现了一场惊险的高水平表演，此时关于歼-10能否胜任表演飞行的疑问烟消云散。而珠海航展之后，八一飞行表演队也通过在各地航空节、公开日的飞行表演，为人们奉献了一次次的空中盛宴。我对他们的盛赞归结为一个称号——“世界一流”。

然而，不知道人们注意到没有，直到2010年的珠海航展，歼-10表演机的涂装还是与作战飞机完全相同的，我们的表演机什么时候才有自己的“演出服”？军迷按捺不住了。他们自发地在网上组织“我为歼-10表演机涂装”的设计活动，一时间网友提供了十几万套设计方案，很快民间自发的行动变成了团队决策，整合大家的设计元素，并经中央美术学院知名教授的顶层设计，一套融合国旗元素、空军色彩和鹰的形象的精美设计被最终确定下来，这就是2012年第九届珠海航展的歼-10表演机涂装。

2012年第九届珠海航展上，八一歼-10飞行表演队的亮点不仅在于涂装，首次以六机编队出现的歼-10表演队，在这一届航展上为我们呈现了更加震撼的表演，而飞行表演的动作也由10多套增加到了30多套，应对各种复杂情况，包括天气变化的方案都经过了精心制定，无论是开幕式低云层条件下以水平机动为主的表演动作，还是公开日云开雾散后的全套动作，无不呈现出歼-10战机优越的性能，以及飞行员高超的驾驶技术。

**珠海流霞映碧空**

珠海流霞映碧空　腾蛟起凤露峥嵘
声如虎啸惊雁阵　翩若鹤舞散霓虹
情满三江引鸥鹭　气贯九州缚苍龙
雏鹰振翅闻天下　鹏程万里耀苍穹

2014年第十届珠海航展，因为女歼击机飞行员的表演终将载入史册，这是人类航空史上第一支由多位女飞行员组成的飞行表演队。看着蓝白红相间涂装的歼-10战机在空中拉出五彩云霞，看着女表演队员走下战鹰飒爽英姿的步伐，作为一名老试飞员我心潮难平，一首赞美诗瞬间在脑海中生成。我们的女飞行员与鸥鹭齐飞，与彩霞争艳，仿佛就在昨天，她们还是稚嫩的小鸟，转眼间就成为人们翘首追逐的巾帼英雄。

2010 年春节联欢晚会上的节目《我心飞翔》绝对是这一届春节联欢晚会的亮点，第八批女飞行员借着国庆 60 周年空中阅兵的荣耀登上了春节联欢晚会的舞台。她们被冠以一个特殊的名字，中国第一代女歼击机飞行员，其实在那一刻我已经猜到，她们中间的某些人，一定会加入飞行表演的团队。15 名女飞行员有些分到了歼轰 -7 部队，有些分到了二代机部队，而余旭等 4 名女歼击机飞行员被分到了严锋所在的部队，女飞行员将要飞歼 -10，这个消息不胫而走。

2012 年 7 月，余旭和她的姐妹首次单飞歼 -10 战机的消息在中央电视台新闻频道播出，她们成长的脚步出乎所有人的预料，而当 2014 年第十届珠海航展上，我们的 4 名女表演队员踏着自信的步伐走来的时候，人们甚至不敢相信自己的眼睛。然而，当我在珠海航展的现场，看到女飞行员驾驶的战鹰闲庭信步般优雅的动作，我彻底折服了。持续 8g 以上的过载，相当于 500 多千克的重量压在飞行员身上，不要说女飞行员，即使是男飞行员也是难以承受的。绝大多数飞行员都有高过载飞行黑视的体验，这是人的正常生理反应，要突破高过载的限制，必须经过特殊的训练。记得在试飞歼 -10 极限过载之前，我经历了几周的专门大强度体能训练，逐步适应了 8g 以上的过载，但连续的大过载机动对飞行员的身体依然是严峻的考验，几个起落下来飞行员体能明显下降，为了安全大过载试飞的架次是严格限定的，一次试飞中我连续 6 次突破 9g 过载，为此休息了两天才逐渐恢复。

余旭在采访中真实地表达了飞行表演中飞行员身体所承受的压力，她说持续 8g 以上的过载，身体承受巨大压力的同时，还要集中精力保持队形，表演复杂的动作，对飞行员而言是严峻的考验。女飞行员能够承受这种压力，除了科学的训练方法，更主要的还是她们特有的飞行天赋。就像我在一篇微博中所描述的：

“不要说女飞行员，即使是男飞行员，到歼 -10 表演的境界也是难以企及的。余旭承受的压力和挑战，不是飞行员永远无法想象，我可以告诉你，把你想象的人间磨难再放大十倍，就是余旭的经历。这就是我为金孔雀点赞的原因，她的伟大超乎你的想象！”

**引吭高歌哪怕歌声鲁莽而羞涩**

从 2006 年歼 -10 计划珠海表演，到 2008 年珠海首秀，从 2010 年四机、2012 年六机，再到 2014 年的女歼击机飞行员参与表演，歼 -10 在珠海的每一次亮相都在实现着突破。这种突破不仅是一种飞行表演层面的技术突破，它所表达的是中国空军强军梦的艰苦追求。没有志存高远的雄心，怎么可能扶摇直上地高飞，走过 60 多年光辉历程的中国空军，站在了新的起点之上，我们唯有不断追求更高的目标，才能不负中国空军的使命。

在第十一届珠海航展上，八一歼 -10 飞行表演队以全新的动作设计、更高水平的表演，与世界一流飞行表演队同场竞技。勇士来了、雨燕来了，巴基斯坦的枭龙来了，英国的红箭也来了。11 月 4 日，在我即将离开珠海的那一刻，我从民航候机大楼的橱窗，看着八一、红箭、勇士的表演，我发自内心的为我的战友骄傲，更为女飞行员而骄傲。他们为今天所取得的成就所付出的努力是常人难以想象的，而他们面临的风险也是常人难以承受的。当他们义无反顾地扑向那片蓝天的时候，他们的勇气与决绝足以惊天地泣鬼神。

三千六百五十里路，10 年岁月，见证了歼 -10 与珠海航展的特殊情缘，也见证了蓝天勇士、巾帼英雄的侠肝义胆。余旭走了，她的生命像一抹流霞永远地留在了那片最美的天空，无怨无悔，而飞翔者的梦永远不会熄灭！

# 歼-20首飞
## ——宣誓大国战略的“行动自由”

四代机飞了，盖茨来了。后者曾宣称中国四代机的首飞最早也得2020年以后。2011年1月11日，在美国国防部部长盖茨访问北京期间，中国的新一代隐身战机歼-20成功首飞，这怎么看都像是一个充满巧合的舞台剧脚本，说不是特意编排的谁信呢？

然而空军武器装备的发展毕竟不是舞台剧，为这场巧合所做的一切解释在我看来起不到什么效果，信者自信之，解释也无用。但真正懂得航空工程与空军武器装备发展的人，都知道是怎么回事。其实，重要的不是偶然事件本身，而是如何透过中国新一代战机的高调亮相，解读背后的战略话语。

2010年11月16日，国内军事网站第一时间报道了美国F-22坠毁的消息，我看见在这则消息后面跟帖达到了20000多条，这与军事消息通常的几百条跟帖大相径庭，表达的是某种情绪，我称之为中国军迷的“旭日狂欢”。2011年的新年伊始，我们看到了另一场狂欢，当国产四代机的图片出现在网络上，民众很快从开始的将信将疑，转化为一场更加热烈的“旭日狂欢”，而1月11日的歼-20首飞，更是把这场狂欢的热度点燃到了极限。在国人狂欢的同时美国人及时地表达了他们的关切，盖茨的疑问得到了中国官方的明确答复。与此同时，一种声音也开始蔓延：这场狂欢值得吗？会不会因此引起战略对手的反弹。这种忧虑似乎不无道理，问题是你的行动已经做出，对手是否反弹并不会顾及你的情绪，借用时下热门的一句话“让子弹飞吧！”我们只需做我们应该做的。如果我们的国民连表达情绪的自由都没有了，我们在世界大平台上的国家话语还有谁来倾听！在我看来，歼－20的首飞所表达的不仅是一种国家话语，它彰显的是大国战略的“行动自由”。

“行动自由”是西方战略理论中秘而不宣的高级理念，我们从他们的文本中读到的是所谓的“威慑”“灵活反应”“全球打击”，然而，只要我们解读西方人的战争文本，“行动自由”是一个无所不在的幽灵。

我发现在“冷战”后的西方战略家的观念中，有两场截然不同的战争，一场是有形战场的战争，另一场是无形战场的战争。西方近代战略家法国人安德烈·博福尔，在他的《战略入门》中把利德尔·哈特的“间接战略”上升到了新的高度。两次世界大战在世界战略家的头脑中留下了难以抹去的阴影，为了避免大规模的“互相毁灭”的“末日噩梦”，“冷战”时期的局部战争都是在小国之间打响的，但从那些热点地区的博弈中我们总能看到大国的身影，“间接战略”的战火在这些地区燃烧。让我们看看西方大国是如何挤压他们所遏制对手的“行动自由”吧：在科索沃战争打响之前，美国及其西方盟友掀起了一场对所谓南联盟人道主义灾难的集体谴责；在伊拉克战争之前，美国人制造了所谓伊拉克人拥有大规模杀伤性武器的“真实谎言”；在东亚美国人用“舆论轰炸”将朝鲜描写成邪恶国家。“限制行动自由”战略其实就是孙子“不战而屈人之兵”的现代版，美国人娴熟地运用这种战略技巧，达到了绝妙的效果，而且百试不爽。俄罗斯人尽管国力逐渐衰退，但始终不忘显示他们的行动自由，在科索沃战争期间，俄罗斯人出其不意地赶在西方人之前空降科索沃的普里什蒂纳机场。以上案例是战场层面对“行动自由”的遏制，在安德烈·福博尔的《战略入门》中，还有另外一个层面的战略竞争，那就是装备资源领域“行动自由”的博弈。其实这种“行动自由”的博弈不是“冷战”的新鲜产物，第一次世界大战结束后的1921年，西方大国经过一番激烈的口水战签署了《限制海军军备条约》，即著名的《华盛顿条约》，企图用限制装备“行动自由”的方法，来维持来之不易的和平。但是美国和日本恰恰是利用了条约的漏洞，分别发展了庞大的航母力量，由此演绎了太平洋战场人类历史上最为悲壮惨烈的航母战争。解读“冷战”后的国际战略格局变化，似曾相识地对装备领域“行动自由”的限制层出不穷，当然限制的对象不是美国和西方人自己，而是他们觊觎已久的对手。对伊拉克大规模杀伤性武器的国际核查，对伊朗和平利用核能的压制，对印度和巴基斯坦核竞争的恫吓，以及针对朝核问题的多国博弈。从这些案例中我们可以看到所谓的“行动自由”的限制永远是单向的，而所有那些为了平息大国怒火而屈服的国家，其结果就是自掘坟墓。反倒是印度和巴基斯坦的坚守，令西方大国悄悄闭上了嘴巴。

害怕别国的反弹和大国的恫吓，是有些国家发展装备时的一种唱衰思维，但所有的历史告诉我们一个明显的道理，这种思维所导致的后果是什么。当然装备领域竞争的“行动自由”，在具体的操作层面中要依据国力量力而行，当年，苏联正是在美国星球大战的喧嚣中迷失了自我，被美国虚张声势的太空讹诈所牵引，与美国进行装备技术的直接对抗，最终拖垮了自己。

其实，关乎国家战略装备的发展，其“行动自由”不仅来自国家意志，更重要的是国家的工业力量和技术力量的支撑。当局外人为中国四代机的研发速度所震惊的时候，他们似乎忽视了中国人近30年的空军装备技术追求。四代机相对于三代机而言，的确具有跨代的飞跃，但中国如果没有在三代机研发中的奋起直追，今天四代机的高速发展是不可想象的。因此，当有些人还在为中国三代机的战略决策反思的时候，我已经清晰地认识到歼-10的猛龙飞天对于中国大国梦的战略和技术贡献。

中国的空军装备发展需要稳定而持久的战略，如果说不称霸、不制造冲突，是中国国防战略的价值制高点，那么，对于技术的不懈追求，就是维持大国战略“行动自由”的技术支撑！

一个失去了“行动自由”的国家是永远不可能崛起的，因为“行动自由”就意味着安全，从这个意义上讲，歼-20战机的腾飞，是中国向全球宣示国家战略的“行动自由”，而绝不是针对某个特定国家的。这也是我在这个“旭日狂欢”的节日里，最想阐述的战略思考。

# 推动运 -20 腾飞的“中国力量”

航母舰载机歼 -15 首次成功着舰过去刚刚两个月，中国航空领域的又一重大行动再次吸引全球目光，与舰载机试飞成功不同的是，此次运 -20 的首飞几乎是网上直播的。2013 年 1 月 26 日下午 3 点刚过，也就是在运 -20 的首次试飞刚刚着陆的瞬间，运 -20 成功的消息便通过电视、广播、门户网站、微博、微信等各种渠道迅速传播，由一次军用飞机的成功首飞所引发的全民共振前所未有，这种现象所表达的不仅是一个行业、一个领域的进取与腾飞，它向全球所展示的是一种喷薄而出的“中国力量”。

早在两年前我就曾经说过，军用运输机不仅是一种军种装备，它更是一种国家战略资源。第二次世界大战结束以后，人们通过对于战争的解读，了解到空中力量的投送能力对于“军事存在”和“行动自由”的重要性。20 世纪 50 年代初期，美国人的一款军用运输机 C-130 横空出世，专业以外的人一定难以理解，这款飞机居然是空军装备史上首款为军事力量投送而研发的军用运输机，从那以后，航空装备领域出现了一个新的竞争空间——军用运输机。70 年代以后，美国人总结越南战争的经验，开始了大型军用运输机的研发，C-5A 银河的研制成功引发了美国苏联在这一领域新的竞争，军事大国沉迷于对运载能力的追求，最大起飞重量从 200 吨、300 吨一路飙升，苏联 80 年代末首飞的安 -225，其最大起飞重量达到了令人难以置信的 640 吨。

20 世纪 90 年代以后军用运输机的竞争终于回归理性，军事作战效能，包括运载能力、投送航程特别是战场适应性成为军用运输机的高权重指标。美国和欧洲开始了新一轮的军用运输机的研发，美国的

C-17 及 2009 年底首飞的欧洲军用运输机 A-400M，尽管采用了截然不同的动力装置，但都将战场适应能力作为重要战技指标。

相对于世界航空军事大国在军用运输机领域的不断追求，中国的军用大飞机在过往一直采用仿制的策略。20 世纪 90 年代后，随着中国在军用战斗机领域的技术突破，越来越多的人开始关注中国军用运输机技术的发展。一些有眼光的军事战略专家看到，中国军用航空领域有三大技术瓶颈，一是发动机技术；二是大型空中运输平台技术；三是多种传感模式引导的空中精确打击武器，而要突破这三大技术瓶颈必须打破行业思维，运用国家整体工业能力和科技实力，集中力量予以攻克。随着专业领域军、民用运输机谁更优先发展的短暂争论，国家决策层终于认识到大型空中运输装备对于中国的战略意义，行动层面实质性的推进终于启动，我们终于看到了中国大运发展的曙光。

对于国家发展和军事战略需求而言，中国军用大运时代的到来还是偏晚了些，但相对于人们的技术期待而言，运 -20 的首飞还是出乎很多人的预料。一时间各种猜测与期待此起彼伏，但我们不要忘了，任何一种新技术的研发道路都不会是平坦的。大型军用运输机有三个关键技术，一是动力装置；二是基于作战效能和战场适应能力的整体设计；三是制造工艺和材料。而要掌握这些关键技术最重要的不是理念而是经验，相对于我们在军用运输机技术领域多年的仿制改制传统，我们缺乏的就是研发和试验的经验。

俗话说万事开头难，无论如何运 -20 成功首飞，终于让我们实现了军用大型运输机技术的艰难突破。借助于中国 60 多年的工业化发展所聚集的工业能力，借助于几十年来我们在军用航空装备领域不断探索所积累的技术和经验，我们一定能在大型军用运输机的技术探索中不断取得成功。从目前来看运 -20 技术状态的选择是明智的，这个起点不高也不低，它的首飞和试飞研发，必将为中国大型空中运输装备技术的发展奠定坚实的基础。而中国加入世界空中大型运输装备竞争的那一刻，一定会在不远的将来实现。

# 基于变量的大趋势判断工具

1989 年 9 月，我的试飞生涯从阎良开启。作为中国试飞员学校筹备期的第一期学员，我和战友在破旧的教室里学习着令我们陌生的试飞理论，其中的一门课程叫作《试飞测试》。课上，教员讲解着一种叫作卡 -12 的试飞记录设备，顾名思义这种记录设备只能通过光学原理在胶片上记录 12 种数据。有意思的是，一年半以后的毕业设计中，我们的试飞数据就是用这种老旧的设备来记录的，记得那时我们并没有觉得记录数据太少，12 种试飞数据的处理工作已经让我们不堪重负，那份厚厚的 40 多页的毕业报告足足用了我们 3 个月的时间才完成。

那时，我沉迷于具体的试飞技术中，根本无暇思考大数据和大趋势这样遥远的话题，我只想做一个像我的队长那样的好试飞员，至于事业之外的理想，就是能早一天拥有一辆本田摩托，因为队长骑着它的样子很帅。

那时，阎良的老街依旧车水马龙尘土飞扬，我根本无法想象 25 年之后阎良的模样。如今，当我在阎良的家中用电脑写下这些文字时，最深的体会就是：大趋势永远出乎人们的意料之外：今天阎良的老街已经无影无踪了。

真正开始令我对未来和大趋势充满幻想的，并不是 1983 年引入中国的约翰 · 奈斯比克的著作《大趋势》，而是同样发表于 20 世纪 80 年代初期阿尔文 · 托夫勒的《第三次浪潮》。那时，我还在北航读书，在中山公园的图书展销会上，《第三次浪潮》是最抢手的书籍，出于对新事物怀疑的固有思维定式，我对这本书不屑一顾。后来发生的一切证明了阿尔文 · 托夫勒的远见卓识，而同样准确的预测也是由美国人在 80 年代初期做出的，在一份国家实力的评估报告中，美国人提前预测了中国的崛起，并准确推测出中国 GDP（国内生产总值）超越日本的年份——2006 年。

还是回到我关于试飞的话题吧。尽管我在 1991 年就已经知道自己加入了歼 -10 试飞员团队，但我当时并不知道一架飞机会改变我的一生。在歼 -10 飞机研制的国际合作中，我有幸与很多国内外的大师级人物共事，是他们的行动影响了我，改变了我漫不经心的人生态度。也就是从我实际参与歼 -10 研制工作开始，我改变了我的工作方式，养成了每天记录的习惯，这不是一般意义上的流水账般的日记，而是详细到“时分曲线”的工作记录，那是一种令“文科男”头疼的枯燥无味的工作，而我却乐此不疲，这令我放弃了每天 8 小时工作后的休闲，而我的工作时刻表也延续到了每天晚上 10 点。几十份国家试飞定型报告、2 本专著、3000 个工作日的日记、2000 万字的笔记及 200 万字的各类发表文字，就是我 20 多年试飞工作所交出的作业。我曾经在很多场合说过我为此而骄傲的话，其实真正令我欣慰的是试飞教给了我一种重要的人生工具，那就是“多重变量分析法”。

这种理论的灵感还是来源于试飞，在类似空中加油和武器实弹试验这样的高风险科目中，我和战友遇到了太多意想不到的难题。一个个不眠之夜改变了我们固有的思维和工作习惯，我们必须仔细分析记录曲线中每一个变量的时分参数，而在歼 -10 试飞期间，记录设备已经不再是那种陈旧的卡 -12 了，一个试飞架次上千个数据被记录，在每个数据的时间坐标上我们需要研判的数据通常都有几十分钟。事业的修炼已经令我们不再对数据感到厌倦疲惫，每一次的数据分析都是如此令我们兴奋，就是在那些实验室里的一个个狂热的夜晚，一个个难题被我们攻克，也令我总结出了多重变量分析理论。

或许是迫于无奈吧，因为要详细分析所有变量的所有时分数据工作量太大，紧迫的试飞周期也不允许我们慢条斯理地工作，我们学会了在大量的变量中找寻核心变量，而关键数据一旦找到问题往往迎刃而解。如炼狱般的事业修炼，令我们拥有了超乎常人的直觉，就像我在 2003 年 11 月初，就预见了歼 -10 试飞的最终成功，并把成功的预期定在了12月20日之后，这种判断力与其说是预言家的灵感，不如说是事业心所构建的强大心理暗示。

如果用一段容易理解的话来描述我的多重变量分析理论，那就是：在分析重大事件时首先要研判所有相关变量的时分参数，并在此基础上找到影响结局的最核心变量，这个核心变量有时是一个，也可能是多个，最终通过对核心变量的充分解读得出事件的结局和时间节点。

歼-10试飞的成功让我的人生精彩纷呈，也令我的思想进入了一种新的境界。然而2004年底，在完成歼-10试飞任务一年后，我离开了令我魂牵梦绕的试飞工作。我走得非常决绝，我隐隐地感觉到一个全新的领域在等待着我——我要把试飞所获得的智慧运用到战略研究中。

试飞理论也能运用到战略研判中？说来你或许难以理解，正是借助于多重变量分析法，我准确预测了利比亚战争的结局和周期、马航MH370空难、德国之翼空难，甚至提前两年预测了莫言的诺贝尔文学奖。而从2004年开始的10多年战略研究，也使我有更多的案例支撑，来完善自己的多重变量理论，它也因此有了一个新的名字——基于变量的大趋势判断工具。

在大数据时代，科学的数据分析工具已经非常完备，传统的战略分析理论还有运用价值吗？在与金融界的同事的交流中我表达了这样的观点：大数据分析工具对于短周期事态分析的准确性毋庸置疑，而对于长周期的大趋势判断，大数据分析可能会遇到问题，因为大数据分析理论专注于数据的细节和统计结果，却无法应对数据突变所产生的对于结果的不可逆转的影响。大趋势的突变是更高阶次的函数变化，必须有更为宏阔的视角和判断工具，这就是我研究20年所获得的足以令我自豪的理论。

基于变量的大趋势判断工具的基础依然是多重变量分析法，但它的核心理论不仅与变量相关，还与变量的领域及时间坐标相关。在我原来的理论中，时间变量是一个相对独立客观的坐标，与判断主体的分析是客观剥离的，而在我新的大趋势判断工具中，时间坐标被判断主体赋予了两个不同的量程——长周期与短周期。我的理论认为事件的长周期与短周期振荡是两种截然不同的趋势，短周期振荡在一定条件下会成为长周期振荡的重大拐点，但一般的非重要量级的短周期事件不可能改变长周期大趋势的强大惯性。至于变量的领域不同指的是将繁杂的多重变量分为两个领域，一个是内因，一个是外因，而关于两种因素的重要性判断并不预设结果，这对经典哲学理论中“内因是变化的根本，外因是变化的条件”是一种巨大的挑战，而这种挑战的自信来源于我几十年的哲学思维结果：所有对哲学命题结果的预先判断大都与真理相去甚远。关于人的哲学命题，关于运动的哲学命题，关于物质与意识的哲学命题，关于真理标准的哲学命题，所有关于这些命题的自以为是的结论，现在看来都存在巨大的漏洞。

是时候对我的理论进行大致描述了！

基于变量的大趋势判断工具，这种理论提出的目的是为未来大趋势判断提供一种相对可信的方法。

这一理论的核心思想来源于工程学中的数据分析理论，那就是对相关变量的具体客观的分析。

在变量分析的过程中必须区分内因与外因，并了解内、外因的互动性与彼此干预性。

在分析判断中既要分析短周期的事态变化趋势，更要关注长周期的大趋势变化，并要了解长短周期互为共振的相互干预，尤其要关注可能对长周期大趋势产生决定性影响的短周期事件的严重性，用长短周期结合的分析方法，推导出大趋势的最终结果与周期。

用具体案例来加以阐释，我选择中国高铁作为研究样板。需要说明的是，在事件的分析判断中要尽可能地剔除意志力的精神作用的影响。例如，两弹一星是国家意志的结果，这样的结论从结果论的角度当然没有错，但如果过多地强调意志力的作用，分析结论的科学性就会大打折扣。为了解决这个问题我们把意志力作为一个基本前提，如在中国高铁建设中首先肯定国家意志的坚定不移，在此前提下分析中国高铁成功的必然性。我认为高铁的成功最关键的内因依然是核心技术，如果在核心技术领域我们没有能力在引进的基础上进行消化吸收，并最终实现知识产权的自有，高铁事业的成功是几乎不可能的。如果说高铁的核心技术是问题的内因，那么其他因素几乎都是外因，如市场，相对于高铁建设核心团队，巨大的国家民生需求是他们赖以决策的外部因素，他们所要做的大量功课，是在宏观的国家民生需求与高铁的核心技术可行性这两者之间找到最佳的契合点与共振点。另一个与国家需求同样重要的外部因素是国家投入，包括资金支持与政策支持，很难想象一个牵动几十个省市、关系到政府决策各部门的重大项目，仅凭铁路系统核心技术团队自己就能搞定，铁路核心技术团队的工作是通过上下多领域协调，找到行业发展与国家利益和国家决策之间的最大公约数，从而最终赢得国家在宏观战略的资金和政策支持。一个非常容易被忽视的外部因素是竞争对手，有人说相对于独立的中国高铁市场，外部竞争对手的影响微不足道，其实如果我们深入研究中国的核能、汽车、电子、航空、石油等重大领域近几十年的发展，就会对这样的分析结论做出自己的判断，在全球化的今天任何一个行业——哪怕是相对独立市场的行业，也很难排除外部竞争团队的干扰。可以说中国高铁团队如果没能在与外部竞争对手核心技术话语权的竞争中获胜，就不可能赢得今天中国高铁发展的大好局面。在高铁这一独特案例中，长短周期的相互干预与共振可谓惊心动魄，20年前在有些人的预期中，中国高铁的全面发展应该是一个相对遥远的未来时，长周期的结果如此迅速地到来，中国高铁应该说是一个个案，其中的玄机不明觉厉，中国高铁是行业奇迹，更是中国奇迹和世界奇迹。

100年多前，一个渴望殖民化亚洲的传统亚洲国家选择了脱亚入欧的国家战略，100年后实质上的被殖民国家就是这个渴望殖民化他国的国家——日本，这就是历史的大趋势。对于这样的结果如果用国家意志和国家实力来解读显然是难以自圆其说的。不仅是日本，近200年来所有洲际的大趋势变幻，乃至一个国家的命运大都出乎战略家的判断。但如果我们用基于变量的大趋势判断理论来分析近代世界波谲云诡的历史，似乎隐约找到历史的端倪：相对于一个国家而言其命运是国运，而在世界这个大坐标中，国家命运又是世界大趋势的一个组成部分，多重变量的撬动与彼此干预，长短周期的互为共振是战后国际大格局的前因后果。而如果用更长远的眼光看待历史，今天的世界格局依然充满着变数，谁有更为宏阔的眼光，谁有扼住命运咽喉的大战略决策，谁就能在未来的世界大趋势变幻中成为赢家。未来大趋势结论的给出现在依然为时尚早，但有一点可以肯定：那些固守传统思维，依然做着霸权梦的国家，他们所行的与世界融合大趋势背道而驰的征服型战略，必将遭到历史的无情惩罚！我们不禁要问：谁又是下一个日本呢？！

# 结 束 语

1999年5月20日，我遭遇了人生第二次飞行跳伞，身负重伤的我1个月后才能艰难地坐起来，我突然有一个创意：写一个多角色的散文剧，题目就叫《味道》，后来这个散文剧付排并参加了庆祝八一建军节的文艺晚会，节目获得了热烈的反响。我想就以散文《味道》作为本书的收尾之作，感谢那段难忘的试飞岁月，感谢那些艰难岁月中一路走来陪伴我的人们……

## 味 道

小时候我有一个绚丽的梦，像雄鹰一样展翅飞翔，追求会当凌绝顶一览众山小的意境；领略落霞与孤鹜齐飞，秋水共长天一色的风景。

我还记得第一次飞上蓝天时的感觉：一丝丝害怕，一丝丝惊喜。鸟儿一般的感受，令我的心像鸟儿一样飞翔，还有什么能与这种感觉相媲美呢！我赞美飞翔，那是我一生的光荣与梦想。

我曾经问过我的战友，为什么选择试飞作为自己的终身职业，他们的回答是：拼搏的充实，征服的快乐，梦想的实现。没有叹息与哀怨，没有功利与世俗，他们把那些人们看来虚幻遥远的东西当成一生的追求，他们是一群追梦的人。

然而当我问他们飞行事业是苦是甜时，他们便无法回避梦想与现实之间的距离，他们变得含糊其词。有人说苦如生命，甜如爱情，可又有谁能如此精辟地评说事业的苦与甜呢？当我们用一生的珍爱去面对事业，其中的酸甜苦辣便难以表白！

**芳草与汗水**

飞行是啥滋味，我还真没细想过，反正我喜欢飞行，喜欢机场上芳草淡淡的清香，喜欢隔夜飞行服咸滋滋的汗味，还有机舱氧气面罩的胶皮味，喷气燃料燃烧后特有的香味……这些味道伴随我几十年的飞行生涯，已深深地融入了我的血脉。

初学飞行时的一段经历，至今令我刻骨铭心。那是一个夏天，早晨5点天就亮了，4点我们就得提着飞行帽去饭堂吃饭，然后进场飞行。或许是从小没有喝过牛奶的缘故，或许是因为起得太早，反正我的肠胃对牛奶产生了过敏，吃完饭一走出饭堂我就吐了，没想到香甜的牛奶对于我竟是如此苦涩。就这样，每天早晨我几乎都是空腹参加飞行，几个飞行日下来我便快坚持不住了。我开始感到停飞的巨大压力，要知道我的同学就因为跑完一万米后累吐了就被停飞了，我的第一任区队长因为平衡能力不行，两个飞行日下来就被淘汰了。飞行就是这样，行就是行，不行就是不行。我有一种不服输的性格，为了不让领导和战友知道我的情况，每天吃完早饭，我总是第一个走出饭堂，悄悄地完成我的习惯性呕吐，我对自己说坚持就是胜利。一个月后奇迹终于出现了，我的呕吐停止了，而且由于我的勤奋与悟性，我成为同期学员中第一个放单飞的人，为此我激动地哭了，那种苦尽甘来的感觉别人是无法理解的，就这样我度过了飞行事业中的第一个险滩。

几十年的飞行生涯，既有挫折的苦恼，更有成功的喜悦。在飞授油机的日子里，意想不到的困难一个接着一个，为了填补我国航空领域的空白我们不惜汗水，我深知拼搏是成功的唯一动力，凭着这股精神我们攻克了一个又一个难关，如期地完成了试飞任务。第一次加油成功时的感觉已经无法用语言来表达，我只记得泪水夹杂着汗水在我脸上流淌着，甜甜的，咸咸的，我已经看不清眼前的鲜花了。

飞行并不是每天都有鲜花的，然而平凡的事业依然令我感动。如今我已快到停飞年龄了，不再飞重点型号和高难科目了，可是每天的飞行还是令我感到新鲜，我对飞行有一种难以割舍的情感，它带给我的不仅仅是飞翔的愉悦更是一种精神的飞跃。它带给我的是一种离梦更近的生活。

飞行事业是平凡的，如同北方遍地的芳草，吐露着淡淡的芳香，能把自己的青春与汗水奉献给这平凡的飞行事业我无怨无悔。

### 蓝天与大海

小时候我最向往的便是蓝天与大海，对蓝天的眷恋使我长大后与一名空军试飞员结为终身伴侣。恋爱岁月如梦一般甜蜜，他一封接一封地给我写信，没想到军中的男子汉能写出如此优美的情书，我的心情就如同晴朗的天空甜丝丝的，一种阳光灿烂的感觉使我坠入爱河。不到一年我便嫁到军中。蜜月中丈夫问我：婚后最大的愿望是什么？我说我想去看看大海。他什么也没说，只是默默地点点头。婚后的日子里我除了了解到他男子汉的沉默寡言，还知道他有许多坏习惯，爱睡觉，懒惰，不太讲卫生，有时他会耍男子汉的脾气，有时也会像孩子般任性，渐渐地，吵嘴赌气成了我们生活的交响曲。

他的工作很忙，早出晚归，看见他每天飞行后一身汗湿靠在沙发上的疲惫模样，我又开始心疼他了，女人的心终究是软的。我开始渐渐地了解他的工作，他对飞行的执着，他对技术的钻研，他发表的篇篇学术论文，他获得的一枚枚军功章。我还发现他依然如初恋般地爱着我，每次出差前他都会在家中留下一张小纸条，出差归来又会给我带回一件件小礼物。

他很少谈论他的飞行，彼此的谈话中他更多的是开玩笑。从同事那里我了解到他曾多次成功地处置重大险情，而他依然是乐呵呵的仿佛什么都没发生过。我渐渐地发现在他温柔的性格和孩子气的外表下有着男子汉的博大胸怀。渐渐地我们的生活远离了吵闹归于平淡，电视机前的默然相对，晚饭后的田间散步成为我们生活的主旋律，渐渐地我开始钦佩他和他的战友，他们身上有一种常人少有的品质与情怀，有一种迷人的兵味。能与这样的人生活在一起，我的心里是满足的，如果说有什么遗憾，那就是我的海滨之旅依然是一颗酸涩的青苹果可望而不可即。然而我并不怪他，因为他没有忘记他的诺言，他说要带着我和孩子一起去看大海。看来我这一生将永远与蓝天大海结缘了。

**英雄与死神**

试飞员所从事的是一种高风险的事业，因为试飞就是向禁区与死神挑战。然而当我与试飞员谈到风险与死神时，他们似乎有意无意地回避着这个话题。对此开始我是不太理解的，担任试飞团一大队教导员后，我与试飞员共同战斗生活在一起，对他们的了解逐步加深了。

我发现一个成熟的试飞员大都有着开朗的性格，他们似乎生活在两种“状态”里，平日里他们爱开玩笑，随意而直率，而当他们提起飞行帽走向飞机时，他们很快进入“飞行状态”，目光坚毅，神情专注。

他们似乎漠视死神的存在，战友的牺牲对他们精神的打击是可想而知的，然而当他们擦干泪水再次登机时，是那样的从容不迫义无反顾。

几乎每个试飞员都有与死神擦肩而过的经历，那种刺激是刻骨铭心的。一位成功处置过重大险情的试飞员曾对我说，他几乎闻到了死神的气息，那是一股辛辣的热浪，扑面而来。这种对灵与肉的严峻挑战正是试飞的魅力所在。

当试飞员偶尔谈到死神时，他们的神情是自信的。他们说：“我们决不轻视死神的挑战，但我们自信能够战胜死神，因为我们对飞行是虔诚的。我们不是不怕死，是对祖国航空事业的执着使我们拥有战胜死神的勇气。”这就是试飞员所特有的品质。

平凡是试飞员经常挂在嘴边的一个词，的确他们有着平凡的外表，平凡的言行，但他们却有着不平凡的业绩，从他们身上我们分明看见了伟大的精神，高贵的品质。他们是不老的英雄。

在一位老试飞员的日记里，我看到了这样一首诗：

大西北有一群试飞儿郎，
他们的性格和战鹰一样；
战鹰是由特殊材料制成，
他们比战鹰更坚强；
战鹰爱击万里云海，
他们喜搏九天风浪；
蓝天是他们试飞的战场，
跑道是他们飞天的桥梁，
油箱加满了无穷的力量，
祖国永在他们心房；
胸怀理想永不迷航，
壮志凌云飞向远方。